U0162569

互补论

南远景 著

四川人民出版社

图书在版编目（CIP）数据

互补论 / 南远景著. -- 成都 : 四川人民出版社, 2023.1
ISBN 978-7-220-12791-5

Ⅰ.①互… Ⅱ.①南… Ⅲ.①互补性问题—研究 Ⅳ.①O22

中国版本图书馆CIP数据核字（2022）第148109号

HUBU LUN

互补论

南远景 著

出 品 人	黄立新
责任编辑	何朝霞 孙 茜
封面设计	张 科
版式设计	戴雨虹
责任印制	周 奇
出版发行	四川人民出版社（成都市三色路238号）
网 址	http://www.scpph.com
E-mail	scrmcbs@sina.com
新浪微博	@ 四川人民出版社
微信公众号	四川人民出版社
发行部业务电话	（028）86361653 86361656
防盗版举报电话	（028）86361661
照 排	四川胜翔数码印务设计有限公司
印 刷	四川机投印务有限公司
成品尺寸	170mm×240mm
印 张	16.25
字 数	230 千
版 次	2023 年 1 月第 1 版
印 次	2023 年 1 月第 1 次印刷
书 号	ISBN 978-7-220-12791-5
定 价	68.00 元

目 录 CONTENTS

自 序

————— ❧ —————

这本书，我写了整整38年。

1981年，我所在的宁夏大学物理系统计力学老师张奎先生（后任宁夏大学校长）给1977级学生开了一门选修课——"远平衡体系的自组织"，介绍1977年诺贝尔化学奖获得者普里高津的"耗散结构"理论。我是1978级物理系学生，因为敬佩张奎老师的学识才华，所以报名参加了学习。这门选修课每周上一到两节，张奎老师用了一学期讲完。其中关于耗散结构的论述给我以豁然开朗的感觉。大学四年级开设了量子力学课程。我又接触了1922年诺贝尔物理学奖获得者玻尔的"互补原理"。学习这两门课程后，我总感觉"互补原理"和"耗散结构"理论似乎有某种内在联系。

1982年大学毕业后，我回部队当了师里的文化学校教务主任兼物理教员。教书之余，我一直在思考互补原理和耗散结构理论的内在联系。1984年，我写了一篇题为《序论》的论文，阐述了我对世界的有序性和互补性问题的初步认识。论文完成后，曾呈张奎老师审阅。由于我所在的部队驻地偏远，我也不知道这样的论文能在哪家杂志发表，所以就将其压在了箱子底下，但我的思考和研究一直没有停止。

我沿着"世界的有序性与互补性"的思路不断探索，发现大千世界以"相"和"律"为表象方式，以"序"和"互补互斥"为基本线索统一起来，形成"二元矛盾互补""三元稳定互补""多元和谐互补""时空心物互补"等一系列互补互斥关系。宇宙万物所在的系统如果不能自发地与外界进行质能交换，一定会沿着物理学第二定律所指示的方向走向无序，直到熵无限大，走到死寂；如果系统可以自发地与外界进行质能交换，则将不断走向有序。质能交换是万物从无机到有机、从小分子到大分子，直到出现生命现象的根本原因。人是一个自发地与外界不断进行质能交换的耗散结构，人的欲望及其自私性源于其自发地与外界进行质能交换的本能，而本能是人生存和发展的根本动力。这本《互补论》就在这样不断地探索和发现中形成了轮廓。

本书分为九章：群律、互补、二元矛盾互补、三元互补、多元互补、时空互补、人性互补、人群与社会、思维与创造。"群律"一章提出事物相对于某一个参考点向外界所呈现的"相"以及存在于其后、代表事物某一方面本质的"律"的概念，得出事物的本质是其"群律"互补的结论。这一章是互补论的理论基础。"互补"一章揭示互补的普遍性及宏观与微观事物的互补机理。"二元矛盾互补"一章揭示矛盾互补及其基本法则，对矛盾互补双方进行量化分析，提出零守恒定律，解析"零"的意义。"三元互补"一章提出"三元互补"是一种"稳定互补"，揭示稳定互补的微观机理，阐明"世界2"与"世界3"之间的关系，得出"世界2"与"世界3"的互补是世界万事万物存在和运动变化的基本方式的结论。"多元互补"一章揭示各种"自补"与"互补"的内在规律，提出"和谐互补"等概念和"互惠法则"。"时空互补"一章提出了"绝对时空"与"相对时空"、"主观时空"与"客观时空"等概念，阐明"时空心物四元互补"的机理，以新的视角解析"轮回""命运"等古老文明的一些命题。"人性互补"一章从人的"耗散结构"性质出发，通过"质能交换"的具体分析，对"人""人性""人格"作出新的定义，揭示人的欲望和自私本能的来源及其在生命体走向有序过程中的作用。"人群与社会"一章揭示各种"群"的质能交换及互补规律，以新的视角对"规则""正义"以及"善"与"恶"等概念作出定义，指出"势"及"天下大势"的基本走向。"思维与创造"一章对"思维""创造""意识"等概念作了全新解释，论述了各种思维方式尤其是东方思维方式和西方思维方式的特点，揭示"理性""直觉""创造""意识""潜意识"的内在规律，阐述个体意识与群体意识的内在联系，并对各种辅助思维作了新的诠释。

从1984年到2014年，我工作过的部队单位包括兰州军区和成都军区两个大军区大小十多个机关，任职过教员、干事、参谋、杂志编辑、军分区部门领导、大军区党委秘书、组织部副部长、报社社长等。30年里我基本上是在加班加点写材料、写文章、起草各种文电中度过的，没有整块时间完成《互补论》的写作。有时一份材料写作完成，我便立即将《互补论》捡拾起来，但往往刚开个头，新的工作任务又压了下来。我也知道《互补论》学术研究的价值和意义，但不能放下手头的工作集中精力于学术。因为军人要承担一份保家卫国的职责，同时工作也是我作为一个普通人养家糊口的主要手段。这样断断续续研究和写作，30年仅仅完成了全书的四分之三，好在思考和探索一直在继续。

2014年退休后，我本当全身心投入《互补论》的研究与写作，但因为涉足书画评论领域，朋友的文章往往要得急，又将《互补论》的写作放在了一边。近几年，我写了几十篇书画评论文章，出了两本书画评论集，又将多年前撰写的古今军事人物评传《云卜论兵》修改再版，还写了《盛世箴言》和《我的知青生涯》等书籍。这些工作之余，完成了《互补论》第一稿。

《互补论》中所有的见解，完全是我自己的所思所想，是以自己所了解的自然科学、社会科学理论为基础，结合实践思考从思想深处迸发出来的东西，是无数思想火花集束和提炼的结果。第一稿基本没有参考其他的书籍资料，仅仅在引证某些资料时为准确起见查阅了一些工具书。我认为这样做，才能不受书籍资料的影响，阐发自己的思想从而达到完全的"原创"，才能提出全新的学说。第一稿修改后，我静下来读了一些书、翻了一些资料，目的是启发思想，碰撞火花，完善原作。第二稿纳入了一些新碰撞出的思想火花。

哲学研究不仅需要毅力，更需要灵感。当年提出"世界的有序性与互补性"问题时，我脑子里可谓火花四溅，短时间里就可以涌现许多想法，产生无数稀奇古怪的主意。现在《互补论》里有价值的东西都是年轻时的思想火花凝聚而成的。年龄大了以后，创造的火花大多失去了光芒，思维的迟钝每时每刻都能感觉到。好在后文涉及"人""人群"和"社会"的部分，尽管是年轻时已经想明白的，但世事沧桑和岁月淬炼还是使我对人对事有了更深刻的认识，为这一部分的写作提供了更加成熟的条件，如此正好弥补了思想火花弱化的不足。

中国的哲学研究源远流长。《易经》《老子》《庄子》《论语》都是很好的哲学著作。张衡、王阳明、毛泽东等人都对中国的哲学发展做出了突出贡献。但国人的哲学思想基本都散见于其若干著作之中，鲜见形成完整体系的哲学著作。近些年，一些学者试图建立自己的哲学体系，但能够自圆其说并获得业界及大众普遍认可的仍是凤毛麟角。

"哲学家的哲学其实都很简单，简单到普通人都这么看。哲学家之所以成为哲学家，是因为他把自己的哲学说得头头是道。"这是我在本书第一章中说的一段话。集三十多年之心血完成的这部《互补论》即将与读者见面，诸君看看它是否已成体系并能自圆其说，您是不是对日常生活中的许多现象也是这么看的。如能引起您的共鸣，我近四十年的功夫也就没有白费。

南远景

2021 年 8 月 12 日于蜀都府南河畔云卜堂

第一章

群律

第一节　元素

　　古希腊人对宇宙万物的本原作了许多天才的猜测。米利都学派创始人泰勒斯认为，万物生成于水又复归于水，水是宇宙万物的始基、本原与实体；该学派主要代表之一的阿那克希曼德认为，万物是由一种叫作"无限"的不固定的东西形成的，"从这个始基中产生出一切的天，以及其中所包含的一切世界"。①阿那克希米尼说，气是万物的本原，气受热稀散而为火，受冷凝聚变为水和土，别的东西都是从这种东西产生出来的。其后的毕达哥拉斯学派则认定"数"是万物的本质。公元前530年以后，爱非斯学派创始人赫拉克利特把万物的本原归结为火，他认为，世界就是永远在燃烧着又熄灭着的活火，由于火的变化，产生了宇宙万物。这些哲学家之后，出现了物质基元的多元论学说，其代表人物是恩培多克勒和阿拉克萨哥拉。恩培多克勒在其著作《论自然》中对他的弟子包萨尼说："你首先要听到那生化万物的四个根，照耀的宙斯，养育的希拉，爱尔纽，以及内斯蒂，它的泪珠是凡人的生命之源。"②这里，恩培多克勒借用希腊神话中的四个神——宙斯、希拉、

---

① 北京大学哲学系外国哲学史教研室编译：《古希腊罗马哲学》，商务印书馆，1961年，第6—7页。

② 北京大学哲学系外国哲学史教研室编译：《西方哲学原著选读》上卷，商务印书馆，1981年，第41页。

爱尔纽、内斯蒂的名字来喻指他所说的火、气、水、土四个根，认为这四个根是构成宇宙万物的四个始基，它们是万物的最初本原，一切事物都是从这四个根生化而来的。阿拉克萨哥拉把世界的本原归结为"种子"，他说："结合物中包含着很多各式各样的东西，即万物的种子。"①"种子"就是组成事物的相同的微小的物质颗粒或者物质小片。一类"种子"有一定的性质；有无限多的性质，也就有无限多类的"种子"。所有物质就是由各类"种子"混合而成的，如果其中某一类"种子"特别多，占有优势，那么，这种物质就表现为这种性质。古希腊第一个百科全书式的学者德谟克利特综合早期希腊各派哲学的合理内核，深入探索物质的内部结构，寻求万物共同的、一般的始基，建立了原子论哲学体系，原子论被概述为一句话："一切事物的始基是原子和虚空，其余一切都只是意见。"②他认为，原子很小，不可见，内部密集充实无空隙，没有虚空，没有部分，因此是不可分割的；各种原子都同质，它们的本性是同一的，每一粒就像是同一块金子上分离的屑粒。它们只是形状和大小不同，从而派生出冷热、明暗等属性；每个原子的内部不能变易，即使在外部力量的作用下，它仍然不会受影响而变化。但每一个原子作为整体是能动的，可以在空虚中间向任何方向任意移动，处于急剧的、凌乱的运动中。③原子在运动中互相冲击、碰撞、连接成各种物体。

以苏格拉底和柏拉图为代表的一派哲学家，提出了宇宙本原的另一种思路。他们认为，宇宙的本原并不是什么具体物质，而是一种本有的实存的"理念"。宇宙间的万事万物都是以理念为型范而铸成的，它们来自理念，但永远不会像原来的理念那么圆满。这种看法一直延续到德国古典哲学中，并发展成为黑格尔的"绝对理念"。黑格尔认为，在自然界和人类出现

---

① 北京大学哲学系外国哲学史教研室编译：《西方哲学原著选读》上卷，商务印书馆，1981年，第38页。
② 第欧根尼·拉尔修：《名哲言行录》，吉林人民出版社，2003年，第7卷第9章第4节。
③ 北京大学哲学系外国哲学史教研室编译：《古希腊罗马哲学》，商务印书馆，1961年，第99页。

以前，就存在一种精神或理性。这种精神既不是一个个人的精神，也不是人类的精神，而是整个宇宙的精神，即"绝对理念"。它是一切现实事物的源泉，世界上的任何现象，无论是自然的、社会的以及人的思维的现象，都是从它派生出来的，都仅仅是它的表象。

中国古代哲学乃至整个中华文明，都与《易经》有着千丝万缕的联系。《易经》对万物的起源也作了表述，认为："易有太极，是生两仪；两仪生四象，四象生八卦。"[①]"太二者，道也；两仪者，阴阳也，阴阳一道也，太极无极也。万物之生，负阴而抱阳。莫不有太极，莫不有两仪。"[②]这里，太极被认为是万物的始基，由这个始基产生了阴和阳。阴阳不同的排列组合构成八种不同的自然态，即：天（乾☰）、地（坤☷）、雷（震☳）、火（离☲）、风（巽☴）、泽（兑☱）、水（坎☵）、山（艮☶），由这八种自然物构成大千世界。据《尚书·洪范》，水、火、木、金、土"五行"是构成世界万物的五种最基本的物质。"一曰水、二曰火、三曰木、四曰金、五曰土。水曰润下，火曰炎上，木曰曲直，金曰从革，土曰稼穑。润下作咸，炎上作苦，曲直作酸，从革作辛，稼穑作甘。"

老子的《道德经》，是东方古代哲学的主要经典，它把万物的本原归结为"道"。所谓"道"，《道德经》第二十五章概括说："有物混成，先天地生。寂兮寥兮，独立而不改，周行而不殆。可以为天下母。吾不知其名，字之曰道，强名之曰大。"就是说如此混沌的东西先天地而生，看不见，摸不着，独立存在，周而复始地运行，可以作为万物的起源。《道德经》二十一章又说："道之为物，惟恍惟惚。恍兮惚兮，其中有象。惚兮恍兮，其中有物。窈兮冥兮，其中有精。其精甚真，其中有信。"说明"道"不是通过耳闻目睹直接感受到的东西，它包含着细小的"精"这种东西，是真实存在着的。"道生一，一生二，二生三，三生万物。""道可道，非常道。"所以它

---

① 朱熹注《四书五经》之《周易》第7页。
② 朱熹注《四书五经》之《周易》第1页。

又是一种只能意会，不能言传的理念。

老子之后，战国中期哲学家宋钘、尹文认为"精气"是构成万物的本原。反映其思想的《管子·内业》篇说："人之生也，天出其精，地出其形，合此以为人。""凡物之精，比则为生，下生五谷，上为列星。流于天地之间，谓之鬼神；藏于胸中，谓之圣人。是故此气，杲乎如登于天，杳乎如入于渊，淖乎如在于海，卒乎如在于己（山）。"就是说人是由天地"精气"合成的。地上的五谷，天上的星辰也都是由"精气"产生的。"精气"流行在天地之间就有了鬼神，"精气"深藏在人们胸中就成了圣人。它光亮如日在天，悠远如入深渊，湿润如在大海，峭拔如在高山。《管子·水地》篇认为，水是万物的根源。《淮南子》继承了"道""气"学说，对世界起源作了更为详尽的说明："天坠未形，冯冯翼翼，洞洞属属，故曰太昭（始）。道始于虚郭，虚郭生宇宙，宇宙生气，气有涯垠。清阳者，薄靡而为天；重浊者，凝滞而为地。"

汉以后至宋，哲学家对世界本原的认识基本上都在"太极""阴阳""五行""道""气""水"之间逡巡。到了北宋，情况发生了一些变化。北宋邵雍在研究《周易》的基础上，提出"先天象数学"，把世界本原归结为"象数"。张载依据《黄帝内经·天元纪大论》中"太虚寥廓，肇基化元"的说法，《正蒙·太和篇》提出"太虚"说，认为"气之聚散于太虚，犹冰凝释于水，知太虚即气，则无无"。明朝王廷相发展张载的"太虚"说，他在《雅述·上篇》提出"气"一元论，他说："土地未形，惟有太空，空即太虚，冲然元气。"他认为，在天地万物未产生以前，充满宇宙的物质是"元气"，"元气"是物质世界的根源。到了清末，康有为等借物理学名词，把"以太"和"仁"等同起来；谭嗣同用"以太"表示物质，认为自然界的事物都是"以太"的结晶，是世界的本原，同时又把仁、兼爱、慈悲等看作"以太"的作用；严复认为"以太"就是中国古代哲学家说的物质性的"一清之气"；孙中山认为"以太"是"太极"，是世界的物质始基，地球（行星）是由"以太"进化而成的。这些学者将西方近代自然科学名词机械地填纳在中国古代哲学的范畴之中，随着众多的科学实验尤其是迈克耳孙-莫雷实验证明"以太"并不存在，这些理论最终被证明是错误的。

现代自然科学关于万物本原的探讨，以原子物理尤其是量子物理学理论为指导，以实验和事实为基础，得到的基本结论是：万物由分子构成，分子由原子构成，原子由原子核和核外电子构成，原子核由质子和中子构成。比原子核小的物质单元称为基本粒子，按其质量大小和性质差异分为光子、轻子、介子、重子，电子属于轻子，质子、中子属于重子。已经发现的基本粒子有30余种，连同共振态共有300多种。每一种基本粒子都有确定的质量、电荷、自旋、平均寿命等；它们多数是不稳定的，在经历一定平均寿命后转化为别的基本粒子。基本粒子有的是中性的，有的带正电或负电，电量大小与电子相同，质量的大小有很大差别。许多基本粒子都有对应的反粒子。基本粒子之间存在着强弱不同的相互作用，并且按一定方式相互转化。20世纪五六十年代，科学家又进一步发现，基本粒子并不"基本"，它也有内部结构。比如强子（包括介子和重子两大类，因为参与强相互作用故名）可能是由更基本的被称为"夸克"（中国物理学家叫层子）的客体组成的。其中介子由一对正反夸克组成，而重子则由三个夸克组成。夸克模型在说明强子的分类、质量谱以及各转化之间的分支比方面都卓有成效，但迄今为止人类还没有找到单独存在的夸克。即使找到单独存在的夸克，夸克还有没有内部结构，是否由更基本的粒子所组成，都是自然科学家将要继续探讨的问题。

探讨宇宙的本原，寻找万物的始基，是人类的责任和义务，是人类的天性、本能、天职。只要人类存在，只要智慧之灵光尚未从宇宙中熄灭，这种探讨永远不会终止。既然有探讨，就必然存在探讨的前提，那就是对已有认识的不满足；同时也说明已有的认识尚未穷尽真理，说明以往一切关于万物始基的结论都不是最终的结论。

尽管如此，具有真理性质的科学和哲学仍然是存在的。比如当代物理学、化学等自然科学将其理论建立在原子论、分子论、基本粒子论的基础上，由于原子论、分子论、基本粒子论在人类现有的认识水平上是正确的，所以，物理学、化学等自然科学有着相对坚实的真理性的基础。

那么哲学呢？哲学不是具体的科学，如果它一定要像具体的科学一样把精力放在探讨具体的物质本原上，或者把自己的理论仅仅建立在具体的物质本原基础上，那它就应该被具体科学所取代。它并不排斥以具体的物质本原为基础，但哲学所定义的物质本原必然是具体的物质本原的抽象。而且，具体的物质本原是什么，将永远是人类需要揭开的谜。既然最终的谜底没有揭开也永远无法完全揭开，就不存在建立在宇宙终极本原基础上的绝对的、最后的哲学。所以一定时空内具有相对真理性的哲学只能，也只需要将自己的理论建立在与一定时空相应的"元素"的基础之上。

元素是构成事物的基元。它不特指具体物质的本原，但可以在研究具体事物时还原成物质本原或组成这一事物的基本单位；事物不同，元素所指各异。如果具体事物是一座大楼，元素则为砖块、水泥、木材、钢筋、玻璃，等等；如果是原子结构，元素就是基本粒子；如果是物质的化学结构，元素就是各种相互作用的分子；如果是人类社会的结构、性质及其变化规律，元素就是组成人类社会的个人、团体、阶级、阶层及其相互关系以及社会政治、经济、文化等的运动。

研究某一事物规律，元素往往是相应低层次事物的集合。如对自然科学，其元素就是各门具体科学——数学、物理、化学、生物、医学、天文学等的集合；对物理学，元素就是力学、热学、电学、光学、原子物理学、量子力学等的集合；对光学，元素是几何光学和物理光学等的集合，而几何光学的元素是光的直线传播、反射、折射、透镜公式等的集合。

人类精神世界同样是由元素构成的。构成人的感情的基本元素是喜、怒、哀、乐等；构成感觉的基本元素是听觉、嗅觉、味觉、视觉、触觉等；构成逻辑的基本元素是概念、判断、推理，等等。元素可以是抽象的，也可以是具体的；可以是观念的，也可以是实物的；可以是微观的粒子，也可以是宏观的物质。总之，元素是构成事物的基元。

构成事物基元的元素，是某一事物相应低层次事物的集合。在研究事物过程中，元素集合定位越准确，则研究事物得出的结论越接近客观实际。如研究战争，则应将战争元素定位在构成战争的敌我力量对比、战略、战术、武器、装备等元素集合上。如果以基本粒子作为研究战争的元素集合，则牛头不对马嘴，不可能得出正确的结论。

研究事物过程中，元素集合涵盖越充分，则得出的结论越准确，否则，误差就越大。理论上涵盖充分的元素集合，应是相应低层次事物中的全部事物，而不是个别事物或部分事物。如研究粮食生产，应将涉及或影响生产的元素——土壤、肥料、种子、农药、气温、雨水、湿度、光照等尽可能考虑进去，否则，只考虑其中个别或部分因素，结论就不可能正确或者最多近似正确。

无论物质世界还是精神世界都是由元素组成的。事物不同，元素所指也不一样。大千世界，元素可以是基本粒子、分子、原子，也可以是恒星、行星或者星系；可以是草原上的绿草鲜花，也可以是森林里的走兽飞禽；可以是概念、判断、推理，也可以是表述事物规律的定理公式；可以是喜、怒、哀、乐的情感基元，也可以是潜意识中的记忆信息。有了元素，就能研究世界万物的运动变化，探讨茫茫宇宙的悲欢离合。哲学家探讨事物运动发展规律的基元应建立在元素基础之上，至于万物具体生于何地，归于何方，宇宙、人类从哪里来，到哪里去，那就留给科学家们去仔细寻觅。

西方哲人认为万物产生于"理念""绝对理念"，水、火、种子、原子等，东方哲人认为万物生于太极、生于五行、生于水、生于精气、生于太虚、生于道、生于以太等，事实证明，他们对宇宙本原所作的这些假设都不正确。但作为哲学家，他们把自己的理论建立在这些元素之上，选择相应的元素来研究事物的思路无疑是正确的，哲学的探索理应如此。当然，他们对元素的选择都不尽准确，没有也不可能涵盖必须涵盖的全部元素集合；研究的方法也不尽对路，所以后人在汲取其中有用的东西的同时，并不完全认同他们的哲学。但不管怎样，先哲们已经尽力，而且在他们所处时空创造了辉煌，后人应该感激他们，从他们的不懈追求中汲取营养。

由此可见，亘古至今，先贤们的哲学无所谓对与错，只有真理含量的大小、成分的多少或能够解释事物的众寡、覆盖面的宽窄（当然，那些根本错误、牛头不对马嘴的学说不会流传至今，在当时就被淘汰了）。这也许正是后人可以从先哲那里多少汲取有益东西的原因吧。

第二节　相

一个团体操的领队，当他站在整齐的方队正面时，他看到方队前后成列，左右成行，成一定规则排列，并且每列等长，每行等宽。如果他站在方队右前方或左前方，他将看到原先的方队仍然以一定的规律左右成行、前后成列地排列着，但行不等长，列不等宽。站在其他任何位置上，都会看到方队的一种有序排列。

面对一个三维空间中的物体，机械制图师总会根据投影原理画出它的三视图。只要这个物体不是特殊的规则图形（如正方形、球体），那么落在图纸上的正视图、俯视图和侧视图的形状就不一样。即使它是规则的正方体或球体，表面上相同的三视图表示的内容也不一样。

上街买菜的家庭主妇可以用加法，也可以用减法还可以用乘法或四则混合运算法得出应付给摊主的货款。文学巨著《红楼梦》，是中国文学史上的一座高峰，然而不同的读者从中看到不同的内容。毛泽东认为，它是一本中国封建社会的百科全书；晚清的纨绔子弟认为，那是吊膀子书，专写男女之事。有的人从中看到了宝黛爱情纠葛，有人看到了当时的世风民情，有人说里面的诗词曲赋是不朽之作，有人说人物的性格描写更为见长。仁者见仁，智者见智。

现实生活中，对同一个问题，不同的人在不同的时间，站在不同的角度，总会有不同的看法，绝对的看法相同是不存在的。个中原因既在于不同的人作为不同的认知主体的主观因素，更在于客观事物在构成它的元素不变的情况下，从不同的角度、层次、时间上表象出不同的形态，这种不同的形态叫作事物不同的相。比如光具有波粒二相性，一相表象为粒子，具有粒子的性质，符合粒子运动方程；另一相表象为波，具有波的性质，符合波动方程。上述体操方队、三维空间中的物体都从不同的角度表象出不同的相。事物在同一时间、同一层次的不同方位表象出的不同相统称横相；同一时间、同一角度不同层次的不同相统称纵相；同一层次、同一角度、不同时间的相叫作时相。在五维、六维甚至更多维度里，事物对外所表象的相更加不同。相是表象事物本质的直观侧面，同时也是人们认识事物的窗口。

相是以元素构成的事物在某一侧面所表象的形态。同一个事物，组成元素不变，其在各个侧面所表象的相是不同的。印度寓言里瞎子摸象的故事，是由于横相的不同引出的。《红楼梦》中刘姥姥进入大观园，走一处，叹一番，那是因为她在大观园中不同的层次，看到了大观园不同的纵相。赫拉克利特说"人不能两次踏入同一条河流"，是因为两次踏入时所接触的是河流的两个不同的时相。

在无限时空中，每一个客观事物都由诸多元素组成，对外表象出无限个相。无限时空中的观察者可以有无限个观察点考察给定事物，每一个观察点对应事物的一个相。因为观察点是无限的，所以事物的相也是无限的。对于物质世界中的事物，观察者所处观察点的坐标可以表示为$A(X、Y、Z、T)$，其中X、Y、Z、T分别代表三维空间坐标和一维时间坐标。在精神世界里，具体事物的每一个相也对应一个固定的观察点。这个观察点由更复杂的坐标组成，这些坐标包括观察者的知识、阅历、年龄、性别、婚姻、家庭、性格、习惯以及世界观、价值观、意识形态等复杂的因素。如果用B来表示观察者在精神世界的观察点，则这个观察点的坐标是$B(X、Y、Z、C、D、E、F、G、H、I、J、T)$，其中$X$、$Y$、$Z$、$C$、$D$、$E$、$F$、$G$、$H$、$I$、$J$、$T$分别代表观察者的知识、阅历、年龄、性别、婚姻、家庭、性格、习惯以及世界观、价值观、意识形态和观察时间等。物质时空是无限的，所以观察者所处物质时空的坐标是无限的；精神时空是无限的，观察者所处的精神坐标同样也是无限的。无限的物质时空和精神时空中的观察者以无限的观察点对应各自时空中事物的无限多的相，考察着五彩缤纷的大千世界。

从无限多的观察点出发，可以考察事物的无限多的相。对于给定事物，即使在同一个观察点上，只要观察者不同，对相的观察结论也会不一样；即使观察者相同，观察仪器不同，也会得到不同的结论。这一点在微观领域表现得更为充分，如用测定位置和测定速度（动量）的仪器测量微观粒子，会得出不同的结论。至于人类精神世界，可以说不存在两个人对同一事物的相的绝对相同的看法，因而在宇宙万物之间，永远无法找到两个完全相同的观察点，也无法观察到事物的两个完全相同的相。换句话说，给定的观察点和相是对应的，观察点和相都是唯一的。

由于观察点是唯一的，对应的相也是唯一的，宇宙中不存在两个完全相同的观察点，因而找不到两个完全一样的相。讨论某一个相，就意味着确定了对应于它的那一个观察点；站在某一个观察点上，就只能观察到这个点所对应的那个相。

两个相不能对应于一个观察点而同时存在。不同的观察点对应着不同的相。物质世界和精神世界的无限性决定了观察点的无限性，也决定了事物的相的无限性。事物的相是无限的，故而真理不是绝对的。观察事物的观察点是无限多的，故而对真理的探索也是无止境的。人类在探索未知的过程中，总可以找到自己和前人尚未立足的观察点，采取自己和前人尚未采取过的方法，发现前无古人的相。这正是人类不断探索、前赴后继并屡有所获的原因。

探索是无止境的，但新的发现越来越困难。后人往往站在近似前人所涉猎的观察点上，所以充其量只能看到近似前人曾经看到过的相。新的发现需要找到全新的参考点，因而不同层次、角度和时间的探索便是必不可少的。

第三节　律与群律

律是从某一个相反映出的事物存在、发展的客观必然性，它以相为表象，局部地揭示事物的本质，是人们认识事物本质的基础。

律是相的理论概括，它没有相的表象那样直观，但远比这种表象更为深刻。它可以表现为文字的表述，也可以用数学公式来表达，大量的、司空见惯的是一种直觉的意会。

一个相，对应一种律。律从对应相的角度、层次和时间上描述了事物的本质；相则从相同的角度、层次和时间上对律所揭示的事物予以表象。一个律可以有多种表达方式，比如可以用文字表达，也可以用数学公式、表格或者其他的方式表达，但各种表达反映的内容和对象只能是一个。正像数学中的黎曼面，每一个叶面和相应的复数单值函数都表达着相同的数学内容，区别在于一个是复数平面的直观表达，一个则是以符号为基本元素的函数式的表达，但两种表达所反映的内容和对象是相同的。再比如，从某一个参考点出发观察到的弹道运动情况，可以用直角坐标系中的图象表达，也可以用弹道运动方程表达，还可以通过记录不同时间弹道的位置列表来表达。总之，表达的是对应相所揭示的事物的客观必然性。

对于一个具体事物，在构成它的元素不变的情况下，由不同的相所反映出的律是不同的。如一件衣服，其质地、样式、颜色、保暖度等代表了它不同的相，每一个相反映着不同的律，这些不同的律形成了反映给定事物（如衣服）本质的群律。群律中的每一"律"即群律诸元是相互独立的，不能从这一个律推导出另一个律来。正如数学中的多元方程组，其中的每一个方程相对于其他的方程都是独立的，不能从这一个方程推导出另一个方程来。喜、怒、哀、乐都属于人的感情，但分别表现了人的感情的不同的方面，相互独立存在，一个不能替代另一个，也不能从一个中推导出另一个来。

然而，给定事物的群律诸元又是相互联系的，不是完全没有关系的"孤家寡人"。多元方程组中各个独立的方程用一个大括号联系起来，这个方程组中的每一个方程从不同的角度和层次反映给定问题的一个相的律，它们反映的是同一个客观事物，共同对同一个事物负有责任，相互间尽管是独立的，但同时也是相辅相成的。人的喜、怒、哀、乐也是相互联系的。喜、怒、哀、乐不能相互取代，但毕竟从不同的侧面反映了同一个人的感情，它们因同一个人而联系在一起，以不同的表现方式向外界传达了人的感情信息。

群律诸元之所以相互联系，最根本的是所有这些律反映的都是同一个事物。组成给定事物的元素是一定的，各个律所反映的是给定元素组成的事物的某一个相所表现的性质及其运动变化规律，它们从不同的角度、层次和时间上对事物的本质进行反映。

事物的相是无限的，对应相的律也相应是无限的。迄今为止，人类掌握了许多客观事物存在、发展的律，但并没有穷尽真理，新的律仍在不断地被发现并被用于指导人类的科学实践和社会实践。在牛顿和莱布尼茨之前，人类只知道运用加、减、乘、除、乘方、开方、指数、对数等数学方法对某一题目进行运算，当牛顿和莱布尼茨发现微积分以后，对同一对象的运算方法就多了数种遵循新的律的途径，大大提高了科学计算的水平。然而，计算的群律仍然没有穷尽，数学领域一定还存在新的计算规律，等待未来的数学家去寻找和发现。

第四节　对应原理

所谓对应原理，就是对于给定事物的任一个相，存在一个与给定相相应的反映事物本质的律，此律的表达方式可以有多种，而在各种表达方式中，必然有一种表达方式相对于其他的方式更接近于客观描述事物存在、发展的必然性，因而被认为是相对最佳的选择。

对应原理所指的"最佳选择"，常常表现为一段文字、一个公式、一张列表或者一套理论，等等。它们表达同一律的方式不同，但反映的内容和对象是相同的、唯一的。

最佳表达方式是客观存在与主观认知结合的产物。首先，表达是主观对客观的描述。其前提条件是这一表达的对象是客观存在的。主观以客观存在为基础，同时融入主观认知因素对这一存在进行理论揭示。其次，表达的准确度建立在主观认知水准基础之上，主观认知水平越高，表达距客观真实的距离越近，否则，距离越远。

最佳表达是相对于其他表达而言的，人类认知范畴内，不存在绝对的最佳表达。如1905年以前的物理学界，人们提出"绝对时空"和"以太"等概念解释物理现象，并提出许多理论。然而，迈克耳孙－莫雷实验没有观测到地球相对于"以太"的运动，从而宣布了这些理论的不靠谱。爱因斯坦提出"光速不变原理"，并把伽利略相对性原理直接推广为狭义相对性原理，建立了狭义相对论，许多电磁现象和宏观、高速运动情况下的时空现象才得以解释。爱因斯坦的狭义相对论就是在与"绝对时空"和"以太"理论的对比中成为解释自然现象的最佳表达的。没有这种对比，狭义相对论不会脱颖而出。

最佳表达是相对于主观需求而言的。如股票的涨跌可以用曲线表示，也可以用表格表示；曲线又分为分时线、日线、五日线、周线、月线等。如果需要了解股票的最新价格，表格是最佳表达；如需要掌握价格即时变化情况，分时线是最佳表达；如需要研究较短时期的价格变化情况，则日线是最佳表达；如果需要研究较长时间的价格变化趋势，则五日线、周线或者月线是最佳表达，等等。

对于每一个事物的每一个相，人类一直在寻找最佳表达方式，但有时找到了，或者接近找到了，向最佳表达方式迈进了一步；有时没有找到，甚至走偏了方向。后人在前人的基础上继续寻找。当后来的人因为各种原因不再寻找最佳表达方式时，前人找到的表达方式中相对较好的方案，就是相对最佳的表达方式。

　　在自然和人类社会中，后人在寻找最佳表达方式过程中往往会超过前人，但也有很多时候，前人到达的高峰后人无法超越。这种情况下，前人便站在高峰的顶端，前人的方案便是相对最佳的方案。还以《红楼梦》为例，它是中国古典小说的一座高峰，后人从未超越；以目前的文学发展趋势看，已经没有人沿着《红楼梦》文学方式的方向往前走了，即使走也无法超越，所以《红楼梦》就是这类文化尤其是古典小说领域的最佳作品。

　　后人尽管在一些领域无法超越前人，最佳表达的桂冠常常戴在前人头上，但后人可以开辟新的领域。在这些领域，前人从未涉猎，或者前人的脚步从未到达，所以新领域除了前人奠定的基础以外，不可能有前人的最佳表达。最佳表达的桂冠必然会落在后人或者后人的后人的头上。人类认知的历史正是在否定之否定中不断前进的。

　　人类对任何事物都有相对的认知极限。当人类找到某一个事物某一个相的最佳表达后，认知也就达到此种条件下的极限，往前跨一步都很困难或者根本不可能。如《道德经》是对"道"的认知的最佳表达，此后几千年，人类对"道"的认知从没有超越《道德经》的表达，所以《道德经》达到了此种认知的极限。《兰亭序》是行书的极限，唐诗、宋词、元曲分别是诗、词、曲领域的极限，牛顿力学是经典物理的极限，如此等等。大量事实反复证明人类对给定事物给定相的认知极限的存在。极限的突破往往不是在原有领域的进一步开掘，而是另辟蹊径，在新的路径上创造性地向前开拓。

第二章

互补

所谓互补，从字面意思上讲，就是一事物与他事物互相补足，互助互利。而当互补成为一个哲学概念时，其含义相比字面意思要宽泛得多，深刻得多。

第一节 互补的世界

茫茫宇宙，物质的运动奏唱着美妙的乐章。太阳并不是孤零零地在浩瀚太空游荡，在它的周围，无数星体与它为伴，无数星系若隐若现。太阳的"子女们"——金星、水星、地球、火星、木星、土星、天王星、海王星忠诚地拱卫在它的周围，好比母亲对子女充满了疼爱，子女对母亲充满了依恋。在人类的家园——地球上，陆地起伏，海洋汹涌，高山纵横，江河奔腾；茂密的森林，广袤的土地，一望无际的绿洲，养育着无法计数的生命。无数生命——飞禽走兽、花鸟虫鱼、植物植被、细菌孢子互相接纳又互相排斥，互相依存又互相争斗，使地球充满勃勃生机。人类与万物共存，依赖自然又改造自然，以自然为纸，智慧为墨，书写着意志的画图。大千世界，芸芸众生，亦如自然在互助、竞争，排斥、共存中走向未来。

人类作为大自然的杰作，经过亿万年的进化，产生了许多互补的器官。两只眼睛互补能确定物体的位置，两只耳朵互补能确定声音的来源，两臂互补便于劳作，两腿互补方能行走。脚手、五官、内脏、身躯相互之间都是互相补足的，少了任何一样都会变成残疾人。鸟类长着两只翅膀，还有尾羽，双翅互补，凌空翱翔，翅尾互补，掌握方向。鱼类以鳍游荡于水中，胸鳍、腹鳍、背鳍、臀鳍、尾鳍缺一不可，它们有的像船桨一样提供前进的动力，有的像船舵一样把握前进后退的方向，所有的鳍功能互补，鱼才能在水中自由自在地游动。不仅人体、动物和其他生物各器官功能互补，各器官的内部构造也是互补的。骨骼、肌肉、血管、神经各有各的功能，分别从不同的方面对器官整体做出自己的贡献。造就器官的内部物质同样是互补的，各种细胞按照一定的规律履行自己的职责，相互依存，共同向器官负责。维持细胞生存的物质与细胞互补整合，使得人和动物摄入一定量的碳水化合物、微量元素、氧气、淡水等。如果这些物质的摄入多了一样或少了一样或摄入比例不符合互补要求，就会给肌体带来一定的影响。当人得病以后，医生提供一定的药物，这些药物在很大程度上提供了病体所缺乏的互补物质，它对病体的补足使人的健康得以恢复。

人类社会也是一个互补的整体。原始人为了生存，以血缘为纽带群居在河流之滨，或打猎，或采果，以群体的力量获得生活资料，防止野兽的侵袭。群体是他们赖以生存的堡垒。在这个堡垒内部，人与人相互帮扶、相互依存，共同战胜自然灾害，生存繁衍。在人类经济活动中，物质生产资料和生活资料的交流互补是最基本的活动。猎人拥有毛皮、猎物却没有粮食，农夫拥有粮食、蔬菜却没有毛皮，相互的交流使双方获益。此地产大米，彼地种蔬菜，其他地方出产盐巴或其他物品，各地互通有无，取长补短，相得益彰，使得相关的每一个地方都得到实惠，并促进了社会整体的发展。现代社会，一切生产资料和生活资料，几乎都是为市场而生产的。市场作为生产资料和生活资料的集散地，联系着人与人之间的经济关系。人们通过市场交流互补、各取所需，充实和发展自己。千百年来，人类的社会属性便是根源于这种互补要求。在科学研究中，一个大的科研项目总是多个领域的科学家互补协作完成的。阿波罗登月计划的组织者有一句名言：不要使从事同一主业的人在一个桌子上吃饭。在人类政治生活中，各社会集团相互排斥又相互补足，相互以对方为敌手，又以对方为存在条件，分分合合，合合分分，你中有我，我中有你，影响或推动或迟滞社会的发展。20世纪冷战结束后，世界义无反顾地走向多极化，这是任何力量都阻挡不了的。人类社会独有的文学现象也是如此，小说、戏剧、散文、诗歌，独立存在，相互影响。诗歌以凝练、生动、形象、具有韵律节奏的语言，反映社会生活，表现人们的思想感情；小说以人物形象的塑造为中心，通过故事情节和环境描写反映生活；散文通过某些故事片段表现生活，表达思想，抒发感情；戏剧演员扮演角色，通过舞台表演故事情节，它们的表现方式各不一样，但正是这些不同风格、不同特色的文学品种，以不同的色彩构成了文学的百花园。

哲学作为人类智慧的结晶，并不是某一个时代或者某一个哲学家的专利，而是各个时代、各个哲学流派的诸多学说有机互补的结果。单个哲学家总是从各自的知识、阅历、思维方式、观点见解出发观察世界，探究事物，得出自己的哲学论断，或者形成某个哲学流派，但终究不可能穷尽真理。有时不同的哲学家研究同一个对象，得出的结论却迥然不同，甚至是根本对立的。历史上许多哲学观点争论了上千年，各自的理论也都自成体系并且洋洋洒洒，都有一定的道理，在各自的旗帜下聚集了庞大的信奉者队伍，但终究谁也不能说服谁。事实上，每一门哲学都从一个方面或多或少地揭示了事物存在、运动、发展的规律，各种哲学的有机互补才更接近真理。古老的《易经》从"太极""阴阳"出发提出朴素辩证法思想，《老子》则从"道"出发阐释朴素辩证法，《论衡》以朴素唯物论的观点观察世界，程朱理学则断言"理"是离开事物独立存在的实体，王守仁提出与程朱截然相反的观点，断言"万事万物之理不外于吾心""心明便是天理"，否认心外有理、有事、有物。康德把世界划分为"现象界"和"自在之物"世界，把人的认识分为感性、知性、理性三个环节，并提出"先天综合判断"概念，创立了德国古典唯心主义哲学。黑格尔从思维与存在统一于"绝对精神"这一立论出发，提出精神运动的辩证法和辩证发展经历逻辑、自然、精神三个阶段的学说。叔本华从印度哲学和佛教中吸取灵感，认为物质现象只是"摩耶

（幻）"或观念，"自在之物"就是意志，意志才是宇宙的本质。尼采则进一步认为，历史的进程就是强力意志实现其自身的过程，"超人"是历史的创造者。这些学说自成一体，各有各的道理。正是因为无数哲学理论共存互补，人类精神世界才变得丰富多彩。

由此可见，哲学家的哲学其实很简单，简单到普通人都这么看——哲学家之所以成为哲学家，仅仅因为他把自己的哲学说得头头是道。

大千世界孕育了多样的哲学，每一种哲学都凝结了哲学家的某种思考。这种思考或抽象或通俗，都是事物的某种存在或运动规律的总结，都是无数普通人站在某一个观察点上对世界的看法，归纳了人们日常生活中司空见惯的道理。从这个意义上讲，哲学就是普通人的真理，只不过由哲学家抽象总结出来而已。一种哲学，其表述可以很抽象，但一定揭示了众多普通人的共识；假若普通人不这么看，则一定是伪哲学。

哲学家之所以是哲学家，是因为他提出了某种观察和认识世界的理论体系，他自己能对自己的理论体系作出合理的解释，自圆其说；哲学家自己能够自圆其说而别人不能推翻的哲学，就是他所处时空的真理；当这种哲学被他人推翻且他人能自圆其说时，他人的哲学就是相应时空的真理。

第二节　互斥与互补

对应不同参考点的事物的诸相互补是普遍存在的。由于不同的相对应不同的参考点，通过一个固定的参考点无法观察到事物的不同的相，因此，对事物整体而言，不同的相相互之间是排斥的，或者说是互斥的。正因为如此，原来事物诸相的互补关系其实是与诸相的互斥关系同时存在的。互补关系以互斥关系为存在基础，互斥关系以互补关系为存在基础。

以牛顿运动定律和万有引力定律为基础的牛顿力学自17世纪诞生以来，一直是自然科学的经典。20世纪初，在经典物理学晴朗的天空，飘来两朵小小的乌云。一朵是迈克耳孙-莫雷实验结果和以太漂移说相矛盾；另一朵是黑体辐射理论引发的"紫外光灾难"。经典物理学大厦因这两朵乌云面临坍塌，由此产生了相对论和量子力学。

量子力学的理论大厦由普朗克、玻尔、海森堡、薛定谔、泡利、德布罗意、玻恩、费米、狄拉克、爱因斯坦、康普顿等一大批物理学家共同撑起。其中海森堡提出"测不准关系"并给出数学表达，即 $\Delta x\Delta p\geqslant h/4\pi$，或者 $\Delta E\Delta T\geqslant h/4\pi$，其中x、p、E、T分别表示微观粒子的位置、动量、能量和时间，h是普朗克常数。它表明，在量子力学里，粒子位置与动量不可同时被确定；能量的准确测定，只有靠相应的对时间的测不准量才能得到。玻尔提出"互补原理"对测不准关系进行了理论阐释。海森堡的"测不准关系"和玻尔的"互补原理"构成了哥本哈根学派诠释量子力学的两大支柱。

玻尔互补原理的表述是：原子现象不能用经典力学所要求的完备性来描述。在构成完备的经典描述的某些互相补充的元素，在这里实际上是相互排斥的，这些互补的元素对描述原子现象的不同面貌都是需要的。对象所表现出的形态，取决于我们的观察方法。对同一个对象来说，这些表现形态可能是互相排斥的，但必须被同时用于对这个对象的描述中。具体到对光的描述，玻尔认为，光所具有的相互矛盾的波动性和粒子性是互补的，两者同时存在，互为补充，无法在验证一种特性的同时保证另一个特性不受到干扰或破坏。不仅光波具有粒子性，电子以及中子、质子等微观实物粒子都同时具有波动性，而这两个性质是相互排斥的，不能用一种统一的图像去完整地描述，但波动性与粒子性对于描述量子现象又是缺一不可的，必须把两者在更高的层次上统一起来，才能提供对量子现象的完备描述，亦即量子现象必须用这种既互斥又互补的方式来描述。

互斥与互补的概念就这样被发现并被理论化。此后几十年，玻尔将这一理论推向更加广阔的领域。他认为，互补原理作为一个更加宽广的思维框架，是一个普遍适用的哲学原理，因此他试图用互补原理去解决生物学、心理学、数学、化学、人类学、语言学、民族文化等多方面的问题，并试图揭示其他形式的互补关系。

互补原理提出以来，得到许多实验的验证并被大多数物理学家所认可。然而对互补原理的质疑声音也从未间断，有人甚至认为当初支持互补原理的一些实验结果不是很准确，更有人声称有新的实验足以证明互补原理是错误的。

无论这些质疑的声音包含多少真理或谬误的成分，无论后来的量子力学实验结果是否会推翻玻尔的结论，玻尔提出的互斥与互补的思想还是有价值的。互斥与互补双方其实是站在不同的观察点观察到的事物的两个不同的相。两个相不能被同时观察到，根本原因是观察者所处观察点不同，站在粒子的观察点看到的是粒子，站在波的观察点看到的是波，站在其他观察点或许可以观察到事物的其他的相。总之，只要找到足够多的观察点，就能观察到事物的足够多的相。

微观世界的波和粒子分别用"波方程"和"粒子方程"来表述。微观粒子的面貌，就是波和粒子相的互补；微观粒子的本质，就是这些相背后的律即"波方程"和"粒子方程"的互补。

微观领域"互斥"双方在一个实验中是否会同时出现，则要具体情况具体分析。20世纪初物理学家做的双缝实验已经发现波动行为与粒子行为可能会同时出现，也有学者的实验证明其不会同时出现，但这些都不妨碍波与粒子二象性的存在，不妨碍波与粒子二象性性质的存在，不妨碍波与粒子互斥互补的联系。

老子《道德经》云："道生一，一生二，二生三，三生万物。万物负阴而抱阳，冲气以为和。"玻尔对此深深认同，故将家族的徽章设计成中国道家"阴阳鱼"的图案。可见，玻尔认为"互补原理"与"负阴而包阳"的阴阳论理论在某些方面是相通的。可惜他到死也没有弄明白它们之间的关系，他其实是将二者混为一谈了。他早年提出的互补原理其实是本书所阐述的"互补论"中事物诸"相"的互斥互补或者诸"律"的互斥互补；而阴阳论所指的互斥互补是事物的"相"和"律"之中矛盾诸元对立统一的互补，如正与负、阴与阳、高与低、上与下、好与坏、作用力与反作用力，等等。这里，矛盾双方的互斥，是真实意义上的相互排斥，大小相等，方向相反的互斥，而不是玻尔互补原理中不同的相不能被同时观察到的互斥；这里的互补是矛盾双方既对立、又统一，构成了事物的矛盾运动的互补，而不是全面认识和描述事物，使其具有"完备性"的互补。这些内容，正是本书第三章《二元矛盾互补》要讨论的内容。

第三节　互斥互补的层级

事物的存在方式由低到高可分为不同的层级，如天体物理中的恒星层级、行星层级、卫星层级，微观领域的原子层级、核子层级、夸克层级，社会经济领域的宏观、中观、微观层级，等等。高层级具有低层级所没有的特性，低层级的特性又是形成高层级特性的基础，不同层级之间相互区别又相互联系。

互斥互补也是分层级的。

事物相对于不同参考点所表象的相与相以及给定相所对应的律与律之间的互斥互补为互斥互补的第一层级。如微观粒子的波粒二象互斥互补，对应不同参考点的事物的各个方面的互斥互补等都属于此类。事物的"相"和"律"之中矛盾诸元二元对立统一，三元、多元相互对立、相互联系的互斥互补为第二层级。如哲学上的上与下、高与低、正与负以及现实生活中的男和女、雌和雄、正确与错误、忠诚与背叛等都属于这一类。事物诸元内部元素之间还存在一种只有共处而没有紧密联系的平行互斥互补，这种互斥互补既可能存在于第一层级，也可能存在于第二层级。如太阳系八大行星相对于太阳系某一参考点是平行存在的，它们相互之间既不是第一层级的互斥互补关系，也不是第二层级间的对立统一互斥互补关系，而是同一层级间诸元的平行共处但非紧密联系的互斥互补关系。这种平行互斥互补关系在自然界和人类社会大量存在。

相与相、律与律之间的互斥互补谓之群相互补、群律互补；相与相、律与律内部诸元之间的对立统一互斥互补谓之相内互补、律内互补。相与相、律与律内部诸元之间的一般联系互补谓之相内平行互补或律内平行互补。

中国古代哲学家和欧洲古典哲学家很早就发现了相内互补和律内互补即第二层级互斥互补现象，并总结出其内在运行规律，朴素辩证法思想就是这种总结的经典成果，它影响了人类社会数千年，至今还在发挥着作用。对于群相互补和群律互补即第一层级互斥互补现象和相与相、律与律诸元之间的相内平行互补、律内平行互补则研究甚少，有的将其与矛盾运动互斥互补现象混为一谈。"互补论"首次提出层级互补概念，给出两个层级、三种互补现象及其内在规律的全新诠释。

第四节　互斥互补的机理

由元素组成的事物，对应不同的观察点，以不同的相向外界表象着自己。它并不是单元独立的，它与其他事物互斥互补共存。在无数事物组成的世界上，单个事物其实正是构成世界的元素。元素互斥互补构成了事物，事物互斥互补构成了世界，世界是互斥互补的世界。

世界的互斥互补是事物与事物的互斥互补。事物与事物的互斥互补表现为一事物与他事物诸相诸律的互斥互补和相内元素之间的互斥互补。事物自然存在的互斥互补是客观互斥互补，观察者感觉的事物互斥互补是主客互斥互补。互补并不是一味地补足，它是互斥基础上的互补，互补的同时又互斥。万物以互斥互补为存在的基本模式，运动，发展，相互联系，拒绝孤独。

事物的整体表象即完整形象是其自身诸相的客观互补。以往的哲学将表象定义为知觉基础上所形成的感性形象。互补哲学中的表象不是主体知觉的产物，而是客体自在的东西，是客观事物显露在外的迹象或事物的外部联系，是客观存在的，不以人的意志为转移。现实生活中，给定事物相对于一个观察点表象为一个相。这个相显露了事物在一个方面的形象。就此而言，它代表了事物，向外界传递了事物的某种信息。事物的整体形象是事物在各个方面表象的综合，是事物诸相的客观互补，不是单个相所能替代的。只有整体表象才能代表事物，单相表象只能代表事物的一个方面。由于任何事物都具有无限个相，所以，完全的整体表象是一个理论概念，但涵盖面广的相的客观互补更接近事物的真实。

第一层级诸相的客观互斥互补，不是诸相的简单叠加，或者诸相的无序混合，而是相与相之间的有机联系。诸相既是独立的，又与他相发生特定联系；相对于一个观察点表征着自己，又从一个方面体现了整体。这里的客观互斥，指相与相、律与律相互不见面，不发生直接关系；互补，指客观上从不同侧面对事物予以呈现。

第二层级的平行客观互斥互补，指事物相内诸元素相对于一个观察者同时存在，它们相互之间发生的互斥互补过程。如行星之间有万有引力，有排斥力，共同存在，相互影响。再比如，明媚的春天，阳光灿烂，微风和煦，万物复苏，万象更新，百花齐放，百鸟争鸣，它们相对于某一参考点同时存在；但单独的一朵花、一只鸟、一丝风、一缕光都不是春天，但都体现着春天的一个方面；鲜花、百鸟、春风、阳光各自独立存在，但又相互联系，相互影响，共同营造着春天。正所谓一花独放不是春，万紫千红春满园。

第二层级的矛盾互斥互补问题，将在第三章专门讨论。

事物的整体表象是客观存在的，不以观察者的主体意志为转移，但不同的观察者考察同一对象往往会得出不同的结论。出现这种情况，并不是事物的表象不具客观性，而是观察者主体存在着差异。不同的观察者与客观表象相同的事物主客互补造成了不同观察者对同一对象不同的感觉，观察者的感觉不同，考察结论自然不一样。正如文学家钱锺书在他的《一个偏见》中所言："寂静能使人听到平常听不到的声息，使道家听到了良心的微语，使诗人听到了暮色移动的潜息或青草萌芽的幽响。"可见，作为事物诸相客观互补的整体表象是自在的，但不同观察者对事物的感觉则是另一回事。

事物整体表象的客观性不以观察者的主体意志为转移，但却受到观察仪器或观察者的影响。这种影响在宏观领域可以忽略不计，但却是存在的。而在微观领域，其影响十分明显。如在微观情况下，观察仪器往往与事物诸相发生直接作用，以致事物诸相的互补对外界的表象被诸相与观察仪器相互之间的互补所替代，观察结果不可避免地打上了观察仪器的烙印。在这种情况下，微观事物的客观表象就不是一个确定的事物，而变成一个存在概率，即可能性。这也进一步说明互补的无处不在。但无论观察仪器如何对客体造成影响，客体的存在永远是自在的。

在宏观领域，观察仪器也会对观察对象造成影响，亦即观察仪器直接与事物诸相发生互补的情况是客观存在的。如许多古代墓葬里的精美壁画，都禁止使用闪光灯拍照，就是为了防止灯光对壁画的色彩造成不良影响。闪光灯每次闪亮对文物的影响微乎其微，但久而久之对文物的累计伤害却是显而易见的。由于仪器的介入，观察对象已经变成包括观察仪器在内的对象。

由此可见，事物的整体表象是事物诸相客观互补的结果，是客观存在的东西；观察者考察得到的感觉是事物诸相与观察者主客互补的结果，是观察者的主观所得；主观互斥互补，其实是人通过思维、将事物诸相诸律放在一起认识、分析、比较，得出结论的过程。客观的表象是自在的，主观的感觉可以多种多样。无论是表象还是感觉，都是事物诸相互补的结果，前者是考察对象诸客观相互补的结果，后者是考察对象诸相与考察仪器、考察者诸相主客互补的结果。

事物的表象是其自身诸相的客观互斥互补，而本质则是其群律的客观互补。表象是直观的东西，本质要深刻得多，是事物的内在联系，是事物比较稳定的方面，它从总体上规定了事物的性质、性能和发展方向。本质是客观存在的，不以观察者的意志为转移。本质隐含在整体表象之内，或者潜藏于全部表象背后。客观上每一种表象都对应一个比它更深刻地反映事物内在联系的律，单个的律从特定相的方位揭示事物本质的一个方面，群律的客观互补才将事物的全部本质反映出来。

　　观察者考察事物的本质，是通过观察者与事物诸律的主客互补完成的。在这个过程中，观察者可以透过事物表象通过直觉去意会本质，从总体上把握本质，也可以对事物的表象进行分析和判断揭示本质。直觉意会是观察者与事物诸律的直接的主客互补，没有中间环节的交换与传递，具有很强的即时性特征；分析判断则是观察者对事物诸律进行分解归类、找出每一个律所揭示的本质信息，然后对这些信息进行综合评估，研究它们之间的相互联系以及对事物本质的贡献和影响，得出一个总体的结论，整个过程具有历时性的特征。如对一个人的本质的判断，直接意会是在看到这个人的一瞬间得出的判断。观察者在第一时间将接触到的这个人的形态、举止、语言、穿着等表象信息摄入大脑，与大脑中原先存贮的此类信息所内含的群律进行互补综合，得出关于这个人的本质的第一印象的结论。分析判断则将对这个人的整体表象以及对应各种表象的群律进行长期考察，听其言，观其行，不仅看他的知识水平，而且看他的道德修养；不仅看他如何待我，而且看他如何对人；不仅看他平常的作为，而且看他在危机时刻的表现；不仅看他的一时一事，而且看他的长期行为，等等，将观察得到的东西与观察者大脑中储存的此类信息群律综合互补，得出关于这个人的本质的结论。主客互补涉及事物的群律越广泛，群律揭示事物的内在联系越深刻，得出的结论越准确，所揭示的事物本质越接近客观真实。

　　律已经触及事物的本质，涉及事物内部的必然联系。与表征事物的某一相对应的律从一个方面揭示了事物运动变化的必然性，事物的全部本质只有事物诸律的整体互补才能揭示出来。诸相互补揭示事物整体的表象，诸律互补揭示事物整体的本质。

第三章

二元矛盾互补

具有辩证统一关系的矛盾互补，是自然和人类社会普遍存在的一种二元互补，是同相中两个对立统一的元素以及元素背后的律的互补，是自然、社会和人类思维领域最重要的互补关系之一。

第一节 矛盾互补及其基本法则

客观事物对外呈现诸多相，每一个相内部包含许多元素。其中有些成双成对的元素既相互对立又相互统一，相互矛盾又相互依存，相互排斥又相互整合，形成不同于玻尔互补原理的互斥互补的辩证统一关系。这种辩证统一关系即二元矛盾互补。

二元矛盾互补的两个元素互为镜元，其中一个元在表象、性质等方面正好与另一个元相反。如一方为正，则另一方为负；一方为上，则另一方为下。构成矛盾互补的两个镜元又是紧密联系的，双方以对方为存在条件，如《道德经》第三十九章所说"贵以贱为本，高以下为基"，镜元互补整合构成了一个对立统一体。

构成矛盾互补的两个镜元可以是抽象的元，也可以是具体的元。如家庭中丈夫和妻子构成两个具体的矛盾互补镜元，一男一女，是具体存在的两个活生生的人，他们之间的互补关系，就是夫妻两人具体的矛盾互补关系。而好与坏、生与死，冷与热、寒与暑、发展与倒退，大乱与大治等，则是从具体事物中抽象出来的矛盾互补镜元，它们往往以具体事物为存在载体，但在表象上并不以某一个具体的载体的形式出现。

抽象的矛盾互补镜元是虚拟镜元，具体的矛盾互补镜元是实存镜元。如一事物从一个参考点抽象表象为"好"，而"坏"并没有同时在其诸元中具体表象出来，但此时"坏"已经相对于"好"而存在，它是"好"所以成为"好"的基本条件。"坏"在这里就是一种虚拟存在，相对于一个虚拟的参考点，是"好"的虚拟镜元，反之亦然。对于一支战场上的军队而言，自身和与其并肩战斗的友军就是具体的"我"，攻击的对象就是具体的"敌"，敌我都是实际存在的，敌是我的实存镜元。具体的镜元是实存的，抽象的镜元是理念的。尽管有这些区别，但构成矛盾互补的抽象的两个镜元和具体的两个镜元都具有相反相成、互斥互补、对立统一于一个整体等性质，都遵循相同的矛盾互补法则。

矛盾互补是普遍存在的。物质之间的引力与斥力，天体的膨胀与坍缩，国家的统一与分裂，社会的分化与组合，数学中的正数与负数，物理学中的作用与反作用，化学中的化合与分解，微观领域的粒子与反粒子，地磁的南极与北极，战争的胜利与失败，人生的顺利与曲折，都是矛盾互补的典型表现。矛盾互补存在于一切事物中，一切事物的发展过程始终存在着矛盾互补。

事物的性质决定于事物诸元的互补。一事物与他事物的异同，取决于事物内部诸相互补的特殊性，尤其是诸元的矛盾互补，在一定条件下对事物的性质起决定性的作用。对于矛盾互补居于主导地位的客观事物，掌握了其特殊的矛盾互补关系，就从总体上掌握了一事物区别于他事物的特殊本质。水与火两事物是不同的，其根据在于，水之为水是因为氢氧特殊的矛盾互补等因素，火之为火则是因为特殊的碳氧矛盾互补等过程。

矛盾互补两个镜元在共存中的地位可以是等同的，也可以是不同的。通常情况下，双方处在不同地位，一方为主导镜元，另一方为非主导镜元。主导镜元的性质往往决定事物的性质。

运动变化是矛盾互补镜元的基本属性。矛盾互补的两个镜元处于不停息的运动变化之中，镜元的共存是运动变化中的共存，是动态共存，而不是静止的共存。运动使矛盾互补的两个镜元不断发生变化，进而推动事物的发展。在一定条件下，矛盾互补镜元的运动变化使得对立统一的镜元向其相反的方向转化。转化一般存在三种形式，其一是镜元双方各自向相反方向变化，但只是量的增减，总体态势不变；其二是经过数量的增减，原来的主导镜元与非主导镜元变得势均力敌，镜元双方总体呈现平衡状态；三是经过双方数量的逐步增减或突变，主导镜元和非主导镜元移位，原来的主导镜元变为非主导镜元，非主导镜元占据主导地位，由此使事物发生质的变化。

在矛盾互补镜元双方转化过程中，条件是极为重要的。量的增减需要一定的条件，质的突变更需要条件，而且只有在一定的条件下才能发生。特别对于质的突变而言，只有一定的条件下才能造成质变与非质变的临界状态，量变突破临界状态的临界点，质变才能实现。但不论条件如何重要，镜元内部的矛盾运动始终是变化的根据。

第二节　矛盾互补双方相互转化的量化分析

矛盾互补双方在一定条件下向其相反的方向转化，这是事物矛盾互补的基本规律。转化过程是否遵从某种量化原理，转化背后的深层次原因是什么，是一只什么样的无形之手左右着这种变化，这一切都显得扑朔迷离。尽管如此，矛盾互补的奥秘并不甘于闭锁深闺，它总是想方设法摆脱寂寞，从具体事物的运动变化中露出端倪。

19世纪，法国哲学家笛卡儿，德国化学家迈尔、物理学家赫尔姆霍茨，英国物理学家焦耳等在总结大量自然科学发现的基础上，提出能量转换和守恒定律。这一定律对处在一个孤立系统中的单摆的运动作了如下诠释：运动中的单摆具有一定的能量，整个系统是单摆内部动能与势能的对立统一，其间动能可以转换为势能，势能也可以转换为动能；动能的损失在量上等于势能的增加，势能的损失量等于动能的增加量。此后，科学家发现，在电学领域同样存在类似现象。如电解过程中，当电流流入电解质溶液或熔融电解质时，两极上便同时产生化学反应，正离子向阴极迁移，负离子向阳极迁移。在阴极上起还原反应，在阳极上起氧化反应。氧化反应得到多少负离子，还原反应就得到多少正离子。化学、生物学以及自然科学的其他领域都普遍存在这样的现象。

先哲们没有对社会现象作出定量分析，但社会现象与自然现象有着惊人的相似之处。自古以来，芸芸众生向着荣华富贵的目标千帆竞进。而现实的情况是，富贵会在一定的条件下变为贫穷，欣喜会变为悲哀，失望也会变为希望。反之亦然。百万富翁会在赌场上输得债台高筑，巨额股票持有者的万贯资产会在股市风暴中变为负资产，位极人臣的达官贵人会在政治风云变幻中成为阶下囚。投资甚巨，失败时的损失往往不是小数目。血腥统治者的江山建立在累累白骨之上，这种统治必然遇到暴力抵抗，当统治终结时，等量的牺牲与流血也就不可避免。隋炀帝死于乱军，路易十六死于断头台，有钱人枕下常藏着刀枪，通缉犯夜里最怕狗叫。吸毒的瘾君子吞云吐雾、飘飘欲仙之后，往往毒瘾发作，涕泗交流，苦不堪言。有多大的威势，就有多大的危险；有多少欢乐，就有多少痛苦；有多少不义之财，就有多少惊悸与焦虑。权势与卑微同在，富贵和贫穷为伍，风险与机会对等，欢乐与痛苦相应。它们在矛盾互补转换过程中，鬼差神使地遵从量的对应相等规律。如果权势为正，卑微为负，富贵为正，贫穷为负，欢乐为正，痛苦为负，矛盾互补双方相互转换的量的绝对值是相等的！

工业革命以来，人类为了舒适安逸的生活，发明了成千上万种征服自然的工具，凭借这些工具对大自然进行了掠夺性开发，使得大地、高山变得满目疮痍，江河湖海被严重污染。当然，这种掠夺性开发受到自然的无情惩罚。森林植被被毁坏到什么程度，水土流失、土地沙化就达到相应的程度。非再生能源和矿产的开发、消耗达到什么程度，异常的气候、酸雨、臭氧空洞就发展到什么程度；进而人类的舒适和享受达到什么程度，自天而降、自地而起的灾祸与不幸就随之而发展到什么程度。远古时代没有大量的矿物能源消耗，也就无所谓大面积酸雨；没有制冷设备和其他设备排放大量氟利昂，也就没有臭氧空洞，进而也没有为数众多的皮肤癌；没有可以供机动车每小时行驶百多公里的高速公路，也就没有多辆汽车的连环相撞；没有大量的石油开采与运输，也就没有原油的泄漏和海水的污染；没有工业污水的无序排放，也就没有大批鱼类和其他水生物的死亡。征服与反征服是等量的，罪过与惩罚也自然相当。矛盾互补双方在向其相反方向转化过程中，此方曾经达到了什么样的量的程度，彼方也随之达到相反的量的程度。在有外界干涉的情况下，考虑干涉条件的互补双方转化前后的量的程度亦遵从这一规律。

矛盾互补双方不仅在一定的条件下向其相反的方向作等量转化，而且在矛盾运动的各个阶段，互补双方的此消彼长都是等量发生的。物理学上的作用力与反作用力无论在作用过程的每一个阶段、每一个瞬间都是大小相等，方向相反，作用于一条直线上的。一对围棋选手在对弈过程中，甲吃掉乙几个子，乙同时就损失几个子；甲负于乙几个子，也就等于乙赢了甲几个子。输赢于过程的每一瞬间在量上都是相等的。不仅如此，输者的痛苦在量上一般也等于赢者的欢乐。输者每输一子，心里就沉一下；赢者每赢一步，心情就快乐一分。

对矛盾互补双方在事物运动过程中的等量发生和等量转化，古人早在几千年前就有论述。《道德经》说："天下皆知美之为美，斯恶矣，皆知善之为善，斯不善矣。故有无相生，难易相成，长短相形，高下相倾，音声相和，前后相随。"《涅槃经·遗教品一》说："善恶之报，如影随形，三世因果，循环不失。"《梁书·范缜传》说："贵贱虽复殊途，因果竟在何处？"《红楼梦》十二支曲中写王熙凤的《聪明累》说："机关算尽太聪明，反算了卿卿性命……家富人宁，终有个家亡人散各奔腾。"十二支曲之《收尾·飞鸟各投林》说："为官的家业凋零，富贵的金银散尽。有恩的死里逃生，无情的分明报应。欠命的命已还，欠泪的泪已尽：冤冤相报自非轻，分离聚合皆前定……好一似食尽鸟投林，落了片白茫茫大地真干净"。在这里，为官的在一定条件下向家业凋零转化，富贵的也会向金银散尽转化，欠命的必以命来偿还，欠泪的也以还泪为归宿。聚的与散的相等，欠的与还的相当。到头来，"落了片白茫茫大地真干净"，一切都归于无。

由于人类很早就直觉到这种等量发生与等量转化的原理，并认定这种原理是正确的，所以便自觉不自觉地对其加以扩展和应用。当私有制刚刚从原始公有制脱胎出来的时候，人们常常将剩余的劳动产品拿出去交换。两把斧子换一只羊，结果双方都满意而归。个中原因，就是因为交换双方在潜意识里已经认定，斧子的价值等量转化为羊的价值，而羊的价值也等量转化为斧子的价值。谁也没占便宜，谁也没吃亏，双方都得到了自己需要的东西。这里，等量转化已经成为人类约定成俗的公理。如今，千百年过去了，等量发生与等量转化的公理仍然在支配着人类的经济、政治、军事、文化等社会生活，并衍生出一系列的法律和道德，如杀人偿命，欠债还钱；犯多大的罪，判多重的刑；对等谈判，礼尚往来；敬人者，人恒敬之；以眼还眼，以牙还牙，等等。

等量发生与等量交换的原理如此深入人心，以至于谁违背这一原理，谁就为人群所不齿，受到舆论的谴责、法律的惩罚或应得的报应。市场上的非公平交易，破坏了这一原理，受损的一方就不接受，或与对方交涉，或诉诸仲裁机构，或诉诸舆论，或诉诸法律，甚至会诉诸武力以讨回公道。为解决国际市场的公平交易问题，各国协商建立了世界贸易组织等国际组织。官员的贪污腐败，违反这一原理，社会舆论常常对其加以谴责，法律之剑也会指向贪官。

中国人自古就谙熟这一原理，并由此推出"中庸"学说。《中庸》一书说："喜怒哀乐之未发，谓之中。"中，就是中道而行，中道就是不偏，不偏就是不走极端；中庸，就是中用，庸古同用，待人接物保持中正平和，因时制宜、因物制宜、因事制宜、因地制宜。由此将人的思想感情容纳在社会伦理道德的规范之中，反对偏激，强调不偏不倚，无过无不及。中国的儒家在处理社会问题时，也遵从这一原理。

第三节　零守恒定律

在一定条件下，矛盾互补双方以等量发生的方式完成转化过程的每一个步骤，同时以等量转化的方式最终在其相反的镜相找到归宿。转化过程中，转化变量沿着什么样的路径增加，相反的变量便沿着与之相向的路径减少；一方在转化中增加了多少量，另一方就相应减少多少量，增量与减量的代数和永远为零！这就是存在于矛盾互补规律之中、决定事物运动方式的零守恒定律，是促成矛盾互补双方相互转化的深层次原因。

零守恒定律可以表述为 $\Delta_1 - \Delta_2 = 0$。其中 Δ_1 与 Δ_2 分别表示矛盾互补双方相互转化的变量。

自然界和人类社会无数客观事实说明，矛盾互补双方的运动转化都遵从零守恒定律。与时间平移不变性联系在一起的能量守恒定律可以表述为 $E_1 = E_2$，其中 E_1 可以代表机械能、热能、电能、光能、化学能、生物能、原子能中的任一种，E_2 表示上述能量转换成另一种能量的量，$E_1 = E_2$ 表示两种能量在相互转换过程中是守恒的。而 $E_1 = E_2$ 亦可以改写为 $E_1 - E_2 = 0$，说明其变量之代数和等于零。可见这种变化本质上是零守恒的。与空间平移不变性相联系的动量守恒定律可以表述为 $P_1 = P_2$，同样可以写为 $P_1 - P_2 = 0$，说明动量守恒的本质也是零守恒的。与洛伦兹不变性联系在一起的质量守恒定律可以表述为 $M_1 = M_2$，也可以改写为 $M_1 - M_2 = 0$，说明质量转换也遵从零守恒规律。相对论中的质能关系 $E = mc^2$，也可以改写为 $E - mc^2 = 0$，说明质量与能量的转换同样是零守恒的。质量守恒、能量守恒、动量守恒、角动量守恒、电荷守恒，以及微观领域中的重子数守恒、轻子数守恒，等等，归根到底，都可以归结为零守恒，都是零守恒定律在不同领域的具体体现。

零守恒定律绝不是一个简单的数学变换，它将自然界不同的守恒关系统一起来，实质上揭示了不同门类自然科学的内在联系和本质规律，是存在于自然界物质运动背后、推动各种物质运动变化的无形之手。

分析矛盾互补双方的各种运动变化，不难发现，运动和变化之所以产生，是零这只无形之手在召唤着互补双方，推动着互补双方义无反顾地向零运动。如在单摆的运动中，小球无论走到哪里，总是"眷顾"着零的位置，即使上升到势能最大点，也"忘不了"要向零回归。以向零回归为动力、为方向，小球最终回到零的位置。此后之所以继续运动，是因为回归的惯性力量太大，以至于小球回归零点仍然停不下来。然而，不管怎样，零是小球的平衡点，零是小球的最后归宿。在一个原子的内部，如果带正电的原子核和带负电的核外电子电量相等，则这个原子处于平衡态，即零态。如果核外少了若干个电子，则少了电子的离子就要千方百计地从外界俘获等量电子，以达到原先的平衡；外界自由电子也要千方百计地寻找离子上的空穴，为自己找到归宿。直到离子如愿以偿地俘获所需数目的电子或者同等数目的自由电子，如愿以偿地找到离子上的空穴，运动变化的过程才能告一段落。可见，离子和自由电子的运动目标和方向都是零态，零态吸引和左右着离子和自由电子的运动；离子带正电数与其吸纳的电子数相等，代数和为零。

社会生活中，矛盾互补双方相互转化量的零守恒是一个相对宽泛意义上的守恒，不像自然科学中那样可以精确计算。这是因为社会现象要比自然现象复杂得多，矛盾互补双方在相互转化过程中常常受到一些外界因素的干扰和影响，一般都不能精确计算，但从宏观上看，双方量的转化也是大致相当的，零守恒定律在社会生活中也是成立的。奋斗的艰辛可以转化为成功的欢乐，经历了多大的艰辛，就享受多大的欢乐，两者在量上相等，其代数和为零。得之容易，失之也容易，得失等量，代数和为零。有多大的收益，就有多大的风险，收益与风险等量，其代数和为零。有多大的权利，就要尽多大的义务，权利与义务对等，其代数和为零。巨大的希望可以转化为巨大的失望，希望越大，失望就越大；部分希望会转化为失望，而全部的希望会转化为绝望；绝处亦可逢生，柳暗亦会花明，无限的失望也会转化为无限的希望，希望和失望的代数和为零。情人之间的爱可以转化为恨，爱有多深恨就有多深，爱与恨的代数和为零。阶级压迫可以转化为反抗，压迫有多残酷，反抗就有多激烈，压迫与反抗的代数和为零。这里，奋斗的艰辛与成功的欢乐、巨大的希望与巨大的失望、阶级压迫与阶级反抗、爱与恨、得与失等从纯数学的角度来看，不可精确量度，但在人类社会生活中，在哲学和思维领域，恰恰是可以比较、可以量度的。所谓巨大艰辛、巨大欢乐，巨大希望、巨大失望，等等，都是千百年来人类对这些社会现象进行量度和比较的例证。

一方面，矛盾互补双方相互转化过程中的变量之代数和为零；另一方面，正是零作为客观事物存在的平衡态为互补双方的运动变化提供了动力、方向和归宿。在一杯纯净水中滴入一滴墨水，墨水会向纯净水与墨水均匀混合的平衡态即零态方向扩散；零态吸引着扩散的进行，为扩散提供了动力；零态是扩散最后的归宿，如果没有外力强迫将墨水和纯净水分离开来，平衡的零态将永远保持下去。当然这种平衡零态不是静止的、完全死寂的平衡态，而是一种动态平衡的零态。热恋的情人一旦反目成仇，零态平衡决定了爱必将向恨的方向转化而不会是其他。德国哲学家尼采深深地爱着漂亮的天才女人莎乐美，当他的爱被莎乐美拒绝以后，尼采写下了名言："回到女人身边去，别忘了带上你的鞭子。"深深的爱之所以转化为深深的恨，是因为零态平衡是冥冥中的度量标准，决定了恨一定要转化到与爱等同、爱恨代数和为零的程度。以爱开始、以恨结束的零态平衡是这一矛盾互补最后的归宿。当然，如果过程中出现外力影响，则矛盾互补的情况要复杂得多。

第四节　零的意义

在矛盾互补双方等量发生和等量转化中，零具有特殊的地位和作用。它是矛盾互补转化的深层次原因，是左右矛盾互补转化的无形之手，是推动一切变化的内在动力，是一切运动生发的源泉、起始和最终归宿。对于广袤的宇宙而言，零具有更深刻、更广泛的意义。

作为一个纯粹的数，零是小于一切自然数的数，是整数系统中介于正数和负数之间唯一的数。作为一种状态，零是界限，是临界点，是一个运动的起点，同时又是另一个运动的终点。它可以代表无，代表没有，代表空位，同时也是一个实实在在的存在。恩格斯在《自然辩证法》中写道："作为一切正数和负数之间的界限，作为能够既不是正又不是负的唯一中性数，零不只是一个非常确定的数，而且它本身比其他一切被它所限定的数更重要。事实上，零比其他一切数都有更丰富的内容。"[1]

零是宇宙的本原、起点和归宿。现代宇宙学认为，广袤宇宙起源于一百多亿年前的一次大爆炸，宇宙从大爆炸开始，体积不断膨胀，物质从热到冷、从密到稀演化。这次大爆炸是从一个"奇点"开始的，"奇点"就是零点，说明宇宙起源于零。大爆炸开始时，从"奇点"产生了相等数量的物质和反物质。我们所看到的现实世界，是物质占绝对主导地位的世界，但反物质已经多次被人类发现。1928年，英国物理学家狄拉克建立的狄拉克方程从理论上预言正电子（反物质）的存在。1932年，物理学家安德森和他的同事们在实验中发现了正电子，揭开了人类发现反物质的历史。物质和反物质具有质量、寿命、自旋、同位旋相等，而电荷、重子数、轻子数、奇异数等量子数相反，由一个共同点（零点）产生，相遇后会湮灭（为零）等性质。如一个高能光子在一个重原子核附近会转变为正负电子对；反过来，正负电子相遇，会湮灭转化为2个光子。事实说明，宇宙是有起点的。在许多天体中，氦丰度相当大，约为30%，而恒星内部的核反应不可能产生这么大比例的氦，说明宇宙早期温度很高，所以氦的产生率很高。而所有星体都是在宇宙温度降到几千度后才产生的，由球状星团和同位素测定得到的宇宙年龄值小于200亿年。河外天体有系统性谱线红移，并且红移与距离约成正比，说明宇宙正在膨胀。1965年以来，在微波波段上探测到具有热辐射谱的宇宙背景辐射温度约为3K，这个结果与大爆炸宇宙论的猜想相符。整个宇宙生于大爆炸，也将毁于大爆炸，亦即产生于零，终结于零。2002年8

---

[1] 恩格斯:《自然辩证法》，人民出版社，1971年，第238页。

月，斯坦福大学物理学家安德烈·林德是最早提出暴涨宇宙学的学者之一。林德认为，宇宙大爆炸以后，在某种暗能量作用下迅速扩张。随着扩张的进行，暗能量越来越弱，最终降为零，再变为负数，进而变为负无穷大，使宇宙扩张速度减缓，然后转向相反方向，空间和时间凝聚到一点，导致宇宙在一次大爆炸中消亡。林德和他的同事们经过计算认为，宇宙现在的年龄大约是140亿年，估计在100亿—200亿年后消亡。1980年，美国物理学家古斯利用"真空涨落"原理解释宇宙的诞生，他说，我们现在的宇宙，其实就是一个"免费的午餐"，原初的宇宙其实是个什么也没有的真空（零），由于$\Delta E \Delta T \geqslant h/4\pi$不确定关系的存在，真空状态的宇宙在某个瞬间涨落，"无中生有"出巨大的能量，形成正能量的物质和负能量的物质。我们所处的宇宙是由正能量物质组成的，还有一个与之同时存在的负能量物质的世界。两者相遇会使宇宙重归于零。所以，宇宙就是从零产生并最终要归于零。

零是事物的平衡态、稳定态。在没有外界影响的情况下，一切事物都在自发地向着平衡态的方向发展。事物的平衡态即熵为无限大的状态。在热力学和统计物理学中，熵表示一个系统的混乱程度或有序无序程度。系统熵小，说明有序程度高；熵大，说明无序或混乱程度高。热力学第二定律表明，一个孤立系统的熵永不减少。就是说，一个与外界隔绝的系统，其内部的变化必定从熵小即有序的状态向熵大即无序状态发展，最终走向完全的平衡。用公式表示即：$\Delta s \geqslant 0$。其中，Δs为系统的熵的变化量。由这个公式可以看出，孤立系统熵的增量永远大于零，亦即孤立系统总是自发地向熵增大的方向发展。如果没有外界影响，这种发展将永远持续下去，直到系统达到完全的平衡态即零态；系统在没有外界干扰的情况下，绝对不会自发地向熵小即有序的方向发展。如一个密闭容器，一边充满某种气体，另一边是真空，中间用隔板隔开，当隔板打开以后，气体会向真空自由膨胀，直至均匀地充满整个容器，使容器两边达到平衡，实现零态，而逆过程不会自发地产生。一朵盛开的鲜花，它的芳香无论怎样暂时回荡在花蕊周围，最终必然要均匀地散布于大气之中，而不会自动地重新汇聚在花蕊周围。热力学第二定律是自然界的客观规律之一，它深刻地揭示了事物在没有外界影响情况下的发展方向，表明平衡态即零态或稳定态是事物发展最后的归宿。

所有事物皆起于零，而后复归于零，中间所经历的一切都是两个零之间的过程。这些过程有的如抛物线，有的如正弦曲线，有的则相当复杂，是简单的曲线方程无法描述的。但无论事物的发展经历怎样的过程，其起点和终点皆为零。宇宙起源于"奇点"，最终将在大爆炸中消亡。地球起源于大爆炸产生的碎片，最后将变成一个死寂的、冻结了的球体，在深深的黑暗里沿着愈来愈狭小的轨道，围绕着同样死寂的太阳旋转，最后落到太阳上。生命本质上是两个零之间的过程。一个生命的历史就像一颗美丽的流星的生灭过程，萌生于一次结合、一次授粉或一次无性繁殖，经历一段美丽、一段辉煌，最终走向没落，走向零的归宿。

零是事物运动的起点和终点，同时又是一种平衡状态。事物的发展经过矛盾运动的剧烈震荡之后，最终都要走向一种平衡态，成为诸相相互兼容、元素间差距最小的状态。这种平衡态不是绝对的、死寂的平衡，而是一种动态平衡。风起云涌会变为风和日丽。战争的硝烟远去之后，争斗的枪声也会归于沉寂。人类也许经过了太多的不幸与不平，天下大同的平衡状态成为无数仁人志士心目中的理想社会。然而在广袤的时空长河里，事物运动的平衡状态一般是短暂的、相对的，而非平衡状态是事物最常见的存在形式。一种平衡状态的形成，标志着一个事物的运动过程的终结；一种平衡的打破，意味着一个新的过程的开始。世界正是在这种平衡的建立与打破当中运动变化的，正是在这种平衡与不平衡的交替发展中走向终极平衡即零态的。

事物的运动发展最终一定要走向平衡。打破平衡形成新的不平衡只有在与外界发生质能交换的情况下才有可能。对于一个孤立的系统，零是一个具有巨大吸引力的"引力黑洞"，是一个平衡态、稳定态，它会毫不留情地吸引事物向零态发展，使一切事物义无反顾地趋于平衡。零决定着事物运动发展的方向，使事物走向零态而不是其他状态，找到最后的归宿。事物正是在零的引力作用下走向平衡的。山泉一旦涌流，就会奔向江海；生命一经产生，也会走向死亡；岩石一旦裸露在空气当中，就会一天天风化；草木一旦萌生，终会逐渐枯萎，这是规律，任何力量都不能阻挡。零的巨大"引力黑洞"时刻在召唤和吸引着万事万物，是事物走向平衡和稳定的最根本的原因。

对于一个社会而言，政治上的零态即社会的和合、公平状态，亦即社会的稳定态，表现为社会矛盾很小，人与人之间的关系和谐。相反，动乱、战争、社会矛盾尖锐等，则是离政治零态或稳定态很远的社会状态。由于政治零态代表了社会的稳定、公平与和谐，所以成为人们追求的理想社会目标。中国古代哲人所推崇的中庸、大同等，都是这种社会状态的具体反映。当然，政治零态不是生活、工作零态，人们的生活、工作还是要丰富多彩，绝对的零态会窒息生活，不是人类社会追求的目标。

零有如此丰富的内涵，以至于古人很早就赋予零以深刻的含义。佛教中有"空"，"空"就是零态；道教中有"无"，"无"也是零态。《老子》第四十章云："天下万物生于有，有生于无。"佛教谓一切事物与现象都是因缘和合而成，刹那生灭，没有质的规定性和独立实体，假而不实，故谓之"空"。《大智度论》五曰："观五蕴无我无我所，是名为空。"《维摩经·弟子品》曰："诸法究竟无所有，是空义。"道教和佛教都注意到零的意义，同时也都给零罩上神秘的光环。事实上，零是真理、是事物发展变化的起点和归宿、是生命的真谛，是过去、现在和将来一个实实在在的存在。

从零开始，再回到零，一个循环，一个轮回。矛盾互补起于零，归于零。零既是生，又是死，代表了过程的起始和终结。

世界万事万物都是宇宙大爆炸即零态的产物。事物的一切性质和运动规律，都在宇宙大爆炸的瞬间被规范和决定。根据全息原理，每一个事物其实就是一个小宇宙，这个小宇宙中存在着事物的一切信息。事物运动变化的零守恒规律也因此存在于事物运动发展的每一个阶段和整个过程。正因为如此，人类无时无刻不感受到来自零的指令和零的力量，零无处不在，无处不存，无所不能。

第四章

三元互补

三元互补是事物互补关系中一个特例。因为这种互补往往产生稳定结构，所以其对事物的存在和发展具有基础性的意义。

第一节　三元互补的普遍性

二元矛盾互补是事物诸相内部两个对立统一的元素的互斥互补，是自然、社会乃至宇宙万事万物的基本存在方式之一。然而，矛盾互补仅仅是事物诸相内部诸元的一种存在和相互联系方式，绝不是全部的存在方式；矛盾互补没有穷尽真理，而只是真理的一个重要组成部分。事物诸相内部诸元的三元互补亦是事物的普遍存在方式之一。它以其特殊的存在与运动规律，表象着事物的另一方面的特性，揭示着宇宙的别样的奥秘。

三元互补现象在自然界和人类社会是普遍存在的。蓝天、白云、晚霞、红日，光风霁月，雨后彩虹，烂漫山花，蝴蝶蜻蜓，美丽的大自然五彩斑斓，绚丽夺目。然而，大自然的色彩无论多么丰富，其基本构成为红、绿、蓝三原色；反过来，红、绿、蓝三原色可以稳定地、确切地调制出自然界的任何色彩。同时，红、绿、蓝这三种一定波长的光波，在不同强度下可以复合成光谱中的各色光；光谱中的各种色光也可以分解为一定波长的红、绿、蓝三种光波。最早提出"三原色说"的是英国学者托马斯·杨，德国的亥姆霍兹对此作了发展。近代，科学家运用三原色学说，提出视网膜圆锥细胞具有三种感光物质，感受光波中不同波长的光的强度不一样（一种感受红光最强，一种感受绿光最强，一种感受蓝光最强）的理论，成功地解释了视觉对色彩的感受及色盲等现象。近代光化学和电生理学已经证明了这种假设。可见，颜色或色彩的实质是三原色的三元互补。

育种学上的"三交"，即甲乙两亲本杂交后，所得杂种再与丙亲本杂交，是三个亲本的杂交互补。这样所得到的杂种如玉米育种所得三交种，比一般品种产量高。电学上的三相交流电，是具有对称电动势的三相电的互补。互补结果使三相交流电系统较之单相系统便于获得旋转磁场，为同步和异步电动机的工作打下基础，同时在输电过程中，也可节省导线材料。电子学上的三极管，具有阴极、阳极和控制极三个极。三极互补，可将通过三极管的电信号予以放大，在现代工业、通信、航空、航天以及人们日常生活中得到广泛应用。数学上的三角函数揭示三角形的边角三元互补关系，是自然科学研究中具有重要意义的理论工具。

人类社会生活中，很早就有天时不如地利，地利不如人和之说。天时、地利、人和的三元互补，是人们追求的价值目标。军事上早就有"三军"之说。春秋时，晋设中军、上军、下军，以中军之将为三军统帅。楚设中军、左军、右军，以中军为主力。《商君书·兵守》言守城之法："壮男为一军，壮女为一军，男女之老弱者为一军。"壮男作战，壮女治守备，老弱收集供应食物，如此三军互补，既利于进攻，也利于防御。

总之，三元互补在自然、社会和人们日常生活中广泛存在，是事物的基本的存在和运动方式之一。

第二节　三元稳定互补

三元互补中有一种互补叫三元稳定互补，是三元互补的一种特殊形式。

三元稳定互补，即事物某相内部的三个特殊元素之间相互排斥又相互补足，组成一个结构稳定的整体的互补。三元稳定互补的三个元不是事物任意的三个元，其中任何一个元以其他二元为存在条件，三元之间相互对立又互补支撑，相互排斥又相互补足，通过三元互斥互补构成事物的稳定结构，使事物相对稳定平衡地存在。

早在公元前四千年，古埃及人为兴建尼罗河水利工程，发明了几何学。古希腊数学家欧几里得在前人生产实践和知识经验基础上撰写的《几何本原》和中国在公元1世纪间产生的《周髀算经》《九章算术》等，都对几何学进行了探索和研究。几何学中的三角形是三元稳定互补的典型例证。由三条不在同一直线上的线段组合而成的三角形具有稳定性的特点，而其他图形在稳定性方面是不能与之比拟的。四边形不具有稳定性，五边形不具有稳定性，除三角形以外的N边形都不稳定。如果要使这些多边形稳定，必须用线段将其连接成若干个三角形，只有在这种情况下，原来的多边形才具有稳定的性质。但这种稳定性质全然不是从多边形来的，而是构成多边形的诸三角形稳定性质的综合反映。

三角形及其稳定性特征在工程、测量、天文、航海以及日常生活中都有广泛的应用。木工运用三角形的稳定性原理在临时钉成的工作台上斜拉一道木条保持工作台稳定，建筑工人运用类似的方法，把脚手架做成无数个小三角形，保证了这些劳动工具的稳定性。广泛应用于航空、工业和民用方面的三向织物，也是利用三系统纱线交织而成的三角形的结构特性达到稳定目的的。诸如此类的事例说明，三元互补的三角形结构普遍存在，是自然结构中的稳定结构。

在人类社会中，以三元稳定互补为结构特征的社会组织形态也是普遍存在的。司法机构中的公安、检察、法院，财务制度中的领导、会计、出纳，股份公司中的董事会、监事会、经理层，国家政权中的立法、司法、行政等等，都具有三元稳定互补结构的特征。这种结构的三元，相互独立，相互补足，相互依存，相互制约，相互监督，分工协作，各司其职，环环相扣，保证了司法公正和有效运行，保证了账务清楚和收支平衡，保证了公司正确决策和高效运转，保证了社会民主和集中统一。而三元稳定结构以外的其他社会组织结构，常常是不太稳定的，或者专制独裁缺乏民主，或者动乱松散没有效率，或者死水一潭没有生气，使社会的人力、物力、智力资源得不到有效配置，社会成员的政治、经济、文化等方面的利益得不到有效实现。

人类早在几千年前就已经认识到三元稳定互补是事物基本的存在方式，并以此为根据创造了许多不朽的理论。中国古代的《易经》既建立在二元矛盾互补的基础上，也建立在三元稳定互补的基础上。《易经》八卦由阴爻和阳爻组成，每一爻就是一对二元矛盾互补；八卦的每一卦都由同性或不同性的三个爻组成，即每一卦是一个三元稳定互补的整体。如此二元矛盾互补与三元稳定互补整合所得每一卦，便是具有独立的形象、性质和意义的基本理性单元。宇宙万事万物便是由这些基本的理性单元组合而成的。这里的每一爻为二元矛盾互补的一个方面，每一卦为一个三元稳定互补的组合，只有这样的组合，古人认为才能使事物的形象、性质和意义确定下来，才能使卦成为反映事物特性的基本的理性单元。

现实世界并没有完全按照《易经》所指发展变化，但《易经》包含着一定的科学、合理的成分却是不争的事实。如果说三角形因其三元互补使物体具有了稳定的性质，那么《易经》八卦因二元矛盾互补和三元稳定互补的互补结合，构造了具有独立的形象、性质和意义的事物的基元。《易经》涵盖过去、现在、未来，包容天地、人事、万物，几千年流传，经久不衰，而且随着科学技术的发展，其合理性将进一步展现出来并为人们所认识。

无数事实说明，三元互补结构是普遍存在的，它与二元互补结构一样是事物的基本的存在形式。三元互补结构具有稳定性，这是三元互补结构区别于其他结构的主要特征。同时，无数事实还说明，一切稳定结构都直接或间接具有三元互补的特征，这是事物结构稳定的基本原因。

19世纪以来，经过无数化学家特别是俄国化学家门捷列夫的天才努力发现的元素周期律表明，在自然界，氦（He）、氖（Ne）、氩（Ar）、氪

（Kr）、氙（Xe）、氡（Rn）等元素是非常稳定的，被称为惰性元素。它们处在元素周期表的零族，都是单原子分子，一般不与其他元素化合。分析这些元素的核外电子结构，人们惊奇地发现，除氦以外，这些惰性元素的最外电子层无一例外都是8个电子。而8=2×2×2=2^3，即这些元素的核外电子是以2为基元的2的三次乘方形式的三元互补结构。氦的核外只有一个电子层，最多只能容纳2个电子，它本身也是2的乘方形式（2×1^3）的三元互补结构。

随着科学技术的发展，人们在生产、生活和科学研究中，往往需要使机械设备的运行保持在给定值的输出量，达到自动控制、自动稳定的目的。各种以稳定为目的的自动控制、自动调节、自动发射、自动测量系统，尽管其设计和运行千差万别，但其基本思路都是运用负反馈原理，将扰动带来的不稳定因素控制到最低程度，从而实现输出量的稳定。如图所示：

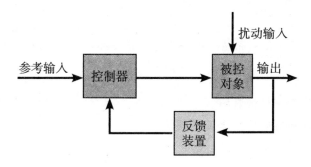

当被调设备受到干扰使得输出量变化时，变化的误差就会通过负反馈输入比较器，进而和给定输入值一起输入调节器，通过调节器的调节作用，消除干扰误差，保证输出量的稳定。这里，输入量、干扰、负反馈三元互补，是自动控制系统具有稳定作用的内在原因。

第三节　三元稳定互补的稳定机理

三元稳定互补的三个元始终处在互斥互补的相互作用中，可以形象地把它们称作"撑元"，即它们相互之间始终互斥互补，构成一个三元互斥互补作用环，支撑起一个稳定的互补结构。三元稳定互补结构所具有的稳定的性质，既是这种结构三个撑元互斥互补作用的结果，同时也是这种结构存在的三维空间的性质决定的。

三元稳定互补诸元的相互排斥，使得三元稳定互补整体形成一个边边互斥的抽象三角形。其中每一边的长度规范互斥作用的大小，两边的夹角规范互斥作用的方向。三角形任意两边之和大于第三边。所以，在三元互斥互补构成的三角形中，任意一边对其他两边的排斥，必然小于其余两边对这一边排斥的总和。这样一来，无论三角形中的哪一边出现破坏整体稳定的扰动，都必然受到其余两边的联合制约，从而使三元稳定互补整体永远处于稳定状态。

还可以通过以下步骤证明三角形是稳定的：

任取三角形两条边，则两条边的非公共端点被第三条边连接。

$\because$第三条边不可伸缩或弯折

$\therefore$两端点距离固定

$\therefore$这两条边的夹角固定

又$\because$这两条边是任取的

$\therefore$三角形三个角都固定，进而将三角形固定

$\therefore$三角形具有稳定性

从空间结构看，现实空间可以抽象为三维立体结构，空间上的任何一点A都可以用$A(x、y、z)$来表示。也就是说，空间上的任何一点都可以通过三维坐标固定下来。一维坐标只能确定一个点在线上的位置，而这条线在空间处在什么位置是不确定的，最终，点的位置是不确定的；二维坐标只能确定点在面上的位置，而点在空间处在什么位置是不确定的；只有三维坐标可以唯一地确定点在空间的位置。四维以上的坐标对于确定一个现实点在空间的位置是多余的，所以三维坐标的三元互补是确定一个点在空间位置的唯

一必要条件和充分条件。也就是说，只有三维坐标的三元互补，才能使点在空间的位置确定下来；确定点在空间的位置，需要且仅仅需要三维坐标的三元互补。而点在空间的位置确定了，亦即点在空间的位置再不会发生任何游移，其不确定性便消失，这个点便最终稳定下来。现实世界的一切物质都具有三维立体结构的性质，现实世界事物的运动都是在三维空间进行的，空间稳定的性质决定物质稳定的性质，决定运动事物稳定的性质；空间稳定的必要条件和充分条件决定物质在空间存在位置的必要条件和充分条件，也就是现实世界运动事物稳定的必要条件和充分条件。

　　一个点 A 在时空中的坐标是一个四维互补的坐标，可以表示为 $A(x$、y、z、$t)$。其中 x、y、z 为空间坐标，t 为时间坐标。x、y、z、t 都确定，表示点在时空中的位置确定。若点 A 变为 $A_1(x$、y、z、$t_1)$，说明这个点在时空中的位置有了变化。然而，对于时空中点 A 而言，只要其空间坐标 x、y、z 为定值，即使 t 不确定，也不影响它的空间稳定性。这说明点 A 的空间稳定性不随时间的变化而变化，时空中的空间结构稳定只需要空间三维坐标的三元互补足矣。由此可见，空间三维坐标的三元互补不仅是确定一个点在空间稳定性的必要条件和充分条件，而且是确定其在时空中的空间稳定性的必要条件和充分条件。

　　总之，三元稳定互补结构之所以具有稳定的特性，是由空间的三维性质决定的，三元稳定互补是空间三维结构的具体反映；三元的互斥互补形成一个互斥互补作用环，使得任何一元或任何二元偏离稳定都要受到其余二元或一元的有效制约，从而使整体始终处于稳定状态。

第四节　三元稳定互补的微观结构

　　宇宙大爆炸产生了正物质与反物质。物质的运动遵从二元矛盾互补、三元稳定互补等规律以及零守恒定律。二元互补是不稳定的，在一定条件下，互补双方必然向其相反的方向转化，转化产生了新的二元互补结构以及其他的多元互补结构。在物质的种种运动变化过程中，大量的、构成宇宙基本成分的粒子最终以三元稳定互补结构作为自己的存在方式，作为运动变化的归宿，相对稳定地存在下来，由此决定了宇宙基本的微观结构。以三元稳定互补为结构特点的基本粒子是构成宇宙的基元。以这种基元为基础，基本粒子按照各种不同的排列组合构成不同的物质，物质的运动遵从二元矛盾互补规律、三元稳定互补规律、多元互补规律以及其他的物质运动变化规律，使广袤宇宙气象万千。

现代科学为上述结论提供了有力的证据。20世纪中叶以来，物理学家对强子、重子、介子的su（3）对称性和能谱（雷奇）轨迹进行了深入研究，发现已知的基本粒子（质子、中子等）也有内部结构。1949年，费米和杨振宁提出了第一个强子结构模型。1955—1956年，日本的坂田昌一建立了坂田模型，对介子谱成功进行了解释。1964年，盖尔曼和茨瓦格提出，如果已有的强子可以纳入su（3）群的8维或10维表示，它们分别对应重子jp=（1/2）+的八重态和介子jp=o-的八重态，那么，这个群还存在一个最低维（三维）的基础表示，三维基础表示与三个更基础的粒子相对应。他们把这种更基础的粒子称为夸克（quark），记为q，其反粒子称为反夸克（q）。于是，他们认为，一切介子都是q和q的复合态，而一切重子都是三个q的复合态，即介子=（qq），重子=qqq。三种夸克分别用字母u、d、s表示。同时，引入"味"的概念，将三类夸克区分为"上（u）""下（d）"和"奇异（s）"。20世纪70年代以后，物理学家对夸克模型进行进一步完善，建立了量子色动力学理论。按照这种理论，夸克的内部自由度可以用"色"予以类比，即每一个夸克u、d、s都可以有三种不同的颜色，夸克的色分为红、绿、蓝三种，夸克的所有组合都必须由相等数目的这些虚色混合而成以互相抵消，正像具有这三种色光的光源混合而成白色（无色）光一样。这样一来，一切重子和介子都是由夸克组成的，夸克有u、d、s"三味"，每一味都有红、绿、蓝三色，"三味"与"三色"组合而成9种夸克，连同各自的反夸克，一共有18种，它们便是组成强子的基本单元。物质结构的夸克模型成功地预言了业已发现的强子的全部量子数，夸克所有允许的组合都得出已知的强子，特别是重子，而模型不允许的组合果然没有在实验中出现。1971年，弗里德曼、肯德尔和泰勒在SLAC做20Gev高能电子对质子散射实验时，证实了夸克模型。他们成功地发现，质子在散射实验中有3个点状硬核，而这3个点状硬核就是夸克。由于这一杰出贡献，弗里德曼、肯德尔和泰勒获得了1990年的诺贝尔物理学奖。

科学的理论与实践使人类几千年来对宇宙的微观结构的认识实现了质的飞跃。构成宇宙物质的基本粒子——重子和介子，实际上是由三元稳定互补结构的夸克组成的。这种结构是稳定的，因而是基本的，成为宇宙的基元之一。当然，到目前为止，人类尚没有测到单个的夸克。所有的实验都表明，强子是3个夸克以某种方式极其紧密地结合在一起组成的。为了解释这种现象，物理学家引入了胶子的概念。认为胶子传递着把夸克结合在一起的超强相互作用，这种作用力比核子间吸引而形成原子核的力要强得多。由于胶子传递的这种极强的相互作用力的存在，3个夸克被"禁闭"在极小的范围内。当夸克间距离增大时，彼此间的作用力也随之增大，结果人们看不到自由的夸克，只能发现紧密结合在一起的3个夸克的组合体。在色荷之间传递强力的胶子也有3×3=9种，于是，三元互补的夸克由三元互补的胶子传递的强力结合在一起，其稳定的程度可想而知。事实上，正是由于强子具有3个夸克组成的三元稳定互补结构，所以，它是宇宙间最为坚固的"铜墙铁壁"，人类现在打不破它，将来也不会将它轻而易举地打破。

不仅强子的组成是典型的三元稳定互补结构，而且，整个宇宙，包括星系、恒星、行星、物质、分子、原子，还有人类本身，都是由三种基本粒子组成的，都和"3"结下了不解之缘。这里，所有物质的基本结构无非这样的几种组合方式：或者由上夸克、下夸克、电子组成；或者由"奇"夸克、"粲"夸克和μ子家族组成；或者由"美"夸克、"真"夸克和τ子家族组成。现代科学还证明，宇宙只存在上述三种基本粒子家族，不存在三个以上的家族，也不存在三代以上的粒子。1989年春，斯坦福SLAC的直线电子对撞机SLC和同年夏天欧洲14国联营的正负电子对撞机LEP进行了100Gev的正负电子对撞实验，所产生的大量传递弱电统一力的粒子Z0的质量分布宽度与夸克——轻子的家族数目或代数有关，证明目前所知最小的粒子只有3代，没有第4代。

当人类深入到更基本的场所在的空间时，会发现，场必须要有三层空间来生存：一是表示占据的闵可夫斯基平直或黎曼弯曲面；二是表示场量子统计状态的希尔伯特空间；三是表示场的动力学性质和陈省身拓扑空间。可见，三元互补的哲理不仅贯穿于粒子物理中，而且也贯穿于场论之中。

在生命的进化过程中，也曾经产生过二进制码，但最终还是被三联码淘汰。由此可见，二进制码和三元稳定互补的三联码，都曾参加了严酷的生命进化竞争。但竞争的结果，是以安全的最优码为基本特点的三元稳定互补的三联码成为生命的基元。

第五节　世界2与世界3

自然和人类社会由两个基本的世界构成，一个是世界2，一个是世界3。所谓世界2，即二元矛盾互补的世界；所谓世界3，即三元稳定互补的世界。世界2是矛盾运动的世界，对立统一的世界，以零为基始最后又复归于零的世界，零守恒的世界。世界3是结构稳定的世界，和谐的世界，基础的、奠基的世界。世界2建立在世界3之上，世界3是世界2的基础。世界3，保证了物质在运动、变化、发展过程中具有特定的性质；世界2，保证了物质的运动、变化、发展的零守恒。

世界2与世界3本质上是世界表象的两个基本相，它们互补共存，奠定世界上一切事物存在、运动、发展变化的基础，是世界的元存在。

世界3产生于世界2，尔后成为新的世界2和世界3的基础，成为新的世界2中镜元互补的一元或世界3中撑元互补的一元。万事万物始于奇点，一分为二，对立统一，辩证运动；运动中产生了世界3，形成具有稳定互补结构的存在；世界3的存在方式多种多样，或成为物质结构、自然结构、社会结构的稳定基元，或成为物质运动、自然变化、社会发展的稳定形式。

世界2建立在世界3之上，以世界3为存在、运动、发展变化的基础。在此基础上，世界2中矛盾互补的两个镜元具有稳定的结构，就有了成为矛盾运动与发展变化一方的资格。

现实世界是世界2与世界3的多重互补共存。在物质构成的微观层面上，世界2的运动、变化形成世界3，世界3成为物质结构的一级基本单元，如夸克的三元稳定互补形成基本粒子；世界3又按照世界2的方式或世界3的方式排列组合，形成更高一级的结构。现实世界就是由如此多重互补结构构成的。正是世界2和世界3的多重互补，使现实世界丰富多彩，气象万千。

《易经》正是世界2与世界3多重互补整合的典范。一个阴爻一个阳爻既对立又统一矛盾互补相互依赖对方存在并运动变化，构成"世界2"；三个同性或不同性的爻经过不同的排列组合得到具有独立的形象、性质和意义的8个卦，一个卦就是一个"世界3"；而8=2^3，从而使得全部的卦象从整体意义上构成以"2"为基础的三元稳定互补结构。周文王将两卦上下组合，推演创立了周易六十四画卦。而64=$(2^3)^2$，仍然离不开二元矛盾互补和三元稳定互补。六十四卦即64幅抽象画。《易经》的主体便是对这64幅抽象画的诠释。由于六十四卦由384爻组成，在古人看来，这384爻便代表了384种自然、社会、人生状态或384条行为准则。384=$(2^3)^2×(3+3)$，是世界2与世界3的多重整合互补的充分体现。如《六十四卦　方图》。

周易通过六十四卦推测自然和社会的变化，其中有不少富有朴素辩证法的观点，是儒家重要经典之一，在我国思想史上影响深远。

在具体应用中，《易经》提出天地人"三才"的论断。《易经·说卦》中说，立天之道，曰阴与阳；立地之道，曰柔与刚；立人之道，曰仁与义；兼三才而两之，故《易》六画而成卦。也就是说，宇宙万物都由"天、地、

六十四卦　方图

人"三个方面或三个部分组成。其中"天"包含"阴阳"两个因素或两种状态；"地"由"刚柔"两种状态组成，"人"的内涵为"仁义"两种状态。从而将"世界2"与"世界3"有机联系了起来。

人类所居住的地球，形成于距今约45亿年前。那时，原始地球的表面布满冷峻的岩石，到处是一片光秃秃的荒野，没有任何生命。环绕在地球周围的原始大气主要由二氧化碳、甲烷、氮、水蒸气、硫化氢、氨等组成，但很少存在游离的氧，因而大气中不能形成臭氧层。在这个不存在臭氧层的地球上，太阳紫外线长驱直入，每年为地球带来大量的热量。此外，雷击电闪、火山喷发、陨石碰撞和各种宇宙射线，也给地球带来巨大能量，成为无机物合成有机物的能源。在众多能源的综合作用下，甲烷、氨、水蒸气、氢等简单物质合成了有机分子氨基酸，这些氨基酸随着地球降温形成的倾盆大雨溶入江河，并最终积聚在海洋里，使原始海洋成为原始生命得以产生的"营养汤"。由原始大气诸成分在一定条件下合成的氨基酸和核苷酸，进一步形成了生物大分子蛋白质和核酸；蛋白质和核酸再结合成蛋白体，原始生命在此基础上诞生。这里，由许多氨基酸分子组成的蛋白质在生命活动中执行着代谢、呼吸、免疫等功能；多核苷酸形成的核酸因含糖的不同，可分为脱氧核糖核酸DNA和核糖核酸RNA。

　　DNA和RNA分别是由脱氧核苷酸及核糖核苷酸组成的大分子聚合物。脱氧核苷酸由碱基、脱氧核糖和磷酸构成；核糖核苷酸由碱基、核糖和磷酸构成。如下图：

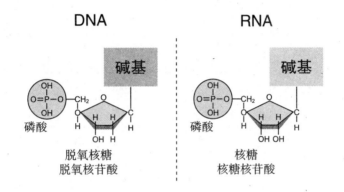

　　由图可见，作为生命基元的DNA和RNA都是三元互补结构。

　　DNA的碱基有4种：腺嘌呤（A）、鸟嘌呤（G）、胸腺嘧啶（T）和胞嘧啶（C）。A与T配对通过2个氢键相连，C与G配对通过3个氢键相连。4个碱基两两配对成碱基对，在DNA的双螺旋结构中处于"横档梯级"的位置。这些嘌呤-嘧啶间的配对现象被称为碱基互补。碱基互补就是一种二元互补。

　　RNA的碱基主要有4种，即A（腺嘌呤）、G（鸟嘌呤）、C（胞嘧啶）、U（尿嘧啶），其中，U（尿嘧啶）取代了DNA中的T。A、U、G、C每三个相连而成一个三联体，即密码，代表一个氨基酸的信息。按数学中排列组合法则计算，可形成4^3=64个不同的遗传密码。实验证明，64个遗传密码与氨基酸的对应关系适用于一切生物。具体来说，64个遗传密码对应着整个地球生命系统中仅有的20多种氨基酸，而20多种氨基酸的排列组合，则构成了数万至数亿种不同的蛋白质。

这里，DNA四个碱基两两配对成碱基对形成"世界2"，RNA中A、U、G、C每三个相连而成一个三联体，即遗传密码，形成"世界3"；DNA和RNA都是由脱氧核苷酸或核糖核苷酸和磷酸及碱基构成的三元互补结构。可见"世界2"与"世界3"的互补构成了生命的基元。1966年尼伦伯格等人在1953年沃森和克立克提出的DNA双螺旋结构模型基础上，破译了全部遗传密码并制成《国际普适遗传表》，如下图：

CCC	CCA	CCU	CCG	CAC	CAA	CAU	CAG
CUC	CUA	CUU	CUG	CGC	CGA	CGU	CGG
ACC	ACA	ACU	ACG	AAC	AAA	AAU	AAG
AUC	AUA	AUU	AUG	AGC	AGA	AGU	AGG
UCC	UCA	UCU	UCG	UAC	UAA	UAU	UAG
UUC	UUA	UUU	UUG	UGC	UGA	UGU	UGG
GCC	GCA	GCU	GCG	GAC	GAA	GAU	GAG
GUC	GUA	GUU	GUG	GGC	GGA	GGU	GGG

《国际普适遗传表》

《国际普适遗传表》对于生物学、化学、遗传工程学乃至社会学和哲学的发展都具有重大的意义。取得这一成果的尼伦伯格因此获得1968年诺贝尔生理学或医学奖。

《六十四卦方图》和《国际普适遗传表》分别是中国古代哲人和现代自然科学家的伟大发现，都在人类文明史上具有划时代的意义。对比《六十四卦方图》和《国际普适遗传表》可见，《周易》六十四卦与《国际普适遗传表》所列的64个不同的三联体惊人的一致，而其所内含的意义也具有惊人的内在联系。它们组合的方式都是以"2"和"3"为基元，都是二元矛盾互补和三元稳定互补组合的结晶。"世界2"与"世界3"通过几千年前的《周易》演绎和几千年后的科学实验、数学推导，完全地统一起来。两种演绎方法不同，目标各异，但得出的结论殊途同归，深刻地揭示了世间万事万物之间的内在联系和存在发展的基本规律，给人类认识世界、开拓前行提供了指路明灯，给人类探究未知、把握真理提供了一把金钥匙。同时也说明，"世界2"与"世界3"是世界万事万物存在和发展的基本方式，宇宙、自然和人类社会的运行发展建立在"世界2"与"世界3"多重互补的基础之上。

第六节　物竞天择的根本法则

宇宙大爆炸之后，物质运动淘汰了大量二元互补和多元互补的不稳定结构，使得具有三元稳定互补结构特征的物质成为现实存在的主要基元。类似的过程也发生在生命的形成与进化的历史中。

无论物质的运动还是生命的进化，都是一个自然选择的过程，同时又是一个充满激烈竞争的过程。弱者因为其弱在这个过程中不断消亡，而强者也因为其强不断消亡，留下来的不是弱者也不是强者，而是适者！这就是物竞天择的根本法则。

所谓适者，必定具有稳定的宏观特性，而这种特性源自其三元稳定互补的结构或者近于零态的平衡稳定结构。物质的运动和生命的进化，都是以不断淘汰不稳定结构而保留三元稳定结构或者近于零态的平衡稳定结构为主要标志的。

宇宙从大爆炸开始，物质最初以电子、光子和中微子等基本粒子的状态存在，进而形成原子、原子核、分子，并凝聚成恒星和星系，各恒星和星系内部进行氢聚变，然后进行氦聚变，接着发生碳氧等聚变，直到生产出最稳定的核素——铁-56，之后不再有核聚变反应发生。铁原子核是近于零态的平衡稳定结构的原子核。比铁重的元素都是放射性元素，不稳定；比铁轻的元素都可以发生核聚变，同样不稳定，只有铁原子核最稳定，它的结构其实是抵抗核聚变与核裂变的一个"分水岭"、一个零态、一个稳定态。

无独有偶,在生命科学领域,只有细胞、内环境、外环境互补平衡,生命才能呈现稳定态。细胞、内环境、外环境的三元互补是生命形成稳定结构的决定性因素。

非细胞形态的原始生命在进化的道路上,逐渐形成一道与外界既相互交流、又相对分开的界膜——细胞膜,并最终产生了细胞。在大约34亿年前,原始细胞发展为原核细胞。十七八亿年前,真核细胞形成。此后,生物界分化为两大支,一支为原始的单细胞植物,一支为单细胞动物。原始的单细胞动物和植物又分别进化为多细胞动物和植物。值得注意的是,多细胞动物分化出海绵动物和腔肠动物。腔肠动物具有内外两个胚层。然而,只有当它进一步从二胚层动物发展为三胚层动物时,生命的进化才进入质的飞跃阶段。正因为多细胞动物的腔肠发展为三胚层的三元稳定互补结构,许多重要组织的产生才成为可能。事实上,动物身体的许多重要组织、器官和系统,都是由三胚层中的中胚层细胞发育形成的。中胚层的衍生物包括全部肌肉、血液、结缔组织(包括骨骼)、肾脏、睾丸和卵巢、体腔肉壁层,等等,从而给形体向大型化和复杂化发展奠定了基础。此外,三胚层的出现,使动物体制由辐射对称转变为两侧对称,使动物身体分化为前后端,前端集中感觉和取食器官进化为头部,而头和两侧对称体制,是动物机体向高级方向发展的关键,此后进化而来的一切高等动物,包括人在内,都是在这一体形的基础上发展起来的。三胚层稳定互补结构的出现,为生命的进化奠定了基础。在这个基础上,进一步形成了原口动物,包括扁形动物、线形动物、环节动物、软体动物和节肢动物等。此外,还形成了三胚层动物的另一支,即后口动物,主要包括棘皮动物、脊索动物等。从原始的脊索动物分化出脊椎动物,使生命进化朝着高等动物的方向迈出了一大步。

在动物界进化的同时,植物界也经历着由单细胞到多细胞,从简单到复杂,从水生到陆生,从低等到高等的发展。无论是动物、植物还是菌类,其进化都不是孤立进行的,而是相互联系和相互制约的。这种联系和制约同样遵循生命进化的三元稳定互补法则，形成动物、植物和菌类的三极生命圈。在这个对于生命进化有着特殊重要意义的三极生命圈内，绿色植物是自然的生产者，它们把二氧化碳、水和无机盐合成为有机物，既给自身提供养料，又供应一切动物和植物；细菌和真菌是自然界的分解者，它们既对有机物进行分解而产生二氧化碳，又促成氮、硫、磷等在自然生态系统中的循环。动物既是自然界的消费者，又是创造者。如昆虫使地球上产生了千姿百态的植物，植物、细菌又提供给昆虫等动物维持生命所必需的养料。整个自然界之所以如此充满生机，蓬勃发展，就是因为生命的进化找到了以三极生命圈为主要存在方式的生态系统这样唯一有效、和谐、稳定、利于发展的三元稳定互补形式。

漫长的物种进化过程，充满了严酷的生存竞争。从1831年12月27日起，博物学家达尔文随英国海军考察船作了历时5年的环球旅行，采集了大量的动、植物标本和化石，观察到许多相似的动物在地理上相距甚远，相邻的地区却居住着相似而不相同的物种。1859年，他将自己多年的研究成果汇集成《物种起源》一书并公之于世，指出生物进化的主导力量是自然选择，认为生物经常所发生的细微的不定变异，通过累代的选择作用，适合于当时外界环境条件的个体可以生存，并逐渐积累有利的变异发展成新种，不适合的就不能生存或不能传种。《物种起源》发表以后，生物遗传、变异、自然选择以及适者生存、不适者淘汰的理论便成了人们公认的物竞天择的基本法则。然而，什么样的种群容易适应环境及环境的变化因而容易生存下来，什么样的种群容易被淘汰进而从地球上消失，达尔文没有作出理论上的回答。生命进化中的三联码、三胚层以及三极生命圈的三元稳定互补机制，为寻找这一答案提供了线索。

几十亿年来，地球严酷的自然环境曾经发生过无数次灾变。在两次灾变的中间，往往经历相对稳定的时期，从而使生物的生存繁衍获得了相对稳定的外部环境。在这种稳定的环境中，自然选择趋向于消灭那些不稳定的极端类型，即孱弱者和过分强大者。孱弱者之所以被消灭，是因为其自身结构非常脆弱，即使在稳定的环境中，也无法存活或无法繁殖。强大者被消灭，在于其过分强大，以致按照矛盾互补的法则走向强大的反面，成为首当其冲的牺牲者。正所谓强梁者不得其死，好胜者必遇其敌；木秀于林，风必摧之，堆出于岸，流必湍之。这类强者的牺牲或被淘汰，主要通过两种途径。其一是自杀，如家养的金鱼，其中最强壮的最不安分，往往从鱼缸里跳出去自杀身亡。其二是他杀，种群里强壮的个体大多担负着保卫集体的重任，因而战斗中的牺牲者也首先是强者；在种群内部，因为其强大，既可能成为领袖，又容易成为众矢之的，遭遇飞来横祸的机会相对比较大，或者枪打出头鸟，成为最容易受到攻击、最容易受伤甚至牺牲的类型。除此之外，稳定环境中的异端还表现为那些变异的个体。如过去英国的椒花蛾全为灰色，栖息于树皮地衣上不被鸟类发觉。19世纪中叶，部分椒花蛾变异为黑色，其醒目的颜色不受树皮地衣保护，因而容易遭到鸟类啄食。这些都说明，在相对稳定的环境中，极端的、不稳定的种群和个体是自然淘汰的主要对象，只有那些具有稳定性状的种群与个体存活下来的概率才比较大。

自然环境的变化在生物进化史上是经常发生的。这种变化常常以排山倒海之势强加于生物，顺之则昌，逆之则亡。在不可抗拒的环境变化面前，淘汰的是那些跟不上变化或环境变了却不能随之而变的种群或个体，存活下来的是适应变化，或产生了适应变化能力的变异的个体。如上述英国的椒花蛾在工业革命发展之后，随着煤烟杀死树皮地衣使树色转暗，变异的黑色椒花蛾受到保护，到20世纪中叶，原来的灰色椒花蛾已全部消亡，它们的黑色的变种存活了下来。在这个过程中，灰色椒花蛾没能随环境的变化而变化，因而成了"异端"，倒是那些随环境变化而变化的黑色椒花蛾成为与环境融为一体的种群，逃脱了被淘汰的厄运。

无数生物进化的历史表明，种群对于环境，遵从适者生存、不适者淘汰的法则。然而，在严酷的自然选择面前，种群和生物个体的内部机制对其生死存亡具有更加本质的意义。内部结构稳固者生存，脆弱者淘汰，这便是生存竞争的又一法则。对于相对稳定环境中的生物来说，弱者和强者就其内部结构而言，都是脆弱的，不稳固的，因而容易走向极端，导致灭亡。众多的处在中间状态的生物，其内部结构都存在某种制约因素，因而避免了许多与环境格格不入的自杀性极端行为，从而得以存活下来。

变化环境中的生存者之所以能生存，是因为自身结构中产生了适应变化的变异。表面看来，这似乎是不稳定结构带来的益处，实际上，这种变异是其固有的稳定结构的发展，是从一种稳定结构向另一种稳定结构的变异，而不是从稳定结构向不稳定结构或者不稳定结构向新的不稳定结构发展。否则，新产生的不稳定结构不可能将有利的变异性状遗传下去并保持下来，从而形成适应环境的新种。变化环境中的淘汰者之所以被淘汰，是因为变化的环境所产生的外力击碎了原有的稳定结构，或者原有结构不稳定被环境肢解。总之，无论在环境变化或不变化的情况下，稳定的内部结构都是种群或个体赖以生存的内因，那些内部结构脆弱不稳定的生物，必然要在生存竞争中被大自然所淘汰。

第七节　自然与人类社会的未来发展

物质结构经过演化以三元稳定互补结构作为基元。生命进化，从微观到宏观也以三元互补的稳定与发展的结构为基本模式。正像流动不息的江河最终在低洼的湖泊或浩瀚的海洋里找到归宿，大自然总是在"3"那里找到栖息的港湾。

为什么大自然喜欢"3"？物理学家帕诺夫斯基1989年10月在北京宣布发现夸克轻子家族只有"3"代时，提出了这个问题。1988年诺贝尔物理学奖得主之一的施泰因伯格在1991年《科学美国人》上介绍了这一发现，中国科学院高能物研究所的沈经在1991年第11期《百科知识》上以"自然界为什么喜欢3"为题作了专门阐释。沈经从非物理的角度提出，在30亿年的生命进化中，一直是竞争支配着生存。而生存和进化的二进制码又极为脆弱，易受干扰，在竞争中被淘汰。淘汰就是衰亡，衰亡方程的最基本解是以自然数"e"为底的指数衰落过程。而e=2.718281829……如果在宇宙演化和生命进化中有结构、能量之外的信息过程，则信息必须要有载码，码元必须是量子化的，e的量子化便是"3"。这样的解释仅仅是一家之言，科学界公认的理论，有待进一步的研究给出回答。然而，从哲学意义上讲，三元稳定互补之所以成为自然、社会的基本存在方式，是因为这种结构具有稳定、和谐发展的性质。宇宙的演化和生命的进化在以非三元稳定互补的方式进行过程中，始终是脆弱的、不稳定的，无法形成一个相对稳定的微观基元或宏观整体，因而必须不断地、随机地动荡下去。只有在这种动荡中形成三元稳定互补结构，才能以这种结构为单位整体地参与进化或演化。这种结构一旦形成，便相对稳定地存在下来，除非外力彻底打碎它，否则都将以这种结构整体存在下去或发展成新的三元稳定互补结构，从而成为宇宙演化和生命进化过程中独立存在的基元。

19世纪中叶，德国物理学家克劳修斯提出热力学第二定律，认为一个孤立系统的熵永不减少，孤立系统物质的运动总是朝着熵增大的方向、无序的方向发展，直至热平衡。他所指出的物质运动的方向与三元稳定互补结构学说所指出的方向不谋而合。至于瑞士物理学家普利高津所说的远平衡的开放系统将向熵减小的方向运动的理论，与宇宙演化和生命进化中自然选择钟情于三元稳定互补的稳定发展结构，本质上也是一致的。关于这些问题，留待第五章详细讨论。

大自然在过去的几十亿年里，产生了三元稳定互补结构的物质基元，并以这种基元为单位参与演化，未来的演化历程仍将遵循以往的路径和规律继续下去，生命的进化也是如此。而且，按照自然规律发展起来的当代科学也将在未来的发展过程中，从宇宙演化与生命进化的历程汲取智慧，使自己变得成熟起来。如电子计算机，目前仍然在维纳二进制和冯·诺依曼程序的框架内运行。尽管芯片工艺已经深入单分子、单晶格、单原子的精度，近乎达到制造的极限，然而其信息容量、运算速率，仍远远不能满足科学技术发展的要求。特别是在具有强烈背景干扰的环境中，二进码是脆弱的，只要其中一码受干扰出现错乱，将会导致整个科学研究工作的失败。因此，新一代电子计算机或将以三联数字模型为运行机理，它的产生不仅可以大大提高计算机的运算速度，而且将最大限度地增加计算机的抗干扰性能。在其他科学技术领域，三元稳定互补理论所展现的稳定和谐发展的思想将进一步被人类所掌握和运用。

人类社会的演化从总体上也是从野蛮的不稳定形态向文明的稳定和谐形态发展的。远古时代的原始社会，人类生产力水平低下，为了维持生存，氏族内部的财产都是公有的，社会无所谓制度，只有相约成俗的一些带有原始共产主义性质的习惯。这种社会伴随低下的生产力水平延续了几十万年甚至上百万年，其稳定形态并非原始公有制的结果，而是人类本身的智力、体力以及与之相适应的生产力水平相一致的结果。当私有制产生以后，奴隶社会和封建社会便相继建立，这两种社会形态的最基本的标志是社会统治权力的高度集中和社会内部缺乏制约这种权力的机制，因而使这两种社会成为人类历史上最野蛮、最血腥、最不稳定的社会。社会统治权力不受约束必然导致权力的恶性膨胀，把社会引向极端。在这种社会里，社会的命运以及社会成员的命运仅仅维系在奴隶主和封建皇帝的一念之间。而统治者作为一个人，其个人意志具有极大的随意性，因而使得整个社会常常因为这种随意性被抛入血泊之中，受到永不停息的动荡的蹂躏，人民的生命财产无法保障。正因为如此，尔后的社会发展，都在建立制约权力机制方面下了很大功夫。欧洲的资产阶级首先提出这个问题，并从理论上建立了三权分立学说。然而，当社会权力的制约机制仅仅作为麻痹人民的麻醉剂，而并非真心付诸实施时，资产阶级所建立的社会仍然是病态的，不稳定、不和谐的，社会的动荡、战争、掠夺也不可避免。社会主义社会，从马克思主义经典理论看，是一个平等的、富有监督和制约权力机制的人民民主制度社会。19世纪的巴黎公社便试行了这种制度，那里没有人剥削人、人压迫人，没有个人的绝对权力，没有贪污、腐化和堕落。只有全公社人民的民主和集体对权力的使用以及全体公社社员对权力的监督。未来社会必然向着三元稳定互补的稳定和谐结构发展。社会权力结构、政治结构、经济结构等都具有三元稳定互补的特点，相互制约，相互依存。整个社会以表现三元稳定互补精神的法律进行治理，个人随心所欲的发号施令、践踏民主、极端行为等都必然受到权力互斥互补的其他方面的强大制约，整个社会将在这种互斥互补的支撑与制约机制中稳定和谐地发展。

第五章

多元互补

多元互补即事物三个基元以上诸元的互补。这种互补是事物存在、运动、发展变化的最重要的形式之一，在自然和人类社会发展中扮演着非常重要的角色。

第一节　互补诸元的性质与分类

构成多元互补的互补诸元具有一些非常重要的性质。主要包括单元独立性、非自足性、离散性和吸纳选择性。这些性质是多元互补的基础和依据。

单元独立性。互补诸元都是独立存在的。宏观互补诸元之间存在明显的边界，微观诸元具有自身的存在概率。诸元一旦成为互补元，便具有区别于他元的界定范围和特殊本质，此一元非彼一元，不存在两个完全相同的互补元。如生物圈内没有两个完全相同的个体，每个生物体都是独一无二的。生命体内没有两个完全相同的细胞，每个细胞都是独一无二的。世界上没有两片完全相同的树叶、没有两粒完全相同的沙子，每片树叶、每粒沙子都是独一无二的。

非自足性。互补诸元在结构、功能或其他方面都是不完备的，无法自我满足，即诸元需要通过一定的方式与其他元结合得到补足。构成原子的原子核是非自足的，需要吸纳若干电子绕着自身运动，以达到相对的正电负电平衡和整体稳定；原子也是非自足的，需要与其他原子或其他离子结合构成相应的分子。星系和天体是非自足的，从恒星到尘埃，都无时无刻不在通过自身的万有引力吸纳更多的物质，或者被更大的天体吸纳而去。所有的生物同样具有强烈的非自足性，无论是生物分子或细胞，都通过与外界的自发的质能交换，维持自身的生物特性或使自己裂变繁殖，发展壮大。人类更是非自足的，需要不断从自然界获得质能补充，需要相互之间获得物质和精神支持。个人在家庭生活中是非自足的，男人需要与女人结合生儿育女，女人需要与男人结合组成家庭；老人需要从儿孙处获得天伦之乐，儿孙需要从长辈处获得教诲和抚养。家庭作为社会的细胞也是非自足的，需要与其他的家庭乃至整个社会结合互补，从外界得到必需的物质和精神补足，没有任何个人和任何家庭可以离开社会和人群而独自健康地生存。

互补诸元通过互补达成的满足是相对的，一次互补的完成，并不是互补的终结，而是新的不完备性的开始，需要新的互补实现新的满足。诸元在非自足性作用下层次互补构成非自足链。具体来说，非自足的互补诸元经过互补实现的满足，是相对于互补之前而言的。新产生的互补诸元仍然是非自足的，需要通过与新层次诸元的进一步互补，实现高层次的满足。而这种满足也是相对的，需要进一步的互补，达成更高层次的满足……经各个层次的互补达成满足的诸元便形成一条相互联系的非自足链，如此延伸，以至无穷。如前所述，人类的非自足性，便形成了无穷无尽的非自足链。男女相交互补，产生了子女，满足了性欲，实现了血脉传承，构成了新的家庭。家庭又是非自足的，需要从外界获得生产资料、生活资料、安全保障、自尊荣誉、文化娱乐、个人才华表现等各方面的满足。旧的需求满足达成了，新的需求又随之产生。千万个家庭互补构成社会。社会也是非自足的，它需要与更大范围的社会乃至国际社会达成互补，获得满足。更大范围的社会以及国际社会也是非自足的，它需要向星际智慧与非智慧诸元提出欲求，通过互补达成进一步的满足。可见，由人起始的这条非自足链向前延伸没有尽头，向后延伸也没有尽头。在人作为一个非自足元存在之前，还存在着无穷无尽的非自足链。

无机世界同样由长长的非自足链连接而成。中子、质子的非自足性促成其互补而成原子核；原子核的非自足性使其网罗一定数目的核外电子而构成原子；原子的非自足性又使其网罗若干原子互补而成分子；分子往往不会孤立存在，若干分子互补而成大千世界的一颗沙粒、一根碳棒、一抔黄土、一滴海水。

互补诸元通过一次互补达成的满足仅仅是某一相的满足，不是所有相的满足。诸相的满足是一个复杂的多维互补过程。如丈夫和妻子互补实现家庭生活的种种需求，而丈夫或妻子对事业需要的满足则必须与社会其他成员互补达成，其对安全需要的满足更有赖于与另一部分社会成员如军队、公安、保安的互补。

互补诸元的非自足性或者要求补足的欲求是诸元与生俱来的本性决定的。宇宙大爆炸发生以前，所有的物质集中在处于满足状态的奇点上，推动大爆炸产生的无与伦比的能量将处于完全满足状态的物质奇点一分为二，形成巨大的正物质与反物质世界，直到百亿年后的今天，由大爆炸所产生的物质运动与演化仍在继续。从那时以来，原先以满足状态存在的物质被强行分隔开来，但它无论奔向何方，处在什么状态，物质奇点所赋予它的以满足状态存在的属性始终存在着，并且成为它在百亿年的膨胀历程中固有的追求。尽管这种追求尚未能使它回归奇点，但却明白无误地给予它非自足性的特点，形成它追求满足的动力。

离散性。这是与互补诸元的非自足性相对应的一种性质。是指互补诸元之间因相互排斥而具有的相互逃逸的属性。气体、液体、固体分子的扩散运动，有机物的腐烂、岩石的风化，等等，都是互补诸元离散性的典型表现。诸元的离散遵从热力学第二定律，亦即处在孤立系统的互补诸元必然向熵增方向离散。互补诸元的离散性根源于微观粒子的相互作用斥力和大爆炸初期的推动力。互补诸元离散性的存在，是宇宙向着混沌均匀的状态发展的根本原因。宇宙最终会成为什么样子，取决于互补诸元的离散性与非自足性等多重特性的互补整合作用。

吸纳选择性。非自足的互补诸元在互补过程中不是兼收并蓄的，某元对一种元表现出较强的亲和势，而对另外的元的亲和势相对较弱或者不具有亲和势，甚至予以排斥，这种特性被称为互补诸元的吸纳选择性。

吸纳选择性在生命世界表现得极其明显。同一类动物异性之间存在异性相吸的亲和势。异性之间的亲和势也有强弱之分，显示了很强的选择性。食肉动物总是以弱小动物作为觅食对象，对植物的根茎果食则不感兴趣，而食草动物恰恰相反。大熊猫以竹子为食，对其他植物很少问津。食草的牛羊对众多的草科具有很强的选择性，有些草它喜欢吃，有些则不喜欢吃。人类的吸纳选择更为讲究，饥餐渴饮，餐什么，饮什么，各色人种不尽相同。欧罗巴人喜欢肉蛋奶，黄皮肤的亚裔人更钟情于大米白面、五谷杂粮。对于病人来说，高血压患者应吃降压药，糖尿病人不能多食糖，等等，吸纳选择更趋于精细。

对于非生命物质，吸纳选择性也是存在的。原子核总是趋向于吸纳一定数量的电子而不去吸纳其他的粒子。水泥吸纳水结合砂石会变得坚硬，但吸纳泥土则会变得松散。磁铁只对铁、钴有吸引力，而对铝铜等金属不具吸引力，更不会吸引非金属物质。这里，非生命物质的吸纳选择取决于其自身与被吸纳物质的物理化学特性，是非自觉的；而生物体的吸纳选择表现了自组织的特性。

互补诸元是其单元独立性、非自足性、离散性、吸纳选择性共存的载体。其每一性质反映了互补诸元每一相所对应的律。元、相、律表征着事物在不同层次存在、运动、发展的现象和本质，是事物发展演绎的基础。

互补诸元依其性质、功能和在互补过程中的作用可分为多种类型。按照诸元是否具有自组织功能可以分为有机元和无机元，其中具有自组织功能的元为有机元，不具有自组织功能的元为无机元。按照性状可以分为阳性元和阴性元，同一组阳性或阴性元为同性元，否则为异性元。按照互补诸元在互补过程中所处的位置可以将其分为等位基元和非等位基元，如一对同源染色体上同一位置的基因、相同种系的同代动植物以及人与人，等等，都是等位基元。按照组织程度高低可分为高位基元和低位基元，组织程度高的为高位基元，组织程度低的为低位基元。按照互补诸元的亲缘关系可分为近亲元、远亲元。互补诸元在不同的互补条件下，被冠以不同的称谓，正是其相对于不同参考点表象为不同相的具体体现。

第二节　自补

诸元所具有的单元独立性、非自足性、离散性和吸纳选择性使元与元之间相互作用。这种相互作用可以是强相互作用、弱相互作用、电磁相互作用、引力相互作用，也可以是生命体在意识作用下彼此的各种联系。作用的结果，促成了诸元之间的自补或互补的发生。

所谓自补，是指非等位基元中高位基元吸纳或补入低位基元成为层次更高的高位基元的过程。自补遵从1+1=1的程式。如羊吃草，羊作为高位基元补入作为低位基元的草。羊吃草以后，羊还是羊，只不过是吃过草的羊，但无论如何，它仍是一只羊，而不是其他的什么。即1（羊）+1（草）=1（羊）。非平衡系统的自组织现象大都遵从这一程式。具有自组织功能的开放系统与外界进行质能交换使系统走向有序的过程，实际就是系统作为高位基元补入作为低位基元的外界质能并使自身变得更加有序的过程。质能交换后的系统在形式上与交换前是大体相同的，但实质已发生或多或少的变化。后者相对于前者而言，其有序程度已增加或者减少，但无论如何，它仍是一个系统。

无机世界也存在大量的自补现象。宇宙间无数质量较大的星体总是通过万有引力使一些小的星体或宇宙尘埃降落在它的上面，使它的质量进一步增大；化学中的浓硫酸等浓度较大的强酸总是吸附空气中的水分，使自身浓度变小；铁、铝、铜等金属总是俘获空气中的一些氧粒子、水分子，在表面生成一层氧化物；集中了某种电荷的电极总是吸收异性的电子（或空穴），中和自身的电强度；大海吸纳陆地上千万条江河的水流。这些都属于自补现象。与有机界的自补现象相比较，无机物的自补往往使自补元质量或性质发生变化，而有机物和生命体的自补则往往使自身的功能发生变化。

诸元的自补常常以主动自补的特征出现，即自补元是在自身本能的非自足性的支配下向外界主动索取质能的。客观世界还存在不少被动自补的现象。如人对破损的东西进行修补，站在破损东西的角度，这种自补就是一种被动自补。驾驶员向汽车注入油料、锅炉工向炉堂添加燃煤，都是汽车或炉膛的被动自补。被动自补不是自补元本身的非自足性促成的，而是外力促成的。之所以称这种现象为自补，是因为作为高位基元的自补元接纳了外界以质能等形态表征的低位基元，完成了1+1=1的过程，使自身得以补足。

被动自补表象上是由外力促成的，与自补元的非自足性无关，但实质上仍根源于向自补元施加影响的外界元的非自足性。这种外界元为了满足自身的非自足性，向自补元施加作用，反过来满足本身的某种非自足性要求。上述人类对被损东西的修补，就是人类为满足自身的非自足性而使破损的东西进行的被动自补过程。一旦这种被动自补过程得以实现，人便会从修补的东西中得到补足。

被动自补可以发生在很多领域，但最终多与高等动物特别是人类相关。因为只有高等动物才具有一定的含有支配性质的主动欲求。只有人类才具有思想，进而才能为被动自补提供自补的动力。

高位基元吸纳低位基元过程的累积，也可能出现1+1=2或1+1=3甚至1+1=n的结果。如自组织系统从外界获取质能可以使自身走向有序，也可以经过若干质能交换，发展为两个或两个以上的系统。动物的交配繁殖，细胞吸纳营养分裂，都是系统经过质能交换分裂成两个或两个以上系统的过程。这里，自补过程的典型程式仍然是1+1=1。1+1=n的产生，是1+1=1过程不断继续、量变积累到一定的程度，使自补元发生质的裂变的过程。所以，1+1=n的结果，本质上是自补过程的延伸。

自补不仅仅是自补元从外界获得质能以补足自身的过程，自补元从外界获得信息以补足自身也是一种自补。如人们看演出、读书籍、听音乐、观比赛以及从外界获得其他方面的信息，都会产生愉悦、舒畅或其他方面的心理甚至生理变化，是一种精神自补；向电脑输入一定的指令，可以使其进入一定的运行程序，表现出一定的功能；向某些动物发出一定的声音、动作信号，可以使其作出相应的反应。

自补的结果不仅仅是补足，还存在补差的情况。所谓补差，就是高位基元接纳了某些与自身性质、功能、需求等相悖的低位基元，使自身有序程度较补前降低、功能较补前减弱的现象。人类被毒蛇咬伤发生中毒或接受了外界强刺激信息身心遭受损伤、植物受到酸性或碱性强的污水侵害生长受到影响、环境污染使人类与动物受害，等等，都是自补补差的例证。

第三节　多元互补

多元互补是两个以上等位基元由于非自足性等特性的作用，通过交换质能或信息相互整合为新的互补元或新的整体的过程。

多元互补有多种类型。据诸元性质、功能强弱的不同和互补结果的不同可分为优势互补、平势补优、劣势补优、优平补足、优劣补足、平劣补足、优平劣补足和优势互消、平势互消、劣势互消、优平互消、优劣互消、平劣互消、优平劣互消14种类型。

多元互补遵从$1_1+1_2 \geqslant 2$（1_1补后$\geqslant 1_1$补前、1_2补后$\geqslant 1_2$补前）或$1_1+1_2 \leqslant 2$（1_1补后$\leqslant 1_1$补前、1_2补后$\leqslant 1_2$补前）的规律，将这个式子推而广之，可得到如下两组式子：

$$1_1+1_2+1_3+\cdots\cdots 1_n \geqslant n$$
$$1_1+1_2+1_3+\cdots\cdots 1_n \leqslant n$$

式中的每一个"1"都代表一个等位基元，n 代表参与互补的等位基元的个数。当诸元互补后整体的功能强化时，">"成立；整体的功能与补前等同时，"="成立；整体功能削弱时，"<"成立。产生"≥"结果的过程称为互补，产生"<"结果的过程称为互消。如果引进正负值的概念，亦可把互消过程看作产生负效应的互补过程。

不等式 $1_1+1_2+1_3+\cdots\cdots1_n>n$ 表示的诸元互补，是整体优势较之补前加强的一类互补。优势互补、平势补优、劣势补优、优平补足、优劣补足、平劣补足以及优平劣补足7种类型的互补都属于这种互补。在这种互补中，诸元在互补发生前强弱不同，但最终都能使整体的功能得到加强，形成整体的互补优势。

优势互补，是指互补发生前，诸元本身就具有某种优势，强强互补的结果，使得诸元的优势得以放大或诸元优势在整体中表现出来，形成诸元新的优势或整体的综合优势。如一个实力超强的足球队，必然是每个球员都是强手且球队内部组织严密、战术合理的强强结合互补。互补的结果，不仅使球队集体的实力大大增强，而且使每一个球员的作用都得到有效发挥。一个高水平的乐队，也必然是强强联合的集体，其中不能容忍任何一个"南郭先生"的存在。同时，在这样的集体里，每一位乐手的作用都因集体的高水平而进一步彰显。现代大型企业，也往往在竞争中进行强强联合。联合的结果，不仅使过去的每一个企业增强了抵御风险的能力，而且使整个集团的力量成倍增加，效益成倍放大。

平势补优，即诸元在互补前无所谓优势，都是普通而平凡的等位基元；一旦互补结合，整体优势便产生出来。譬如普通的个人，相对其他的普通人，没有什么特别的优长，都是人世间芸芸众生的一分子，他们各自独立存在时，不会拥有强大的力量，做出惊天动地的伟业，然而成千上万的普通人结合在一起，形成一个内部结构和谐的蒸蒸日上的集团，无论是政治集团、军事集团或经济集团，都将具有巨大的力量，它可以在人类政治经济生活中呼风唤雨、改天换地，改变历史进程，主宰更大范围的人的命运，对人类历史产生深远的影响。同时，这个集团内的每一个成员，也将凭借集团的力量，使自己拥有普通人所不能拥有的政治、经济优势，成为在诸多方面优于普通大众的人。人类社会各个时期出现的官吏本质上都是普通人。官吏自身所具有的威严，凌驾于普通人之上的权势，都是他所依附或参与其间的社会集团提供的。离开社会集团这个平台，官吏的一切权势和优越感也将不复存在。因此，居庙堂之高，不是官吏自身有能耐，而是那个集团经过无数普通成员的平势互补获得了相对优势。简而言之，是那个拥有平势互补优势的集团有能耐。互补优势，实现一定的政治目标，这便是英雄之所以能经天纬地的奥秘。同样道理，孤立存在的水滴是渺小而无所作为的，滴入沙土，片刻便无影无踪。水滴一旦融入大海，生存便有了安全的保障，相对于普通水珠的优势由此生发出来。无数普通水珠汇聚一起，便产生巨大的能量，用于发电，可点亮万家灯火；一旦决堤，也将势如破竹，毁灭一切。

　　劣势补优和平劣补足是指诸元或诸元之一在实现互补之前不具备某种优势，或者较之其他元存在某些缺陷，经过互补，不仅缺陷得到补足，而且整体获得某种优势。如一根弯木，放在木材堆里相对于端庄的直木没有多少价值，甚至是一根废料，充其量只能当柴火用，但某种形态的弯木如果与辘轳轴、井绳、木桶等诸元互补，便可做成一架具有一定使用价值的辘轳，并用于提水，由此体现的价值、生发的优势是直木不可比拟的。葡萄茎柔软，单独存在势必倒伏在地，不利于生长发育，对人类也无补益，相对于茎秆坚硬的植物，是个缺陷。但柔软的葡萄茎与支架互补却能产生明显的优势，一方面有利于葡萄树生长，同时正是因为其柔软，才可能用之制作庭院凉棚，或做成其他艺术造型供人们欣赏，由此而生发的互补优势是茎秆坚硬的植物所不具备的。年轻的科技工作者在阅历和经验方面相对于中老年科技工作者有不足，然而，他们面对未知领域，最少保守思想，最富创造精神，最容易找到解决疑难问题的正确答案。科学史上相对论、进化论、能量守恒定律、测不准关系等，无一不是年轻人与科学挑战互补形成创造优势的结果。一个满腹经纶、深谙旧理论，同时对旧的理论坚信不疑、抱住不放的老学究是不会做出伟大创造的。

优平补足、优劣补足以及优平劣补足等，都是优势诸元与平势、劣势诸元相互整合使得诸元或整体取得相应优势的互补。在这些类型的互补中，优势元的某种优势正好是劣势元或平势元所需要但又不具备的；劣势元和平势元亦可能有着优势元需要但并不一定具有的优势，或者其固有的劣势或平势一旦与优势诸元互补，便使诸元或整体产生优势，相辅相成，相得益彰，最终达成 $1_1+1_2+1_3+\cdots\cdots 1_n > n$ 和 1_n 补后 $> 1_n$ 补前的效果。人际交往中，喜欢主动支配他人者与期待被他人支配者合作，不仅可以保持良好的合作关系，而且可以对外显示出某种优势。动物、植物、微生物，有机物、无机物等共生共存的世界上，每一基元相对于其他基元可能具有某种优势、平势甚至劣势，但这些基元互补共存，比一个只存在单一元素的世界更加丰富多彩，充满生机。而且，一基元正是因为其他基元的存在而不断走向有序。在社会组织中，一个强弱合理搭配的领导集体往往比所有成员都是强人但互不服气的集体更具有凝聚力、战斗力；集体中的某些成员正是因为集体的存在而使原先的缺点变为了优点。在国际贸易领域，各国因为地理环境、发展历史、资源状况、科技水平等的不同，相互之间具有某种别国所不具备的优势或缺陷，但国与国之间互通有无，一国充分运用自己特有的原料、技术、产品或资金等方面的优长与别国进行贸易交换，获得自己所缺乏的另一些原料、技术、产品或劳动力，最终取长补短，补足原有的短板，放大原有的优势，对各国无疑都有好处。各国经过优势互补，或者优平补足、优劣补足以及优平劣补足，其整体的富裕及文明程度也会进一步提高，从而推动人类的总体进步。

$1_1+1_2+1_3+\cdots\cdots 1_n > n$ 与 1_n 补后 $> 1_n$ 补前的情况，在现实中可能单独存在，但更普遍的是同时存在。优势互补、平势补优、劣势补优、优平补足、优劣补足、平劣补足以及优平劣补足等各种类型的互补在现实互补中可能单独发生，但更多的是同时交织共存。并且，各种类型的多元互补之间也在发生相互作用，互补诸元以及互补整体最终的互补优势，是这一切互补作用的综合结果。

在自然界和人类社会，$1_1+1_2+1_3+\cdots\cdots 1_n > n$ 与 1_n 补后 $> 1_n$ 补前等各种类型的互补现象是普遍存在的。同时，诸元互补产生劣势的现象也屡见不鲜。如优势互消、平势互消、劣势互消、优平互消、优劣互消、平劣互消、优平劣互消等都属于这种类型。这类互补遵从 $1+1+1+1+\cdots\cdots < n$ 和 1_n 补后 $< 1_n$ 补前的规律。如非正义战争使各个军事集团互相残杀，导致生灵涂炭，民不聊生，给战争双方都带来深重灾难。如近亲结婚，所育后代容易患上各种遗传疾病，互补的总体结果和新的互补诸元的功能都大打折扣。又如技术低劣的厨师往往将各种原料胡乱搭配，做出的饭菜难以可口。诸元结合之所以产生互消结果，根本原因在于诸元的优势在结合过程中相互抵消，或者通过结合，诸元原有的优势被掩盖，而劣势则得以充分彰显甚至得以放大，所以整体上表现出一种劣势。

第四节　结构功能

诸元互补之所以使诸元以及整体产生优势、平势或劣势，根本原因是互补后诸元或整体的结构发生了变化。诸元或整体的结构反映了诸元内部或诸元之间的相互联系和相互作用的方式，是诸元和诸元互补整体组织化、有序化的重要标志。

互补结构可分为空间结构和时空结构。空间结构即诸元各相或诸元各元在三维空间的组织形式；时空结构即诸元各相或诸元各元随时间变化的组织形式。具体的互补结构是诸元或诸元组成的整体的空间结构与时间结构的统一。

结构是功能的基础，一定的结构具有一定的功能。如不同高度植物的间作套种形成梯次结构，使植物在整个生长过程中肥水供应和通风采光有机组合，为作物总体产量的提高创造有利条件。人群的男女比例结构决定人群的生存质量、可持续发展甚至社会的稳定。登月工程中，数学家、物理学家、化学家、材料工程专家、电子技术专家、空间科学专家、火箭专家等人构成具有一定专业知识结构的专家群体，将人或飞船送上月球。诸元经过互补，其自身或由诸元组成的整体之所以形成优势、平势或劣势功能，根本原因是其内部结构发生了变化。如若干个碳原子在一定的条件下可能结合成质地松软的石墨，也可能产生质地坚硬的金刚石，原因就在于碳原子的不同组合形成了不同的结构。一个领导集体的工作活力、创造精神以及决策能力，往往取决于这个集体诸成员的能力素质、知识结构、强弱搭配以及年龄结构是否合理。当互补诸元的结构发生变化时，诸元和诸元形成的整体的功能也随之发生变化。如在生命科学领域，当决定人的血红蛋白的结构基因发生突变时，就会造成人的遗传性贫血病；一个决定某种微生物合成某种氨基酸的特定酶的结构基因发生突变，就会使这种微生物成为需要某种氨基酸的营养缺陷型。互补优势、平势和劣势正是诸元或整体的结构所具有的功能的外在表现。

一、优势互补结构的基本特征

具有优势互补功能的整体结构，必然具有一些独特的共同特征。

特征之一：能够产生优势功能的互补整体，其结构必然符合优势功能的存在规律和发展规律。换句话说，什么样的结构产生优势，什么样的结构产生劣势，都有着客观的必然性。规律是客观存在的，互补结构如果符合这种客观必然性，则结构一旦互补形成，优势功能便随之存在，否则就不存在。如一定的军队编制、装备及人员素质结构，是否具有赢得战争的优势，关键在于这种结构是否与赢得战争所必需的军队整体结构相一致。现代战争需要精干的常备军与强大的后备力量相结合的武装力量体制，需要诸军兵种有机合成的体制编制，需要信息化与机械化结合的武器装备系统，需要指挥、战斗人员具有良好的综合素质，现实的军队组成结构如果与这些需要相适应，则具备赢得战争的优势，否则，其优势必定减损或者根本就不具备优势。

特征之二：产生优势功能的互补整体，其结构的基本元素即互补诸元之间相互协调。整体是诸元的互补组合，诸元是整体的基础。整体的功能取决于诸元的功能以及诸元的存在方式和结合方式，整体的优势实质上是诸元存在的优势或者诸元结合优势的整体表达。一个由诸元互补而成的整体，只有当诸元以相互协调的方式存在和运动时，整体才具有某种优势功能，否则，就不具有优势。

诸元之间相互协调有四个重要标志。第一，紧密结合，即诸元的结合是紧密的而不是松散的，是紧凑的而不是臃肿的。相对于达成某种优势的需要，诸元在数量上不多不少，在结合程度上不紧不松，恰到好处。如中国古语所言，文章做到极处，无有他奇，只是恰好；人品做到极处，无有他异，只是本然。第二，稳定结合。即诸元以二元矛盾互补、三元稳定互补或其他足以使它们的存在具有稳定性能的方式结合在一起，这是整体得以稳定存在的基本条件。那些非稳定方式的结合往往不能使整体成为一个客观存在，因而根本谈不上整体的优势功能。第三，能量耗散小。诸元的存在是一种动态的存在，诸元的结构是一种动态的结构，诸元的结合也是在运动中完成并在运动中得以保持的。任何运动都伴随着能量的耗散，永动机在过去的几个世纪没有造出来，今后仍然造不出来。诸元在内部运动中因摩擦或其他原因造成的能量耗散越小，营造整体优势的能量份额就越大，从而使得整体向外界显示的优势就越大。第四，诸元的存在互为优势条件。此元的存在是彼元优势获得的基础，彼元的存在为此元获得优势创造条件。离开此元，彼元或整体优势必然减弱，离开彼元此元或整体原来的优势也不复存在。

特征之三：产生优势功能的互补整体，其结构必然与外部环境相协调。这种协调性具体表现为适应环境和适应环境变化两个方面。诸元或整体的结构适应环境，即这种结构在所处的环境中能够很好地存在和发展，不被环境所销蚀，其发展不为环境所限制。如小麦因其内部结构而适应中国北方大部分地区的环境，而甘蔗的特定结构决定了它适合在南方生长。诸元或整体的结构适应环境变化，即当环境变化时，互补结构也能够很好地存在和发展，不被环境变化所淘汰。

互补结构适应环境变化有两种途径：一是当环境变化时，互补结构无须变化就能适应新的环境，如陶瓷制品具有稳定的内部结构，无论处在酸性或碱性物质环境中，都不会发生变异；二是互补结构随环境变化而变化，自身结构与环境变化相适应。如人体在气温升高时汗孔张开散发热量，在气温下降时汗孔关闭保存热量，以此自动适应环境的变化。在生物进化史上，当外界环境发生变化时，只有那些自身结构随环境变化而变化的个体才能生存下来，不会被消灭。

互补结构与环境相协调，一方面是说互补结构在环境中具有较强的生存能力与应变能力；另一方面是指环境作为高一级的互补整体因低层互补结构的存在而增强了优势。低层互补结构与环境相适应，环境因诸多低层结构的有机互补而成为和谐的环境，并在更高层次的环境中显示出优势，亦即结构与环境互补使结构与环境都赢得了优势。如地球的生态环境与植被的增加就是如此。良好的生态环境有利于植被生长；山川沟壑、平地草原茁壮生长的植被以及以此为基础而形成的合理的植被结构，会贮藏成千上万吨的水分，从而为环境的风调雨顺打下基础，这样的植被结构与生态环境是相互协调、相得益彰的。植被结构在环境中表现出整体优势，环境因这样的植被结构的存在相对于干燥的沙漠和严寒的高原等环境具有强大的优势。中国古代的风水术经过几千年的演变特别是术士们的修改加工，融进了不少迷信色彩，但风水学说中关于建筑物与环境相协调的思想是有一定道理的。它实质上追求的是房屋、道路、水源、坟茔以及形形色色的建筑物与环境的优势互补关系。如果建筑的位置、形态等与环境互补协调，则此地乃风水宝地，否则，就是风水不好。

特征之四：产生优势功能的互补整体，其结构必然是有序结构。有序是相对无序而言的，无序是说结构的组织程度低，有序对应较高水平的组织程度。单细胞生物相对于高等动物诸多方面功能低下，其构造简单、自组织能力弱、结构无序；高等动物特别是人类不仅具有听觉、视觉、感觉、味觉等方面的功能，而且具有征服自然、改造世界的思维能力，这些优势是单细胞生物无法比拟的，原因就在于其构造复杂、自组织程度高、结构有序。结构的有序无序程度一般用熵衡量，有序对应熵小，无序对应熵大。

特征之五：产生优势功能的互补整体，其结构必然是宇宙中某对应优势结构的全息元。从更深层次上来观察，现实的优势互补结构与宇宙的宏观结构具有必然的联系，即具有优势功能的互补整体，其结构必然是宇宙对应结构的全息元。这是统一的宇宙的固有属性，是宇宙经过亿万年的演化产生的必然结果。各种天体的结构形态为这一结论提供了直接的证据。由行星和它的卫星组成的铁饼状环形结构是恒星与行星组成的同类结构的全息元；卫星绕行星的运行方式与行星绕恒星的运行方式是大体一致的；行星—卫星家族在形态上完全是恒星—行星家族的缩影，前者包含了后者结构组成的全部信息。银河系以及其他的河外星系也都是由一系列沿椭圆轨道运行的星体构成的铁饼状星云。恒星—行星家族、行星—卫星家族都是它的不同层次的全息元。由此上溯，星系的结构组成包含了更高层次天体的全部信息，是更高层次天体的缩影和全息元，有限宇宙尽管只是无限宇宙的一个组成部分，但无限宇宙的全部信息都在有限宇宙中存贮起来，其结构毫无例外地表现为无限宇宙的缩影，构成无限宇宙的全息元。原子作为物质构成的基元，尽管其线度相对宏观天体微乎其微，但它的结构蕴藏了宏观天体的全部结构信息。一定数量的电子与原子核组成的壳层结构与恒星—行星系统等天体的壳层结构是类似的。原子核对应恒星，核外电子对应行星，电子和行星分别围绕原子核和恒星的运行轨道都是以原子核或恒星为焦点的椭圆运动，微观世界的原子结构正是宏观世界对应天体结构的全息元。宏观天体具有稳定的结构，与之相应结构的微观物质也具有相对稳定的结构，他们之间的互补产生的新的结构只要与宏观对应结构相一致，也就具有相对稳定的性质。

在大自然和人类社会中，结构全息现象也是普遍存在的。斑马腿部、颈部和头部的斑纹在数量上与躯干部分的斑纹相等；桃子的形状与桃树和桃叶的形状相一致；玉米棒子生长在玉米秆的中部、玉米棒中部的颗粒较之两头也饱满充实；人体的五脏六腑分别在耳轮等部位存在对应的穴位，每一部分的病变都可以通过对这些对应穴位的电、针刺激得到治疗。这些普遍存在的现象被称为生物全息现象。

事实上，在人类社会，全息现象也是普遍存在的。一种社会制度的国家，都是由与之相应的不同层次的全息社会结构组成的。总统制国家上有总统、议会、最高法院，下必有州市长、地方议会以及相应的地方法院；社会主义国家上有党的中央委员会、全国人民代表大会、中央人民政府、中央军委，下有省、市、县、乡对应的各级党委、人大、政府、军区（分区、武装部）。无论少了哪一个部门，则上情不能下达，下情不能上达，政令不通、军令不行，社会机器会运转不灵。即使在各级政府的各个部门，也是上下一致、结构对应的，中央有什么部，省上就有什么厅，地县就有相应的局，乡一级也有相应的专干，上级机构是下级机构的样板和模式，下级机构是上级机构的全息元。

生物全息现象和社会全息现象以及其他的一切现实的全息现象，都是宇宙全息现象的组成部分。广袤宇宙由万物组成，一个具有某种优势功能的互补整体，必然是宇宙对应结构的全息元。这一结论并不是说每一个优势互补整体都是整体宇宙的全息元，而是说，它必然是组成宇宙的某一部分的全息元。比如人类，既是宇宙进化的产物，又是宇宙的组成部分；单个人体的每一部分都是人的整体的全息元，也就是宇宙的这一个组成部分——那个特定的个人的全息元。

互补整体具有的优势，来自整体的互补结构，这个结构只有成为宇宙的某一部分的全息元，优势才能产生并保持下去。原子的壳层结构是天体壳层结构的全息元，较小的天体是更高层的天体结构的全息元。这种对应的结构特征保证了后者的优势特征。假如原子不对应天体形成壳层结构，电磁学法则决定这种结构一定要被消灭，不可能稳定地存在下去，从而不可能具有现实原子所具有的各种性质，也就失去了与之相应的优势。自然界现存的动物、植物、山川、河流所具有的种种优势，无一不是因为其结构对应着宇宙中业已存在的具有优势功能的结构，这种业已存在的结构可能在人所能感觉的范围之内，也可能存在遥远的宇宙深处，目前人的感觉或人类借助仪器尚不能感知它们，但无论如何，它们是存在的，这是理性推论的结果，许多已被实践反复证明。在社会生活中，下级机构只有对应上级机构，成为上级机构的全息元，才能更好地发挥职能作用。否则，下级机构没有与上级机构对应的部门或呈办各对应业务的工作人员，上级的政令就无法有效贯彻落实，本应由下级具备的某种功能也就不可能具备，其优势也就不可能显现。

一个互补结构只有成为宇宙对应结构的全息元，才会具有相应的优势，这是宇宙间物质运动的方式及其历史决定的。宇宙产生至今已有一百多亿年的历史。在漫长的宇宙进化史上，什么样的物质运动都可能发生，什么样的物质结构形态都可能产生过。但在诸多因素的相互作用下，有的结构消失了，有的则生存下来。生存下来的结构无疑都是各种结构相互争斗的胜利者，它们的特定结构适应了无数次考验，因而在特定环境中是合理的、和谐的、具有生存优势的功能。晚近的互补整体同样存在于相应的环境之中，假若它的结构不是宇宙对应结构的全息元，它的结构与宇宙对应结构不一致，则必然要重蹈宇宙进化史上被消灭的结构的覆辙，注定要被特定的宇宙环境消灭掉。只有那些成为宇宙对应结构全息元的互补结构能在宇宙环境中生存下来，仅仅这一点本身就是一种生存优势，它的其余方面的优势也因为对环境的适应性而表现出来。

二、优势功能增强的微观机理

各种互补优势的产生依赖互补后整体或诸元功能的增强，从微观机理上看，诸元或整体功能的增强，是通过互补而产生的叠加效应、统计效应、质变效应、点缀效应、催化效应、杠杆效应、点睛效应、调幅效应、显性效应、互作效应等实现的。以下重点分析叠加效应、质变效应、催化效应、点睛效应、互作效应、调幅效应。

叠加效应。叠加效应指互补诸元构成的整体的优势通过诸元优势的投影叠加显示出来。从数量上讲，整体的优势就是诸元优势在整体上的投影的代数相加，即：

$$F = \sum f_i \cos \alpha_i$$

其中，F代表整体优势，f_i代表诸元优势，α_i是诸元优势在整体合成方向的广义投影角，$\cos\alpha_i$表示诸元优势与整体优势的吻合程度。由公式可以看出，整体优势的大小取决于诸元多少、诸元优势的大小及其与整体优势的吻合程度。也就是说，参与互补的诸元越多、诸元优势越大、诸元优势与整体优势吻合程度越高，亦即$0<\alpha_i<\pi$并且α_i越小，则整体的优势就越大，反之整体的优势就越小。值得注意的是，互补诸元优势f_i的大小并不是决定整体优势大小的唯一因素，当$\alpha_i=\pi$时，$\cos\alpha_i=0$，此时，无论f_i数值有多大，它对整体优势都没有贡献。当$\pi/2<\alpha_i<\pi$时，$\cos\alpha_i<0$，f_i不仅不会对整体的优势做出贡献，而且会减损整体的优势。当然，如果$\alpha_i=0$，则$\cos\alpha_i=1$，在这种情况下，整体的优势就是诸元优势的代数和，这种叠加互补将产生最大的整体功能。日常生活中，产生叠加效应的互补现象是普遍存在的。如若干匹马拉一架车，如果齐心协力，并且每个马都发挥出它最大的效能，则集体的力量是巨大的；如果一部分马向前拉，而另一部分马向与前进方向垂直的方向使劲，则它们对集体就没有贡献；如果一部分马拴在车后头，向相反的方向用劲，它们不仅不会对马车的前进做出贡献，而且必然减损马车前进的动力。当然，即使所有的马齐心协力，$\cos\alpha_i=1$，整体效能也只是每个马效能的代数和，而不会大于它，严格意义上的功能放大是不存在的。这里所谓的功能放大，是部分相对整体而言的，诸元作为整体的一个组成部分互补后向外显示整体的功能，这种功能相对于互补前诸元单个的功能已经放大了若干倍。

19世纪，奥地利遗传学家孟德尔多次进行植物杂交试验，其结果表明，具有相对性状的纯质亲本杂交时，由于某个性状对它的相对性状的显性作用，子一代所有个体都表现这一性状。如豌豆与豌豆杂交，子一代都是红花，因为红花对白花是显性，而这种显性优势通过杂交完全叠加到子一代身上。这便是叠加效应的典型例子。

生物界普遍存在的杂种优势，也是叠加效应的表现形式。两个遗传内容不同的亲本，客观上具有若干对互为显隐关系的基因，如果其中的显性基因为有利基因，而隐性基因为不利基因，杂交后，双亲的有利显性基因叠加互补到杂种上并表现出来，不利隐性基因被显性基因所遮盖，不能发挥作用。这样，杂种便明显地表现出比其双亲强劲的多方面的优势功能。

1910年，布鲁斯在对大量的杂交现象进行深入研究的基础上，提出了解释杂种优势的显性基因互补学说，尔后大量的杂交实验表明，这一理论是有根据的。有利显性基因的叠加互补产生的杂种优势不是某一两个性状单独地表现突出，而是许多性状综合地表现突出。比如在产量和品质上表现为穗多、穗大、粒多、蛋白质含量高等；在生长优势上表现为株高、茎粗、叶大、干物质积累快等；在抗逆性上表现为抗虫、抗病、抗旱、抗寒等。杂种的多方面的优势表现，说明亲本的有利显性基因的叠加互补是全方位的、综合的，而不是单一的。杂种优势的大小，大多取决于双亲性状间的相对差异。在一定范围内，双亲间亲缘关系、生态类型和生理特性差异越大，双亲间相对性状的优缺点就越突出，叠加互补效应通过遮盖缺点、表现优点，最终使杂种的优势变得很强。

生物界的显性叠加互补现象在其他领域也广泛存在。人群当中力量集团的形成，也是集团所在的内外环境及诸多方面的因素促使集团成员将其缺点遮蔽起来，而使其优点叠加互补并得以表现，或者以其部分成员的优点补足其他成员的缺点，使整体浑圆有力，对外显示出强大的功能。

质变效应。质变效应主要有两种表现形式。一种是诸元互补，其功能叠加到一定的限度，引发质的变化，使得原来不能实现的目标得以实现，产生"不能"到"能"的飞跃。从数量上讲，这种情况下的功能放大率为∞，即：

$$N = \frac{E_后}{E_前} = \frac{E_后}{0} = \infty$$

其中 N 为质变过程的功能放大率，$E_前$ 为质变前功能，$E_后$ 为质变后功能，由于质变前互补整体没有某种功能，故必然为零，质变后具备了某种功能，不论其数值为何，都能导致功能放大率无限大的结果。如原子裂变过程，当外界因素（如原子弹中的引爆装置）使核装料铀233、铀235、钚239等的质量互补到超过其临界质量时，便能引起核裂变的链式反应，在极短的时间内释放出巨大的能量，发生猛烈的爆炸。核装料互补质量未达到临界质量时，爆炸功能是不存在的，互补质量超过临界质量则发生质的变化，原子裂变在瞬间发生，核装料达到临界质量前后原子反应堆的功能放大率是无限大的。

质变效应的另一种形式，是诸元经过互补，改变化学组成、性质和特征，成为与原来不相同的另一种或多种物质，生成物质的特定功能较之互补诸元明显增强。两种或两种以上的物质经过化学反应生成另一种或多种物质的化合反应过程，就是这种效应的典型表现。如用氢和氮合成氨、用氨和二氧化碳合成尿素就是如此。植物所需要的氮，一般不容易直接被植物从富含氮的空气中吸收，有的植物如豆类虽然具备这种功能，但相对而言是比较弱的。氢和氮合成氨时，便具有了容易为植物直接吸收的功能，氨与二氧化碳合成尿素，为植物直接吸收的功能更强。氮与氢、氨与二氧化碳诸元经过合成互补产生的新的物质比诸元单独存在时为植物直接吸收的功能放大了许多倍。以天然或合成分子为原料，经过化学或物理方法加工制成的化学纤维，其强度成十倍、百倍地大于原料本身；硼硅质或硼硅锌质原料经过化学合成得到的化学玻璃在耐化学侵蚀、耐极冷极热方面具有原料所不可比拟的性能。因而被广泛应用于制造各种化学仪器、化工设备以及管道、水表，等等。

催化效应。当某一类化学反应加入特定的催化剂时，催化剂与反应物质诸元互补，可以产生改变化学反应速度的功能，这种效应叫催化效应。促使反应速度提高的催化效应叫正催化效应，反之叫负催化效应。无机酸与醋和多糖互补，能加速水解反应；五氧化二钒与二氧化硫和氧互补，能使二氧化硫加速氧化为三氧化硫。在催化反应中加入助催化剂，能加强催化剂的催化作用。这些反应物与催化剂、助催化剂多元互补、控制反应速度能力会得到进一步的增强。在干旱少雨的季节，向天空不能自发形成降水的云层播撒干冰、碘化银、盐粉等催化剂，使之与水蒸气、尘埃互补，便能实现人工降雨。生物体内产生的具有催化能力的蛋白质酶，与生物体内有关化学物质互补，催化这些物质的化学反应，是生命赖以存在的基本条件。这种互补过程的功能放大率是惊人的，一个酶分子在一分钟内能催化数百至数万个底物分子的转化，比没有酶参与互补过程的化学反应速度要高成百至百万倍。广泛分布于自然界的酵母苗与相应的底物互补，在酿酒、制醋、面包发酵、石油发酵等生产领域，发挥着无可替代的作用。

　　点睛效应。点睛效应是指某一高位基元或诸元互补的整体在缺乏某一基元时不具备或很少具备某种特性或功能，一旦得到这一基元，使之与原高位基元或整体互补，便立即显示出某种特性或整体功能，并且这种特性或功能较之互补之前高位基元或整体的特性与功能有着飞跃性增强的一类互补放大效应。"画龙点睛"寓言就是这一效应的典型代表。无数笔墨基元互补而成的苍龙图，缺乏点睛那一笔，龙便没有生气活力，画便是一幅没有多少艺术价值的作品，一旦恰到好处地着笔点睛，原先没有生气的图画便立即活泛起来，只因这点睛的一笔，画便价值连城。数百只母羊构成的羊群，如果没有公羊，其繁殖便不可能，如果补入一只或数只公羊，则羊群的生殖繁衍便会正常进行下去。赢得多数便能取胜的竞争选举，在双方势均力敌的情况下，哪一方赢得了决定命运的一票，哪一方便赢得选举。一只底层漏水的水桶，无论在其上沿补加多少木料，仍然是一只漏水的桶，不能正常发挥盛水的作用。如果恰如其分地把漏洞堵上，则这点睛的补足便可使水桶完好如初。千军易得，一将难求，千军万马中再补入一兵一卒，如同水珠溶入大海，对广袤大海产生不了多大的影响；如果千军万马得一运筹帷幄决胜千里的统帅，便如虎添翼，所向无敌。阳春三月，莺飞草长，碧绿的大地上点缀朵朵鲜花，便生机益然；而给大地增添同样面积的绿色，则无论如何不会使人们产生姹紫嫣红的感觉。

互作效应。互作效应是诸元互补产生放大功能的一种动态形式。产生这种效应的互补诸元整体之所以产生优势，不是因为互补生成了新质，也不是因为互补整体显示了诸元的叠加优势，或者通过互补使整体产生了奇迹般的点睛效应，而是因为互补使诸元产生了相互作用，优势的产生仅仅在于诸元相互作用的过程和作用本身。伊斯特解释生物杂种优势的超显性学说即等位基因异质结合假设，就是这种互作效应的典型例证。根据这种假说，两个遗传内容不同的亲本异质结合，产生的杂种一代在生长势、生活力、生殖力、抗逆性、产量和品质等方面比双亲任一方都优越。这种优越性的产生，根源于异质结合所引起的基因间的交互作用。而且这种杂合等位基因的交互作用明显地大于基因纯合作用。假定 $\alpha_1\alpha_1$ 这一对纯合基因能支配一种代谢功能，生长量为10个单位；另一对纯合基因 $\alpha_2\alpha_2$ 控制另一种代谢机能，生长量为4个单位，杂种为杂合等位基因 $\alpha_1\alpha_2$ 时，能同时控制 α_1 和 α_2 所支配的两种代谢功能，并可使生长量超过最优亲本，达到10个单位以上。由此可见，在产生优势的交互作用中，异质等位基因优于同质等位基因。某些植物的花色遗传是一对基因的差别，它们的杂种植株的花色往往比任一纯合亲本的花色都深。如粉红色花 × 白色花，获得的 F_1 表现为红色；淡红色 × 蓝色，得到的 F_1 表现为紫色。一个不稳定而活泼的酶与一个稳定而不活泼的酶的异质等位基因结合，获得的杂种酶在活性上既稳定又活泼。正是异质等位基因的互作，导致来源于双亲的新陈代谢功能互补，或使生化反应能力加强。

整体的优势功能直接产生于诸元交互作用的现象，不仅在生物不同种的杂交中存在，而且广泛存在于整个自然界和人类社会。电磁感应中感生电流的产生仅仅依赖磁铁和螺线管的相对运动。这种互补运动的交互作用一旦停止，感生电流便无从产生。水力发电中发电机的运转也是如此，只有当携带巨大势能的水流与发电机叶轮互补交互作用时，发电机才正常运转产生强大的电能，如果水流运动停止，水流与叶轮的交互作用也就停止，发电机的工作也就随之终止。生命的存在过程亦是众多的蛋白质诸元互补交互作用的过程，这种交互作用一旦停止，生命也就宣告完结。人类社会的发展进步完全依赖无数个人的交互作用。离开这种交互作用，社会便会失去进化的功能。由此可见，互补优势产生于诸元互补的交互作用过程，产生于运动，是诸元的互作，是运动过程本身造就了自然界与人类社会的种种优势和功能。

调幅效应。调幅效应即诸元互补优势的产生遵从振幅调制原理。其基本含义是，诸元通过一定的中介放大装置与功率源互补，诸元所具有的优势相当于特定的传送信号，功率源的优势类同于载波，诸元与功率源互补即振幅调制过程，经过这种调制，诸元优势承载于功率源之上，尽管诸元所具有的优势特点没有变化，但互补调制之后的优势功能已远远大于补前，成为强大载波所具有的调幅波的优势。电台、电视台的话筒、摄像机发出的音频、视频信号是很微弱的，不足以传播到远方。如果将这种信号调制到功率源所发出的强大的载波信号上，再通过高高的发射天线输送出去，信号便能穿过千里空间，传播到很远的地方。当这种信号经过远距离的传输到达收音机、电视机等接收装置时，信号又变得非常微弱。微弱的信号通过接收机的放大装置与其功率源互补，被放大成人类的视觉和听觉足以感知的图像和声音，从而完成远距离的图像和声音的发送接收过程。近代以来，人类创造的各种放大器如介质放大器、分子放大器、量子放大器、参量放大器及磁放大器，为以小的信号与功率源互补产生强度（电流、电压或功率）较输入信号为大的输出信号提供了广阔的舞台。

在调幅效应中，信号的放大并不是严格的物理意义上的功能放大。按照能量守恒定律，功和能既不能消灭，也不能创生，因而是不能放大的。所谓放大，仅仅是输入信号调制到载波信号上或者输入信号通过中介装置使得功率源的信号变化按照输入信号指令的要求而变化罢了。孤立的输入信号是微不足道的，一旦通过中介放大装置与功率源互补，原先微不足道的信号立即变成以功率源或以载波为基础的整体的信号，整体的功能有多大，输入信号的功能就有多大。反过来，孤立的功率源尽管具有潜在的能力，但在通过中介装置与输入信号互补之前，它是无所作为的，因而也是微不足道的，只有当调制过程得以实现之后，英雄才有了用武之地，其潜在的功能才得以有效发挥。近代科学技术造就的所有的电子放大装置、自动控制系统，都在遵循调幅原理，以小的输入信号控制整个过程或全部生产工艺流程。弹指一挥间，钢水奔流、成品出现，数以千万计的价值得以实现。人类社会数千年来各种组织的领导人同样是借助调幅原理实现其统治的。其功能源或者载波不是民众诸元之外的任何其他力量，恰恰是千百万民众力量的叠加互补。芸芸众生在领导人的召唤之下，像草木随风一样倒下或弹起，实在不是因为这些领导者个人有力量，而是因为芸芸众生们自己有力量。因此，民众们是被自己举起的皮鞭驱赶到历史进程中，并在这个进程中蹒跚蠕动的。

三、互补整体的功能评价

互补整体对外所显示的功能，源自整体的互补结构。然而，一定的结构绝不仅具有一种功能。对应于整体的每一个相，必然有一种给定的功能表象。而整体所具有的相是多种多样的，因而整体的功能亦是多种多样的。比如一件衣服，其结构是给定的，从实用的角度看，具有保暖的功能；从艺术的角度看，具有观赏的功能。对应每一相的表象功能被称为互补整体的单项功能，所有单项功能的互补，构成整体的综合功能。

在一个否定裁判者的世界上，任何互补整体的任何一相对外所表象的功能相对于其他的相的对应功能，具有同等的重要性，不存在主次之别和高低之分。然而，任何功能都是相对于给定的参考点亦即给定的评价主体而言的。所以，不能否定裁判的作用。比如，茫茫草原上的一棵小草到底有什么功能，总是相对于一个评价主体而言的，说它具有丰富草原植被、使草原更加丰富多彩的功能，是以草原为参考点或评价主体的；说它具有调节气候、优化环境的功能，自然预设了气候和环境这一评价主体。由于所有这些评价都是人的主观评价，所以归根到底评价的主体是人，是人根据人的某种好恶或需求做出的。由此亦可看出，尽管互补整体由于自身具有众多的相（每一相都对应一个参考点）而使其具有众多的单项功能，但站在某一角度对整体进行评价时，这些单项功能中必有一种主体功能。相对于哪一个参考点或评价主体定义整体的功能，对应于这一参考点或评价主体的单项功能便成为整体于此时此地、此种情况下的主体功能。如粮仓养猫，猫的主体功能是捉老鼠而不是供人观赏；贵妇人养猫，猫的主体功能便是供人观赏而不是捉老鼠；孤寡老人养猫，猫扮演着为老人做伴的角色，它的主体功能便是陪伴老人、消除老人的孤独。对应的评价主体不同，互补整体的主体功能便迥然各异。

在以人类为主宰的世界上，许多互补整体的主体功能都打上了人类需求好恶的烙印。按照人类需要制造的各种工具，其主体功能自然反映着制造者的意图。如自行车的主体功能是代步，因为它本身就是作为人类的代步工具而诞生的。粮食的主体功能是食用，因为人类在种植粮食的时候，就赋予了它这种使命。当然，主体功能也不是一成不变的，它会随着人类需求的变化而变化。如小汽车的主体功能原本作为代步工具，而在比富斗阔的富豪之间，却成为气魄与身份的象征；衣服的主体功能是御寒，但在时装表演台上却成了气质与风度的包装。小麦的主体功能是供人类食用，但在现代城市中，麦穗在灌浆之前就被收割晾干作为家庭或商店装饰之用。这些由人类按照一定的目的构造的互补整体，其主体功能在构造之初已经明确，有的在应用过程中发生了变化。自然天成的互补整体，在人类出现以前，以其对应相的参考点作为相对此点的主体功能。人类出现以后，由于人类成为世界万事万物的最主要的评价主体，使得自然天成的互补整体的主体功能不可避免地渗透人类需求的因素。比如果树，作为一个互补整体，在人类出现以前，其结果的功能与成材的功能和制造氧气的功能都是存在的，并无主次之分。在人类作为主宰的世界上，加入人类的主观需求因素之后，果树的主体功能无疑就是结果，成材林的主体功能就是生长木材，肉畜的主体功能就是供给人类以肉食。这里，自然物的主体功能明显贯穿着人类需求的主观因素。

主体功能反映了互补整体相对于某一评价主体所显示的作用与效能，综合功能则从全方位上对互补整体的作用与效能予以表象和反映。主体功能的概念是用来评价互补整体的单项指标，但用于评价整体的综合指标则是不够充分的。在人类主导的各种社会生活中，整体的综合功能的评价往往与单项指标评价同等重要。比如判断一种植物的存在对自然环境的利害得失，既要考察它经过光合作用吸收二氧化碳、放出氧气的功能，又要考察它的生存繁殖能力，还要考察它分布的范围与具体位置等。评价一个宴会的成功失败，既要考察饭菜的色、香、味、形，又要考察菜肴的搭配情况，还要考察用餐的环境与条件，甚至整个宴会的组织管理水平也在评价之列。只有将这些由不同相表象出来的单项功能进行综合考察，才能得出对评价对象的完整结论。当然，严格说来，这种互补整体的综合功能只是一种相对的综合功能，绝对的综合功能应该是整体的全部单项功能的互补。

互补整体的单项功能、主体功能和综合功能有大有小，品质有优有劣，对外界的影响程度也有很大不同。对这些功能的大小、品质及其对外界的影响程度做出明晰而准确的判断，就是互补整体的评价问题。

给定结构的互补整体，在常规条件下的单项功能、主体功能和综合功能的大小品质是个客观存在，不受评价主体的影响，不以评价主体的意志为转移。如一辆汽车在一定的外界条件下，具有一定的功率、时速、载重量、油耗，这些品质对于每一个司机、警察都是一样的。常规条件下整体功能的大小、品质的量度有一个客观标准，这个标准通常作为评价功能的参照，是人们根据经验或一定的理论制定的，有些干脆就是随机定义并以定义者的名字命名的。定义过程中依据的经验不同，理论不同，或者随机定义的条件、环境不同，定义者的出发点不同，标准也可能不一样。如机械能以焦耳、牛·米、马力为标准，热量以卡、千卡为标准，气压以零点海平面单位面积所受大气压力为标准，飞机的飞行速度以马赫数为标准，等等。给定结构在给定条件下用不同的标准去度量，得到的数值是不一样的，但这并不影响结构功能的客观存在。整体功能的数值和品质在常规条件给定的情况下客观地存在着，并通过人类制定的各种标准以数值或其他方式表述出来。

在非常规条件下，互补整体的诸项功能也是客观存在的，但功能数量和品质的量度受到评价主体的干扰和影响。如微观粒子的功能品质是客观存在，评价它的功能、大小和质量也有相应的标准，实际测量中，粒子的功能品质受到测量仪器的干扰和影响，由仪器测出的功能数值已非原有的数值，而是与原有数值有一定差别的数值。这种差别无法消除。新的常规条件下的功能评价不得不渗透一些评价主体的主观因素。

第五节　和谐互补与互惠法则

在自然界和人类社会的无数互补现象中，具有自组织功能的互补诸元（以下简称"自组元"）之间存在一种特殊的互补，即和谐互补。和谐互补无处不在，其对自然和人类社会的发展具有特殊的重要意义，是自然界和人类社会不断有序发展的助推剂。

和谐互补是一种特殊的二元互补，即互补的两个自组元之间目的和手段互为需求，且一自组元的目的在量上等于另一自组元的手段，交叉互补达到双赢的结果。

自组元和谐互补遵从互惠法则。所谓互惠法则，即诸元的互补行为由利己目的驱动；互补的实现以利他为载体或手段；一自组元实现目的的载体或手段客观上正是与其互补的他元追求的目的或者为他元实现目的创造的条件，反之亦然；互补双方通过给予对方实惠从对方得到自己所需的实惠。

社会经济生活中顾客与商家的交易互补就是这方面的典型例证。顾客以支付货币为手段S_1在商家那里买东西，其目的M_1是得到对自己有用的商品，以满足自身的非自足性；商家以供应顾客所需要的商品为手段S_2，通过与顾客实现交易达到赚钱的目的M_2，满足自身的非自足性。从顾客与商家的动机看，顾客在买东西时考虑的是自己的需要而不以商家是否赚钱为出发点；商家在经营时以赚钱为目的而不以满足顾客的非自足性为出发点。顾客为了满足自己对商品的需要必须付钱给商家，商家为了赚钱必须将顾客满意的商品提供给顾客。交易的结果是，顾客以付钱为手段买到了所需的商品，商家以提供商品为手段达到了赚钱的目的。这种交易互补继续演变，顾客为了得到质量较高的商品必须付出更多的金钱，商家为了赚取更多的钱必须提供给顾客质量更好的商品。顾客的手段就是商家的目的，而商家的手段正是顾客的目的，即 $S_1 \Leftrightarrow M_1$，$S_2 \Leftrightarrow M_2$（等价于）。互补双方以利己为目的，以利他为手段，最后达成了利人利己同时实现的双重效果。遵从互惠法则的和谐互补并不仅限于单个的事物。在复杂的自然发展和人类社会发展进程中，互补诸自组元之目的和手段实际上交叉互补，形成了一条长长的交叉互补链，成为自然和人类社会有序发展的基本运行方式，为实现诸元与整体互补功能的最大化奠定了基础。

遵从互惠法则的和谐互补并不仅限于人类的相互交往，所有具有自组织功能的互补诸元即所有自组元都有按互惠法则进行和谐互补的特性。一定的自组元，小到单细胞生物，大到人类社会，都是非自足的。为了补足自身，必然要和外界诸元发生互补联系。尽管大多数自组元没有人类那样的意识，但其在互补联系中的客观指向构成其行为的目的性。所不同的是，有的自组元的互补目的性产生于自身的本能因，有的则源于其内在的自觉因。自组元往往通过一定的途径实现其自足性，这种途径可以看作其实现目的的手段。各自组元正是在这种广义的目的手段互惠互补中实现和谐互补的。

遵从互惠法则的和谐互补并不仅限于单个的事物。养蜂人辛勤劳作，其目的 M_1 是为了获得蜂蜜，手段是提供养蜂所必需的各种工具，为蜜蜂防病治病，并且不辞千辛万苦拖着蜂箱长年累月奔波于鲜花盛开的平原山区为蜜蜂寻找蜜源。蜜蜂没有意识，无所谓目的。但蜜蜂的行为反映出一定的目标性。如果把这种目标性拟人化为"目的"，则蜜蜂辛勤劳作的"目的" M_2 是觅取食物，繁育后代，为自己和后代创造一定的生存生活条件，而其手段 S_2 则是辛勤地采蜜，并整夜整夜地扇动翅膀将花蜜的水分风干。在这个过程中，养蜂人辛劳的目的是为了获取蜂蜜，而不是让成千上万的蜜蜂活得自在。但为达到这个目的所采取的手段则必须让蜜蜂活得自在，并顺利地繁衍后代。蜜蜂的目的并不是为了养蜂人能获得蜂蜜，而是为了自身生存繁衍，但其手段即制造的蜂蜜使人达到了获取蜂蜜的目的。双方目的手段交叉互补，互惠互利，完成了一个优势互补过程。然而这种遵从互惠法则的和谐互补并没有到此完结。将蜜蜂采蜜的过程延伸到鲜花，蜜蜂为达到觅取食物、繁育后代而辛勤采蜜的手段 S_2 正是鲜花达成授粉"目的" M_3 的条件；而鲜花为了达成授粉、繁育后代的"目的"，尽量使自己变得"花枝招展"，以此为"手段" S_3 吸引蜜蜂、蝴蝶等"花媒使者"的注意，这种"手段"客观上为蜜蜂达成"目的"创造了条件。过程完结时，蜜蜂得到了食物，鲜花实现了授粉，蜜蜂与鲜花实现了和谐互补。将养蜂人对蜜蜂的处理过程延伸到买蜜人，则养蜂人获得蜂蜜仅仅是为达到赚钱目的而采取的手段，蜂蜜卖给买蜜人，赚钱的目的才能达到。买蜜人以支付货币为手段 S_4 达成获得蜂蜜的目的 M_4，其目的和手段与养蜂人的手段 S_1 和目的 M_1 互惠和谐互补，过程完结时，养蜂人得到货币，买蜜人得到蜂蜜，养蜂人与买蜜人实现了互惠和谐互补，完成又一个互补过程。上述养蜂人、蜜蜂、鲜花、买蜜人的互惠互补过程形成一条目的手段互补链。如图：

$$S_4 \text{——} M_1 \text{——} S_2 \text{——} M_3$$
$$S_3 \text{——} M_2 \text{——} S_1 \text{——} M_4$$

养蜂人、蜜蜂、鲜花、买蜜人的故事还可以继续演绎下去。以养蜂人与蜜蜂的互补为中心事件的互惠互补链条不仅可以向两端纵向延伸，还可以通过每一个互补节点横向延伸。如养蜂人的养蜂行为可以沿纵向与蜜蜂互补联系、与买蜜人互补联系，而且沿横向可以与做蜂箱的人相联系，S_5 表示做蜂箱人的手段即做出高质量的蜂箱，M_5 为其目的即获得工钱。买蜜人如果为批发商，他不仅可以沿纵向与养蜂人联系，而且可以沿横向与小商家相联系，S_6、M_6 分别为小商家与蜂蜜批发商联系的手段和目的。如此形成一个立体交叉的互惠互补链。如图：

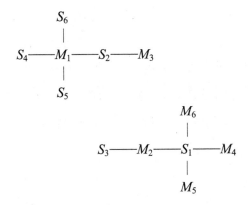

立体交叉的互惠互补链理论上可以无限互补延伸，将世界无数自组元联系在一起。如下图所示：

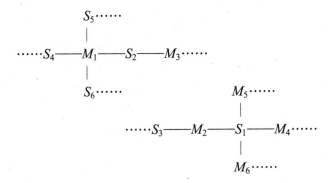

互惠互补链相互联系的焦点是自组诸元的利益共同点。自组诸元在互惠互补过程中，各自的内在目的往往大相径庭，但一自组元的目的往往是另一自组元达成目的的手段，从而使两个自组元之间存在共同利益。一自组元的目的与另一自组元达成目的之手段的交汇点就是互惠互补诸元的利益共同点。不同的自组元正是为了共同利益互补而融为一体的。共同利益是诸自组元实现互惠互补的动力。养蜂人与买蜜人以蜂蜜为利益共同点相互联系、相互借助，达到相互补足的目的。蜜蜂与鲜花以采蜜为利益共同点相互联系、相互借助，达到相互补足的目的。

在实际的互惠互补过程中，不仅诸元目的、手段交叉互惠互补，构成长长的互惠互补链，而且目的与目的、手段与手段之间也存在交叉互补，构成多维交叉互惠互补网。

复杂的多维交叉互补网的产生，源于事物的多相性。如前所述，客观事物在不同的角度、层次和时空，表象为不同的相。一事物与他事物从各自不同相出发相互联系，交叉互补，形成多维交叉互补网。如上述蜜蜂采蜜，站在蜜蜂的角度看是获取食物的手段，站在鲜花的角度看是授粉的手段，如果一个摄影记者把采蜜过程拍下来，则是站在人的角度看到其具有观赏性的一面……如此众多的相表象的特性，都可以被用于补足另一特定的事物，多维交叉互补网由此形成。

不同自组元之所以能找到利益共同点，也是因为事物具有多相性的缘故。对于同一个事物，不同元从各自的目标出发，往往能找到符合自己利益的相。如前所述例证中，买蜜人从蜂蜜中看到蜜糖的使用价值；养蜂人从蜂蜜中看到金钱和利润。尽管各自的目标不同，但蜂蜜作为双方共同利益的承载者，其蜜糖使用价值这一相和可用来交换金钱货币的另一相最终使他们走到一起，他们对于蜂蜜尤其蜂蜜质量的追求始终是一致的，养蜂人只有提高蜂蜜质量才能卖出更好的价钱，买蜜人希望蜂蜜质量提高以保证自己的需要。共同的追求成为和谐互惠互补的基本动因。当然，反过来也一样，自组诸元要实现各自的目的，必须尽力寻找与其他诸元的利益共同点，在共同利益的作用下相互补足，从而使各自的目的得以实现。

当然，自组诸元之间无论有多少共同利益，与他元互补的动机始终是自己的利益，补足他元永远是手段或者是间接目的，补足自身才是终极的追求。换句话说，自补是目的，互补是手段；主观上自补，客观上互补，最终使自身得以补足。

两种动因促使主观自补、客观互补的发生。其一，自组元主观上存在补足他元的动机，以某种补足他元作为他元回报自己的条件。如两国贸易，甲以购买乙一定数量的商品为条件，促成乙购买自己另外的商品，经过互补达到补足自身的目的。其二，自组元主观上仅仅是为了补足自身，丝毫没有补足他元的动机，但所采取的手段恰恰为他元自补创造了条件。如猫逮老鼠，猫仅仅是为了自己的美餐才去逮老鼠的，压根儿没有帮人除害的动机，但在客观上既满足了自身美餐的需要，又帮助人保护了粮食免受老鼠危害，歪打正着，利人利己。

自组元为达自补目的所采取的手段，如果不对他元起到补足的作用，则和谐互惠互补就不会发生。许多情况下，自补仅仅是利己的，对他元不能补足，反而造成一定的销蚀。如人类的种种损人利己行为，野蛮地砍伐森林，肆无忌惮地猎杀珍稀动物，毫无节制地生产与消费，这种手段无论动机还是效果都不对以大自然为主体的他元起到补足作用，违反和谐互补必须遵循的互惠法则，因而不会产生和谐互补的结果，最终也不会使诸元整体走向有序。

自补一旦成为纯粹的掠夺，必然要走向反面。人类自工业革命以来数百年掠夺性的开发酿成的苦果已经使自己付出沉重的代价。数千年来社会的沧桑变化大都是压迫者推行暴政最终为被压迫者推翻，每一次世界范围的经济危机无不起源于资产者过度剥削。

掠夺式自补之所以最终危及掠夺者，是因为自组元本质上都是非自足的，通过从外界吸取质能以补足自身，进而走向有序。这是每一个自组元的本能。掠夺式自补尽管为自身有序发展创造了暂时的条件，但它首先无情地剥夺其他自组元走向有序的权利，因此造成反抗是必然的。其次，掠夺使得自身得以生存的质能资源枯竭，客观上也剥夺了掠夺者用以自补、走向有序的权利。此外，经过掠夺，自组元整体得以获取质能的客观环境受到破坏，最终为整体包括掠夺者走向毁灭埋下祸根。因此，损人利己的补足是不会长久的。

与上述结论相对应，纯粹的利他性补足也是难以长久的，正常情况下是不存在的。所有宗教几乎无一例外地教导世人利他行善，同时也几乎无一例外地向世人宣扬由此而带来的来生再世或极乐世界或在阎罗小鬼面前所得到的好处；慈善家受人称颂的义举无论其动机是否利己，至少在客观上赢得了人们的尊敬，如果世人对其慈善行为嗤之以鼻，这种善举必将因失去动力而难以为继；也许不少人会认为世界上最无私的要算伟大的母爱了，母亲对于儿女海一样的深情、山一样的恩德从来不思回报，是绝对无条件的，甚至为了儿女需要牺牲自己时，往往在所不辞。但母亲的行为恰恰本能地出于一个最利己的动机，那就是儿女是自己的，是自己身上掉下来的一块肉，他们的生存、成长与发展代表着自己的未来，是自己的荣誉、骄傲和成就，是自己的基因得以传承的载体。动物和其他更低级的自组织个体甚至连表面上的利他行为也很难找到，它们从不隐瞒自己利己的动机，也从不收敛利己的行为，公开地、无所顾忌地为自己而拼抢、搏杀，它们就是这样从过去走到现在以至未来，日复一日地重复着这种存在方式。假若自然界和人类社会存在纯粹利他性的补足行为，也必然难以久长。这是因为，自组织行为都发生在具有自组织功能的诸元之间；自组元的根本属性就是从外界吸取质能而使自身走向有序，纯粹的利他性的补足使他元走向有序，而使自己走向灭亡，这是与自组元的本能相违背的，因而不可能发生，即使发生也将因为失去动力而无法长久存在。

人类是具有智慧的高级动物，其和谐互补与其他自组元的和谐互补有着不同的特点，同时也有类似的方面。不同点在于人类的和谐互补，从目的到手段都是意识支配下的自觉行为，其他自组元的和谐互补则是一种本能行为。相同点在于，两者都需要与外界联系、从外界吸取质能以维持自身的生存发展，两者的目的手段都遵从互惠法则。人类有许多互补行为不属于和谐互补，有的纯粹以利己为目的，有的以利他为追求。两种互补都不可能使自身和他元最终走向有序，更不能使整体走向和谐。纯粹的利己性补足可能使自身满足于一时，但长远必然是损人不利己。纯粹的利他性补足将使自己走向无序并最终从世界上消失，这既是人类的生命本能所不接受的，也使他元失去了互补的对象和选择。正因为人类具有智慧，种种以利他为手段而达到利己目的的人间活剧比任何其他自组元的和谐互补更为精彩。

人类遵从互惠法则达成和谐互补的基本原则是：目的为自己，手段为别人。互补诸元遵从这一原则，便能实现和谐互补，使得参与互补的所有个人和群体都得到有序发展，同时使互补整体走向有序。假若互补过程中的某些环节违背上述原则，和谐互补链条必然断裂，一切与此有关的质能交换将无法正常进行，导致与此有关的个体和群体走向无序，最终危及互补诸元和互补整体。从人类经济活动看，一切交换行为都在无形中遵从这一原则。芸芸众生忙忙碌碌，无非寻利益而来，逐利益而去，为自身利益所驱使，从事各种活动，没有自身的利益，便没有活动的动力；同时，自身的利益往往掌握在他人手中（如果掌握在自己手中就不需要自己去追求），为了实现自身的利益，必须为他人付出或满足他人的要求，这是实现自身利益的先决条件，满足了他人的需要，才可能从他人那里获得自己所需要的东西。千百年来，大浪淘沙，一切仅仅追求利己或利他为目的的价值观和交换手段，都在人类社会实践中逐渐失去存在的基础。目的为自己，手段为别人的和谐互补原则保留了下来。整个人类经济活动遵从这一原则和谐有序的发展。

不仅如此，人类的政治活动也常常遵循这一原则。外交上的各国使节都为本国的利益而奔忙，没有一个合格的外交官拿本国的俸禄为别国的利益而工作。政治家们为自己所代表的利益群体效劳，而不会撇开本集团的利益为另外的集团或所有集团效劳。如果政治家们不仅口头上，而且从内心不是利己的，而是利他的，不是为了自己国家的利益去纵横捭阖，而是为了别国的利益去明争暗斗，那他必然不是一个合格的政治家，而是一个混进自己国家机构的超级间谍！当然，政治家为了本集团或自己国家的利益从事政治活动和外交活动，所用的手段又必须给其他集团或其他国家也带来一定利益，即所谓互惠互利，否则，其他集团或别的国家有什么理由与之打交道呢？假若没有别国的合作，本集团或本国的利益往往无法实现，从而使政治家和外交官的政绩无从谈起，这样的政治家或外交官必然被本国人民所抛弃。因此，目的为自己，手段为别人也是和谐政治必须遵循的基本法则。

国与国之间的交往建立在互惠互补的基础之上，是一种文明的利益交换，既强调收获，又讲究给予，从总体上始终保持利益平衡。只知收获，不知付出，违反互惠法则，违反事物发展的客观规律，必然受到规律的惩罚。

人与人之间的交往相对经济活动、政治活动要复杂得多，其中精神因素、情感因素、利益关系、人格尊严、道德规范相互交织，使人们常常不容易看清交往的本质。如果撇开诸多因素所形成的面纱洞悉个中奥秘，不难发现，人情交往，多系于利害二字；人际关系，通常是一种利益关系，利存谊存，利去谊终。而且，利害得失是相互的，只对一方有利而对另一方有害，交往不可能持久。目的为自己、手段为别人是人与人和谐交往的基本原则。以利己为出发点，通过主观或客观上利他的手段，最终才能达成利己的目的。夫妻关系，是最基本的人际关系。古往今来，不乏夫为妻而亡命、妻为夫而殉情的美好传说和实际案例。但从本质上看，男女双方都是对方寄托感情、获得爱情、生儿育女、实现幸福以及达成正常生活目标的对象。男人通过女人找到伴侣，女人通过男人获得爱情；男人通过女人生儿育女，女人通过男人传宗传代；男女双方从各自的目标出发，通过对方实现自己的目标。即使是夫妻的性生活，也是从各自的生理需要发出，通过对方实现自己目标的。假若性生活仅仅符合男女一方的利益，使一方获得享受而使另一方遭受痛苦，那么，这种性生活是不和谐、不成功的。朋友交往，也是在有意或无意之中从各自的利益出发的。一个人是否可交，主要看他是否与自己合得来，合得来，有共同语言，酒逢知己千杯少；合不来，没有共同语言，话不投机半句多。有时候，尽管没有共同语言，但存在共同的物质利益，亦可作为物质利益上的朋友。交往的方式，就是寻找共同语言，寻找感情或利益上的共同点，最终从交往中获得一定的精神或物质利益。如果一方从交往中获得精神享受，而另一方感到压抑，或者一方从中获得物质利益而另一方赔本折财，这种交往很快就会完结。所以，人际交往，以利己为出发点是无可非议的，但必须给别人带来益处，与别人有共同利益，这样，交往才会和谐、持久，有生命力。

通过互惠互补进行利益交往是人类形成、发展的基础。无论是猿人还是人类祖先都是群体生活的。个体通过这种生活方式给其他个体以安全保障和食物保障；同时由于其他个体的存在，有效地抵御了野兽和恶劣自然条件的危害，给自身的生存创造了条件。如果没有这种群居的生活，单个的个体是无力与外界生存环境抗争的，同时也无法实现繁衍生息，人类也就无法进化到今日。

目的为自己，手段为别人，是人类从事和谐的政治、经济活动以及人际交往的基本法则。这一法则存在的客观基础是人类与生俱来的各种本能需求以及由此而产生的各种欲望。当精细胞和卵细胞结合成为受精卵以后，个体便具有了从外界吸取质能以使自身走向有序的自组织功能，这种功能构成人类食欲、性欲以及其他各种欲望的基础。欲望具有鲜明的利己特征，因而人都是自私的；欲望具有自发的特征，构成人的活动及人类发展的主动性。没有以自发和利己为特征的欲望的存在，人的活动及人类社会的发展就会停滞不前。在欲望支配下的利己行为必须以利他为现实手段，亦即为达成利己目的必须在主观或客观上采取利他的步骤。否则，纯粹的损人利己必然不会达成政治、经济活动以及人际关系的和谐。

互惠法则亦可在社会生活中特别是人际交往中以主观为别人、客观为自己为表现形式。人类在千百年来形成的被后世所津津乐道的崇高道德，就是以利他为基本特征和基本出发点的。见义勇为、拾金不昧、助人为乐、周贫济穷、怜老慈幼等在动机上都是利他的，行为的表达绝不以获取报答、追求荣誉为目的，而仅仅为良心、义务、正义感、责任心所驱使。然而，主观上的"利他"，其实是在一个更高层面上的"利群体"。这个群体是包括自己在内的群体，是自己和群体内所有人最大利益的依托，只有群体兴旺发达，群体内所有人包括自己才能实现利益最大化。所以，"利他"既是利人也是利己，是更高层次的利人利己。而且，利他行为的结果往往不以动机为转移，客观上必然受到人们的尊敬，从而使主体收获意想不到的荣誉，人格形象大大提高，甚至物质上得到回报补偿。精神、良心、荣誉感的满足是主体的高级需求，这种满足在客观上对主体是有利的，是主体所需要的。

互惠法则不是单纯以利己为主观目的、以利他为客观手段的法则，它的实质是一种利己与利他的平衡，付出与获得的等价。利己必然要以利他为代价，利他必然以利己为结果，利己利他互为因果，互为条件，互相补足。从自组元有序进化的本质看，利己是自组元获取质能的本能属性，利他是利己的手段，不得已而为之。即使主观上的利他行为，往往也是经过换位反思，将他元置于自身的位置、得到良心的驱使的结果。然而，无论如何，利己，从外界获取质能，必须付出质能，为外界自组元走向有序提供条件，否则，外界自组元便没有向其提供质能的义务和能力。而且，发生在自组元之间的质能互补在量上大体相当，有多少耕耘，就有多少收获；有多少付出，就有多少获得，付出与获得应当是平衡的。至于由自组元组成的自组织体系的有序发展，成长壮大，其质能获得并非单一来源于自组元，他们从太阳和其他生命之源取得的质能，完全用于补足自身，其有限的付出与获得相比，是极其微小的。

由互惠法则派生出的自组元之间付出与获得的平衡原理表现在人际关系上，构成了人与人之间关系的道德准则。这种全新的准则向世人昭示，纯粹的损己利人和损人利己一样，不会给人类的和谐发展带来益处。利人利己，人己兼顾，利群利己，群己兼顾，才是人类应有的道德遵循。

第六节　互补过程的质能分析

诸元的互补，无非四种形式，一是物质（或质量）互补，二是能量互补，三是质能交叉互补，四是信息互补。因此，互补的过程，主要是物质、能量的运动、传递以及相互转化的过程。当某元以物质的形式补足他元时，物质与他元简单的混合仅仅是互补过程的开始，只有当物质变为他元的有机组成部分时，整个互补才告完成。同样，以能量形式或质能交叉形式补足他元，也只有当能量对他元发生作用或者能量被他元吸收、转化之后，互补的过程才告完结。否则，便不是完整的互补。

质能互补遵从质量与能量守恒法则，亦即物质和能量不会在互补过程中消失，也不会通过互补过程创生出来。同相诸元相互提供多少物质或能量进入互补过程，无论这些质能被用于互补对象还是互补媒介，无论其最终转化为互补对象的有机组成部分还是化作无用的摩擦热扩散到宇宙空间，它们在总量上始终是守恒的。

质能在总量上守恒不等于它们会被互补对象100%地吸收，或者100%地转化。事实上，在任何一种互补过程中，质能的吸收转化或其他方式的利用率总是小于100%。这同样是互补过程中质能利用的基本法则。加入油箱的任何高燃值燃料所蕴含的热能不会100%地变为内燃机器的输出动力；人体摄入的任何营养物质不会100%地变为肌肉骨骼；奔腾直下的水流的巨大势能不会100%地用于推动水轮机叶片，进而100%地转化为现代人类须臾不可以离开的电能；洒向大地的阳光也不会100%地为植被所吸收，进而100%地转化为有用的氧气和碳水化合物。诸如此类的自然界与人类社会普遍存在的现象说明质能互补与转化的不完备性。

德国物理学家克劳修斯在研究热动力学时发现热能转化的不完备性，并得出这样的结论：不可能从单一热源吸取热量使之完全变成有用的功而不发生其他影响，亦即将热能转化为有用功的过程中有废热排出，热能的利用率小于100%。这一原理被称为热力学第二定律，它的发现对于热机原理、内燃机的普及应用以及熵概念的提出具有决定性的意义。然而，质能转换的这种不完备性并非只局限于热力学领域，一切物质与能量的互补运动过程都存在这种不完备性。

在一个完整的互补过程中，热能转换或吸收的不完备性以若干转化或吸收的层次表现出来。不仅吸收转化的完整过程质能的利用率不可能达到100%，而且转化吸收的每一步、每一层次都小于100%。如汽油的利用，在原油开采阶段，不可能将油田贮存的石油100%开采出来，总有一部分石油留在油岩之中无法被人类采出；在原油的加工过程中，不可能将原油中的汽油成分100%提炼出来，总有一部分汽油留在煤油、柴油或者沥青当中；在汽油的燃烧层次，不可能将其完全燃烧殆尽转变成为热量，总有一部分变成废气散发出去；在热量的利用过程，不可能将其100%转化为动能去推动机械运动，总有一部分作为余热排放出去；推动机械运动的动能不可能完全变成有用功，总有一部分在克服机械摩擦中转化为耗散性质的热能。整个过程层次相继，耗散伴随着过程的每一步，最终，可供利用的能量逐渐消耗殆尽。过程也趋于完结。正像阻尼运动一样，随着能量的周期性耗散，振幅在不断减小，最后与水平方向的x轴重合。

质能转化与吸收过程中耗散的物质与能量并非一无是处，它们的存在是质能转化与吸收得以实现的必要条件，至少为质能有效利用提供了环境保障，造成了一种吸收势或转化势。如作物灌溉，用水量往往是作物实际吸收的好多倍。正是因为多余水量的存在，土壤有了一定的湿度，保证了水分以足够的渗透力进入植物根系。如果没有这些多余的水分，根系的吸收便缺少足够的外部压力，正常的吸收就无法完成。可见，耗散的质能是实现互补目标的必要代价。奋斗必然有牺牲，互补必然要耗散。没有耗散与牺牲，便没有质能的转化与吸收，从而也就没有互补过程的完成。

质能的耗散不仅为互补的实现创造了条件，而且为互补过程的不可逆奠定了基础。由于互补过程质能利用率永远小于100%，由于质能耗散无所不在，世界上一切物质运动包括质能的吸收与转化都是不可逆的，完全可逆的物质运动仅仅存在于人类的理想之中。如钟摆的运动，每半个周期都好像前半个周期的可逆运动，但因为能量的耗散，其本质是完全不同的，亦即后半个周期是前半周期的继续发展，而绝不是它的逆向回归。假若没有能量的耗散，则后半周期便是前半周期的完全回归与重复，可逆过程便可以发生。可见功能的耗散像一把铁锁，控制了质能互补过程的逆向发展，控制了未来向现在、现在向过去的倒退与回归。

质能的转化与吸收不可能完全可逆，但根据转化与吸收过程中质能耗散比例的大小，可以逼近或者远离理想中的可逆运动。互补过程中质能的耗散性越大，可逆性越小；耗散性越小，可逆性越大。质能的耗散性与过程的可逆性成反比。如在物体由静止到运动的过程中，补入的能量形成第一推动力使物体运动起来。物体运动的摩擦消耗越小，运动越接近于匀速直线运动；摩擦消耗越大，越容易使运动停止下来；假若摩擦为零，物体便在一次能量补入之后，沿着直线轨道永远均速地运动下去。而这种运动从理论上讲是一种纯粹的可逆运动。相反，在质能损耗达到100%时，过程便无任何可逆性可言。时光对于世间一切都表现为100%的损耗，时间过去了，便100%的损耗掉，没有任何剩余的东西被吸收、转化或留存下来，所以，时间是绝对不可逆的。逝者如斯，不舍昼夜，时间永远沿着其前进的方向从过去到现在，从现在到未来，绝不会倒转回归，绝不会逆向退回来。当然，物质运动的速度大于光速时，时间将逆向流转，可逆过程随之发生。然而，光速是宇宙间物质运动速度的极限，超越光速的物质运动不可能存在，至少目前还没有被发现，所以，时间永远是不可逆的。

质能互补不完备性的存在并不是因为互补诸元的吸收、转化功能不健全，也不是因为互补的途径存在障碍。任何吸收转化功能健全的互补元，任何通达顺利的互补过程，都不会使质能的吸收和利用率达到100%，这是物质运动的本质属性。是时间指向与事物发展不可逆性的主要表现形式。由此透视出的不仅仅是质能吸收和转化过程的不完备性，而且是现实世界物质运动本身的不完备性，揭示了世界的不圆满本质。

现实世界是不完备的，互补过程包括和谐的互补过程也是不完备的。完备是理想的美，而不完备才是现实的美。100%的质能转换在现实世界并不存在，理想化的完美仅仅存在于人类的理想之中。西方美神维纳斯因为不完美，所以才是现实中的完美的象征。中国古典神话中很早就有"四极废，九州裂，天不兼覆，地不周载"的记载，于是才有女娲炼石补天的美丽传说。

令人肃然起敬的是，人类明知完美是一种理想，但却为理想而孜孜以求，甚至不惜付出巨大的牺牲。这正是人类的可贵之处，也是人类的聪明之处。求之为十，得之八九；求之完美，得之适当。假若求之八九，则得之五六；求之合适，则得之缺憾。理想是现实的总和，又是现实的极限；是追求的目标，又是追求的尺度。现实世界没有理想，又需要理想；现实世界需要追求，又不能奢望追求。不完备的人类与这个不完备的世界如此和谐共处，因而生生不息。

第六章

时空互补

时间和空间是物质存在与运动变化的基本载体和基本方式。是宇宙万物发展变化的基本条件和首要因素。没有任何物质的存在和发展不处在时空之中，没有任何事物的运动变化可以游离于时空之外。事物诸元的互补也无例外在时空当中进行。离开时间和空间，诸元的互补是不可思议的。

五彩缤纷的世界万物在时空当中互补整合，演绎出一幕幕壮阔绚丽的活剧。作为宇宙基本存在方式的时间与空间，不仅为这一幕幕活剧的演出提供了基本条件，而且它们自身也在互补整合。事物运动各个阶段的时间与时间在互补、空间与空间在互补、时间与空间在互补，时空分别与运动事物互补，从而构成了色彩斑斓的大千世界。

第一节　时间空间

时间是宇宙存在与运动的过程，是关于过去、现在、未来的度量标志。宇宙万物存在与运动的持续性、次序性、连续性通过时间表征。没有任何物质的存在与运动不占据一定的时间。瞬时的超距作用是不存在的。

人类对时间的度量是参照地球的运转或物质内部原子运动的某种周期性进行的，并以年、月、日、时、分、秒等作为度量单位。现已测得，宇宙的年龄约为150亿年，太阳系已经存在40亿—50亿年，共振态粒子的寿命为

10^{-23} 秒。

时间是客观存在的，不以人的意志为转移，也不以物的存在方式为转移。它伴随着物的存在与运动而存在，却相对于任何给定的物质独立地存在，不以此物之亲而集聚，不以他物之疏而离散。对于宇宙的万事万物，时间都存在于其间，同时又超乎其外，是最公正无私的伟大存在。

在整个宇宙空间，时间以一维的方式存在。通常情况下，它像一条奔流不息的长河，从过去均匀地流到现在，从现在均匀地流向未来，正所谓"逝者如斯，不舍昼夜"。这种一维性的存在同时又是一种矢量存在。如果以遥远的宇宙大爆炸为时间原点，过去到现在构成了一根指向未来的数轴，数轴上的时间间隔是均匀刻度的。时间沿着这根数轴从亘古流向未来，永不停息，永不回头，永不可逆，从而使已经逝去的永远逝去，已经消亡的不复存在。任何对过去的回溯、复制、模拟，都只是对过去的一种现实表现，谁都无法恢复过去。貌似的恢复或复制，不过是时间数轴上表现过去的一个现在。

时间是无限的存在。如果以宇宙大爆炸作为时间原点，它已经走过了150亿年，并将继续走向未来。然而，大爆炸为原点，逆向追溯时间的过去，仍将是一个无际无涯的无限。大爆炸产生了新的宇宙及宇宙时间，若干亿年之后，宇宙或将继续完成它的爆炸历程，或许开始向物质中心收缩，而时间不会随物质的收缩逆向流向原点，它仍将沿着那亘古不变的数轴无限向前。

时间的无限存在，是由有限的年月日时分秒等组合而成的。有限的时间间隔之所以构成无限的时间长河，是因为宇宙已经延续并将不断延续无数个时间间隔，假若每一个有限的时间间隔可以表征为一个常数，因为这个常数的数量是无限的，其代数和就是无限的。康德曾怀疑这种推理，认为人的理性即可证明世界在时间上是有开端的，也可以证明没有开端，故人类知识的可靠性本身并不可靠，并把这作为怀疑人类知识可靠性的四个"二律背反"之一。恩格斯曾对此提出了批判。

空间是物质存在与运动的场所，是承载宇宙中波澜壮阔的物质运动的广阔舞台。物质的伸张性、广延性在空间得以实现。空间与时间一起，为宇宙万物的运动变化提供了基本条件。

空间是客观存在的，不以人的意志为转移，不随物的变化而变化，不能由任何自然的、人为的力量所创生，也不能被任何自然的、人为的力量所消灭。

人类对空间的认识是一个不断深化的过程。早在公元前300年左右，古希腊数学家欧几里得就将人们日常生活中一些公认的事实列为定义或公理，系统化、理论化为欧几里得几何学，提出欧几里得空间的概念。在欧几里得空间的一个平面上，过直线外一点，只能作一条和这直线不相交（即平行）的直线，由此可推知三角形三内角之和等于180度。这一公理叫平行公理。19世纪30年代，俄国数学家罗巴切夫斯基创立了罗氏几何学，提出了罗巴切夫斯基空间的概念。在罗氏空间，平行公理改为：通过某一点，可以引出两条直线与已知直线平行；三角形三内角之和小于180度。19世纪50年代，德国数学家黎曼又创立了黎曼几何学，提出黎曼空间的概念。在黎曼空间，通过某一点，不能引出一条直线与已知直线平行，三角形三内角之和大于180度。罗氏几何学与黎曼几何学统称非欧几何学，它们所描述的空间分别称为"双曲空间"和"椭圆空间"，分别反映了宇宙空间和非固体物质形态空间的特性。相比之下，欧几里得空间反映的是人类日常生活的空间，是相对狭小范围的空间的物性。

现实的空间是三维的，以x、y、z三个坐标轴区别前后、左右、上下。数学上存在一维空间、二维空间乃至多维空间，是三维空间的简化和扩展。一个物质系统的运动状态在物理学上常常要用n个变量来描述，它们构成一个n维空间，其中的一个点代表这个系统某一物质的运动状态，即一个特定的相，这种空间叫"相空间"。

空间的存在是唯一的。无论三维还是n维空间，此在（x、y、z……）绝不会同时又是同一坐标系中的彼在（x_1、y_1、z_1……），亦即在整个宇宙空间，此地仅此而已，绝不会同时又存在第二个、第n个此地，彼地亦然。存在于空间的物质及其运动可以叠加，但此空间与彼空间不相叠加。如通过给定空间的两束光线可以干涉、叠加，两个电磁场也可以叠加，但这一空间的体积、形态及其空间特性是不变的，也不与其他空间的体积、形态及特性叠加。这一给定的空间是独立存在的，不受其他空间存在的影响，也不受其中的物质存在方式及运动形态的影响。当然，此空间与彼空间相互联系。无数给定空间相互联系，构成了我们现实的宇宙及宇宙之外的宇宙。空间在观念上处于独立地位，但现实的任何空间都为物质所占有，即使所谓的真空，也有物质存在，只不过物质密度较小而已。不存在非物质的空间，也没有不在空间的物质。所以，给定空间不仅与其他空间相互联系，而且与物质的存在密不可分。

空间是无限的。广袤宇宙无论哪个方位都不存在边界。假若宇宙有边界，那么边界的外面又是什么呢？古代中国人曾提出天圆地方说，认为"苍天如圆盖，陆地似棋局"，无论"圆盖"还是"棋局"都是有限的。红楼梦中有关"天尽头，何处有香丘"的诘问，也渗透着人们根深蒂固的空间有限观念。西方中世纪的宗教神学主张地球中心说，也是把空间限制在上帝管辖的有限范围内。阿拉克西曼德、德谟克利特、伊壁鸠鲁和卢克莱修则是空间无限论的倡导者，他们的观点获得了近代和现代科学强有力的支持。随着科学的发展，人们对现实宇宙的尺度的认识不断扩大。20世纪20年代，人们所观察到的宇宙直径为20万光年。此后，由于测量仪器的发展，人类的视野一下扩大到几亿光年。第二次世界大战后，又测量宇宙尺度为50亿光年，以后又达到100亿光年。60年代以来，由于射电天文学的发展，发现了类星体，其光谱红移量很大，根据哈勃定理，人类的视野又扩大到200亿光年以外。人类所认识的宇宙的尺度不断扩大，为空间的无限性提供了有力的证据。

空间是各向同性的。任何方位的给定空间都和其他空间性质相同。人们通常感觉到的现实空间似乎是各向异性的，如视察者处在某一给定坐标上，他可能看到前边是大河，后边是高山，左边是村庄，右边是旷野，各个方位完全不一样。但事实上，这种异同是存在于空间的物质分布的异同，而容纳不同状态分布物质的空间则是各向同性的。如果空间各向异性，则一切客观规律在不同的方位上就必须有一种特殊的表达方式，这显然是荒谬的。

宇宙是无限的，因而时间的存在是永恒的，空间的存在是无限的。时空都是永恒、无限的存在，只承认其中之一的无限性，必然会得出宇宙有限的结论。随着科学的发展，人类的空间视野在不断扩大，由此而产生的对宇宙年龄的认识也在不断深化，人类所认识到的宇宙的历史因此而不断延长。这说明，时空的无限性是同时成立的，这既是客观世界的真相，也是逻辑的必然。

第二节　绝对时空与相对时空

时空属于宇宙。相对于无限的宇宙，时空是无限的。无限的宇宙具有客观性、唯一性、无限性。宇宙中存在物质，存在生命，存在具有语言能力、思维能力和高度智慧的人类。一切的物质、生命和人类存在于宇宙中特定的时空当中。因而相对于具体物质、具体运动和具体人的时间和空间都是有限的，成为具体物质限定的时空，或随参照系而变化，或随着人的意志而变化。可见，时空的绝对性与相对性是相对于不同参考系而言的。

或者说，相对于浩瀚宇宙，时空是无限的；相对于给定的参照物，时空是有限的。

绝对时间，如上节所述，是无限的、唯一的客观存在，它均匀地从远古流到现在，从现在流向未来，不以人的意志和物的存在与运动为转移。绝对空间是无限的、静止的、唯一的客观存在，广袤无垠，不以人的意志与物的存在与运动变化为转移。物质是绝对空间中的住客或过客，它常驻也罢，离开也罢，绝对空间自身是不受其影响的；绝对时间在宇宙中均匀地流逝，无论宇宙、太空、地球、人类发生什么事或者不发生什么事，它都均匀地流逝，丝毫不会受到影响。

相对空间与相对时间，没有绝对时空那样逍遥自在，它不敢无视物质的存在，也不敢无视物质的运动，它是物质存在与运动的奴隶，受物质存在与运动的影响，随物质的存在运动而变化。如一辆奔驰的轿车，由车厢所包裹的驾驶室和乘客室随轿车的奔驰而奔驰，随轿车的停止而停止，它不会绝对静止地存在，也不会无节制地运动下去。同时，受车厢的限制，它也不是无限的，只能成为被车厢包裹的有限空间。此外，时间和空间的测量，都要依赖于物质的存在，都要基于某一给定的参照系。如空间用米来量度，也有用丈、尺、寸量度的。时间用秒来量度，也有用年、月、日来量度的。而且，测量的工具也不尽相同，皮尺、直尺、机械钟、电子表，形形色色，应有尽有。随着科学的发展，量度空间和时间的参照物本身也在变化，公制长度单位原是以巴黎子午线全长的四千万分之一作为一米的。1960年第十一届国际计量大会规定一米等于氪-86在真空中（在 $^2P_{10}$ 和 $^5D_5$ 二能级之间跃迁时）所发射的橙色光波波长的1650763.73倍。1983年第十七届国际计量大会规定，米等于光在真空中1/299792458秒的时间间隔内所经路径的长度。时间的度量以秒为单位。在国际单位制中规定，秒是铯-133原子基态的两个超精细能级间跃迁所对应辐射的9192631770个周期的持续时间。空间时间的度量单位、度量工具选择不同，很可能得出不同的度量结论。所以，相对时空都受物质的存在与运动方式影响。

绝对时空反映了宇宙的本质，而相对时空仅仅是物质存在的一种表象。如奔驰的车厢所包裹的空间从表象看是与车子一起运动的，但实际上，真正的空间并没有走，车子所包裹的空间是绝对空间的不断更替变换。时空测量中所用的参照物及测量工具不同，往往得出不同的测量结果，但绝对时空仍然客观存在，不因参照物和测量工具的变化而发生变化。

历史上第一个提出相对时空概念的是英国物理学家牛顿。牛顿在建立他的力学大厦的过程中，研究了无数物体的运动问题。其中，运动的度量，依赖于一个给定的参考系。如以大地为参考系观察运动的火车里的电灯，看到电灯是运动的；而以车厢为参考系观察运动的火车里的电灯，则电灯是静止的。这里参考系不同，观察到的物体的空间位置就不同。两个坐标系中时空关系的变换称为"伽利略变换"，即

$$x'=x-vt \quad y'=y \quad z'=z \quad t'=t$$

绝对空间是静止的，仅仅作为物质运动的场所和舞台。而处在运动坐标系中的相对空间则随着坐标系的运动而运动。t'时的运动物体所包容的空间已非t时包容的空间，哪怕这两个空间所充斥的物体没有变化，但空间本身已经移动了。人类生活在地球上，以地球为参考系，我们的房子、树林、田野、戈壁所在的空间都是静止不动的。然而在以太阳为参考系的坐标系中，上述空间在运动；若以银河系或河外星系为参考系，则这些给定的空间便以更为复杂的形式在运动。由此可见，人类现实生活中所面临的空间，其实并无所谓绝对可言，现实的空间，都是相对空间。

在低速运动的参考系里，尽管相对空间在运动，但按照伽利略变换，$x'=x-vt$，可得出$\Delta x'=\Delta x$，空间的间隔始终没有变，地球上的一米完全等于太阳上的一米。相对空间表现了绝对空间的特性。然而在高速运动的坐标系，这种情况就有了质的改变。

20世纪初，物理学的进展打破了牛顿时空观，把相对时空观扩展到更新的领域。相对时间和空间不仅在表象上不同于绝对时间和空间，而且它的某些特性如空间间隔和时间间隔也不再与绝对时间、空间相等。这种变化是从伽利略变换不能适应光速运动开始的。如以20米/秒的速度运动的车厢，其中央被打开的电灯，无论从地上看，还是在车厢的两头看，光波都是以30万公里/秒的速度传播，而并非如伽利略变换所述，向车头方向的光速为30万公里/秒+20米/秒，向车尾方向的光速为30万公里/秒-20米/秒。与此同时，以牛顿时空观为基础的热辐射定律，在紫外光部分明显背离实验所得出的结果，导致了著名的"紫外光灾难"，从而使物理学领域出现了一片

恐慌，物理学家陷入了极度的悲观绝望之中，荷兰物理学家洛伦兹甚至绝望地说："真理已经没有标准了，也不知道科学是什么了！我很悔恨我没有在这些矛盾出现的五年前死去。"在牛顿时空观支撑的物理学大厦行将倾覆之际，爱因斯坦力挽狂澜，提出了相对论时空观。他把时空和物质运动紧密联系起来，把时空自身紧密联系起来，认为空间和时间总是随着物质形状和运动状态的变化而变化的，空间和时间的特性是相对的，不是永恒的，从而揭示它们之间的依赖关系并针对这种关系提出具体的表达式，即著名的洛伦兹变换：

$$\begin{cases} x' = \dfrac{x - vt}{1 - \dfrac{v^2}{c^2}} \\ y' = y \\ z' = z \\ t' = \dfrac{t - \dfrac{v}{c^2}x}{\sqrt{1 - \dfrac{v^2}{c^2}}} \end{cases}$$

其中 x、y、z、t 分别是惯性坐标系 S 下的坐标和时间，x'、y'、z'、t' 分别是惯性坐标系 S' 下的坐标和时间。v 是 S' 坐标系相对于 S 坐标系的运动速度，方向沿 X 轴，c 为光速。从洛伦兹变换可以导出，在运动坐标系中，沿运动方向的空间间隔为

$$L = L_0 \sqrt{1 - \dfrac{v^2}{c^2}}$$

运动物体的时间间隔为

$$t' = t \dfrac{1}{\sqrt{1 - \dfrac{v^2}{c^2}}}$$

可见，由于参考系的变化，同一空间长度，在相对于它静止的坐标系中和相对它运动的坐标系中是不同的。在相对它静止的坐标系中长度最大，而

在相对于它运动的坐标系中，长度变短。时间的快捷意味着空间的压缩，尤其当参考系的运动速度接近光速时这种效果更为明显。同时，发生在某一点的两件事，在与该点相对静止的坐标系内的时间间隔，永远小于相对于该点运动的坐标系内的时间间隔。并且，在静止坐标系中不同地方同时发生的两件事，在与之相对运动的坐标系中并不同时发生。

这些科学的结论深刻地揭示时间和空间的相对性，反映时空运动的相对本质，将科学从经典物理的束缚下解放出来，引起人类时空观上的一场革命。

第三节　客观时空与主观时空

绝对时空的存在是无条件的，不以物的存在与运动方式为转移，也不以人的意志为转移；相对时空的存在是有条件的，受到物的存在与运动方式的影响，有的还受到人的意志的影响。无论绝对时空还是相对时空，凡不受人的意志支配和影响的都属于客观时空，反之属于主观时空。

客观时空又分为绝对客观时空和相对客观时空两大类。绝对客观时空即绝对时空；而相对客观时空是时空与物质互补的时空，受物的存在与运动方式的影响。主观时空既受到物质的存在与运动方式的影响，又以人的意志、感觉、心理状态为转移。主观时空不存在绝对时空，只有相对时空。

以人的意志、意识为转移，受人的意志、意识支配或影响的时空，叫主观时空。简而言之，人们感觉到的时空，都是主观时空。主观时空在同一个人的感觉上是一个统一的整体，但在许多具体情况下，人们有时对主观时间感受深一点，有时对主观空间感受深一些。古语中所谓"洞中方七日，世间已千年"，说的是神仙世界的时间概念与现实世界的时间概念不能等量齐观。剔除其中的神话色彩，主观时间与客观时间不同的现象的确是存在的。在与世隔绝的幽静山洞，木鱼磬钟陪伴之下的青灯古殿，静心修炼的道士僧人们由于心情平静，生活规律，专注于道行学问，往往感觉不到客观时光的流逝。他们感觉到的主观时间与客观存在的时间存在很大差异。他们的昨天与今天差别不大，今天与明天也大体相当，往往感觉仅仅过了几日，实际上人世间已经历了很长的历史时期，或者发生了巨大的历史变化。日常生活中，每个人都有一种最基本的心理体验：忙碌觉日短，愁闷知夜长。忙忙碌碌，生活紧凑而有规律，便感觉光阴如白驹过隙，转瞬即逝。在烦闷、忧愁、寂寞、惆怅的心理状态下，人们会感觉一日三秋，度日如年。在公共汽车站上等候的准备上班的乘客总希望车快些到来，以便按时赶到工作岗位，特别是上班时间即将到来而车尚未到达的情况下，他更加感觉到时光流逝的缓慢。参加高考的考生面对一道熟悉却解不开的数学题，总希望时光慢些流逝以便他能有足够的时间找到正确的解题思路，实际上往往刚找到解题的思路，交卷的铃声已经响起。得知游子回归喜讯的老母亲总希望时光走得再快些，然而漫漫长夜总使她感到时光停止了前进的脚步。相反，一对相爱的恋人久别重逢，总希望时光流逝得慢一点。然而，他们感觉到的时光流逝速度总是那样快，以至于许多夜话还来不及倾诉，分别的时刻已经到来。时光正是这样成为人类心理期望的大敌，总是在人们希望它放慢脚步的时候匆匆走过，而在希望它加快步伐的时候却姗姗来迟。千百年来，客观时间总是沿着过去、现在、未来这条直线均匀地流逝。由于人类意志的作用，主观时间总像一只蹦蹦跳跳的小兔子，时快时慢，波动流逝。从而使主观时间的流动脱离了匀速直线运动轨道成为变速运动，引发人类对时间运动速率的感受，产生时间速率的概念。

主观时间不仅与人的心理状态有关，而且与人的生理状态有关。小孩和成年人对时间流逝的感觉是不同的。小孩常常感到一年与一年之间的时间间隔非常漫长，好像总也等不到过年，自己好像总也长不大。等到成年以后，往往感到转眼就是一年，新年来得如此之快，甚至有些猝不及防。在人们老年的回忆里，同样感觉童年时代很长，似乎占了人生岁月很大的比例。由于生理状态的差异，大人和小孩的主观时间不同，男人和女人的主观时间也不同，严格说来，不同的人，不可能有相同的主观时间。

通常情况下，描述均匀流逝的客观时间的速率是比照地球自转、公转、时钟的动转等匀速运动的客观事物的运动状态进行的。如地球每24小时自转一周，时间的流逝速率即为1周/日，钟表的秒针每小时转60周、每小时走动3600下，以此比照时间的流逝速率即为1响/秒。由于客观时间的流逝速率是均匀的，所以1响/秒、1周/日便是一个亘古不变的常数。然而，主观时间随人的生理、心理变化而变化，与人对时间快慢的期望成反比，时间速率在不同人的主观感觉上并不是一个常数。当人的情绪平静时，主观时间速率等于客观时间速率，人对时间的心理感受与时间的客观流速相一致；当人欢乐、惬意、兴奋或神情专注于某一事物或日复一日从事某种循环往复的工作时，主观时间速率大于客观时间速率，人们感受到的时间流速比客观时间流速要大，做同一件事情感觉到的时间比实际消耗时间要短；当人们处在焦急、忧虑、烦闷、痛苦之中时，主观时间速率小于客观时间速率，人们感受到的时间流速比实际时间流速要小，做同一件事情感觉到的时间比实际消耗时间要长。

主观相对空间也是现实存在的，会随着人的生理、心理的变化而变化，会因为人们在观察中所选参照物的不同而不同。如人在童年时代感觉到的空间尺度比成年时感觉到的要大。小孩往往感觉学校的操场是那样的广阔，家乡的山峰是那样的高峻，去县城的路途是那样的遥远，父亲的身材是那样的魁梧高大，到了成年以后，周围的一切都显得比童年窄小、低矮——学校的操场原来就"巴掌"大一点点，家乡的山峰也不过是个小山包，去县城甚至省城一会儿工夫就到了，父亲的身材显得越来越矮小甚至还没有自己高大。人在生病发高烧时，生理、心理的相应变化也可以改变人对时间的感受，有时人会感到天旋地转，甚至房子和桌子似乎都在晃动。这些现象都是人在生理、心理发生变化的情况下真实存在的感觉。另外，环境不同或参照系不同，人们对空间的感觉也不一样。如身穿竖条衣服的人在他人的眼里显得苗条，穿横条衣服的人显得宽胖。深色墙壁的房间显得狭小，暖色墙壁房间显得宽敞。身高相同的一对夫妇，女人看起来比男人略高一些。长期居住在城市的居民从辽阔的大草原旅行归来，会感觉过去不那么拥挤的城市突然变得拥挤而压抑，飞机上的乘客会感觉地面上原本高大的建筑物非常低矮渺小，宇航员甚至感觉原本庞大的地球也不过是宇宙空间一个小小的蔚蓝色球体。

心理变化也会引起人对空间感觉的变化。同一段路程，第一次走过时往往感觉很长，走多走熟以后，就感觉不是那么遥远。长期居住在窄小房间的居民搬入比较宽敞的新居，比居住在宽敞房间的居民搬进同样的新居更容易在空间上得到满足。在交通高度发达的今天，人们旅行的速度越来越快，感觉到的空间越来越小，以至于在古代终生都不可能走一圈的地球，现在乘飞机只要几十个小时，乘宇宙飞船只要几十分钟就能走一圈。过去人们感觉地球的一边和另一边被无边无际的大海和高山河流阻隔，相距非常遥远，现在人们称地球为"地球村"，有朝一日，广袤宇宙也可能变为"宇宙村"。速度改变了人的主观空间观念。主观空间随着人们所处环境的变化，随着人们生理、心理的变化将越来越成为人们日常生活中实实在在感觉到的空间。

第四节　时空互补

时间和空间是宇宙结构的基本元素。从持续性的方位看，宇宙是无始无终、均匀流逝的时间；从广延性的方位看，宇宙是无边无际、客观存在的空间。宇宙的时间特性叫时相，其空间特性叫空相。时相与空相相互独立，时相不包含空相，空相也不包含时相；不能从时相中推导、演绎出空相，也不能从空相推导、演绎出时相。宇宙时相和空相分别按照自己的固有规律运动、发展变化，旁若无人，我行我素。

宇宙时相与空相是联系互补的。这种互补关系可分为绝对时空互补和相对时空互补两种类型。绝对时空互补是指，时相与空相共存于宇宙，以其固有的特性共同塑造宇宙、展示宇宙，离开其中任何一相的宇宙都是荒诞而不可想象的。

宇宙是时空的，同时又是物质的，超越物质的宇宙是不存在的，超越物质的时空也是不存在的。现实的时空变化总是与物质运动联系在一起。与物质运动联系在一起的时空互补是相对时空互补，只有这类时空互补能为人类真实感知和认识。

宇宙既是时空运动变化的天地，更是物质和生命活动的舞台。物质与生命存在于时空当中，同时又是时空运动、变化的主体。现实存在的相对时空互补其实是宇宙中时间、空间、物质、生命的互补整合。正是因为时、空、心、物的多元互补，造就了万事万物的运动变化，构成了丰富多彩的世界。

时空互补，离不开时、空、心、物的多元参与。但对于具体事物而言，时、空、心、物在互补整合中的角色作用不尽相同，从而形成了时、空、心、物诸元相互整合的多种互补形式，产生了多种类型的时空互补，主要有历程性互补、历时性互补、空间结构互补、时空心物互补。

一、历程性时空物互补

历程性时空物互补即以事物运动过程中空间状态的变化为主要表现形式的时空物互补。在这类互补中，事物的空间状态是表现主体，时间和空间为事物运动提供了条件，事物运动的空间状态通过与之相关的时间变量和其他变量来描述。

如宏观物体匀变速直线运动过程便是其中的典型例证。这种运动中时空变量之间的关系用公式表示如下：

$$s=vt \qquad (1)$$
$$v_t=v_0+at \qquad (2)$$
$$s=v_0t+1/2at^2 \qquad (3)$$
$$v_t^2-v_0^2=2as \qquad (4)$$

其中 s 表示物体运动的距离，t 表示时间，v 为速度，v_t 为末速度，v_0 为初速度，a 为加速度。物体运动的状态、速度的快慢、所处的空间位置等，都作为时间的函数反映出来。空间位置的累积互补，不断改变着物体的运动状态；物体运动每一种状态都是空间累积互补的结果。同时，时间与空间紧密联系、互补整合。物体的空间位置随时间的变化而变化，物体运动时间随空间位置的变化而变化。当速度 v 保持为常数时，物体运动持续时间越长，则运动的空间距离越大，反之亦然。物体在每一个瞬间的运动状态 v_t 是其初始状态 v_0 和加速度 a 以及时间 t 互补的结果。可见，原本独立存在的时相与空相，在物体运动中以运动元的身份紧密地联系在一起，实现了时空物的互补整合。

时空历程性互补现象在自然界和人类社会广泛存在。如在龟兔赛跑故事里，乌龟运动速度较慢，坚持以时间换空间的战术原则，一点一滴进行空间积累，使得一定时间内空间的积累达到最大化，最终战胜了自恃运动快速敏捷，却因丧失时间导致丧失空间的兔子。乌龟胜利了，兔子成了失败者。在20世纪30年代的中国人民抗日战争中，毛泽东深刻分析了当时国际国内形势和中日双方的优势和劣势，撰写了《论持久战》这部不朽著作，国民党将领白崇禧把这本书的精神实质概括为"积小胜成大胜，以时间换空间"。中国人民按照毛泽东确定的持久战原则，与日本鬼子巧妙周旋，不断打击敌人，消耗敌人，发展抗日根据地，壮大抗日力量，积小胜成大胜，将战略上的劣势变为优势，换取了大片沦陷区空间的解放，最终打败日本侵略者，赢得抗日战争的胜利。

日常生活中，时空历程性互补不仅表现为空间状态的变化、空间位置的变化、时间转化为空间，而且经常表现为空间转化为时间。如各国领导人日理万机，总是选择最快捷的交通工具如飞机穿梭于国内国外，以提高出行速度的方式达到扩大空间活动范围、同时节省时间的目的。事实上，任何以提高效率为标志的做法，客观上都将增强主体的空间自由度，同时缩短时间的无谓损耗。

由此可见，在客观事物的运动中，空间上的不足可以通过空间来弥补，也可以通过时间来弥补；时间上的不足可以通过时间来弥补，也可以通过空间来补充；空间在一定情况下可以转化为时间，时间在一定情况下也可以转化为空间。

二、历时性时空物互补

历时性时空物互补即以事物运动过程中时间的变化为主要表现形式的时空物互补。在这类互补中，事物运动的时间状态是显性主体，时间的变化是引起事物运动变化的主要原因，一定空间范围内时间与运动物质的互补形成了无数新的事物和新的变化。

比如一个化学反应，必须经历一定的时间才能完成，时间不足，则反应无法达成最后的效果。换句话说，化学反应是在反应物质与时间互补的基础上完成的，时间是反应得以进行的基本要素。生物运动变化亦是如此，母鸡孵小鸡必须辛劳21天，差一天也不能完成孵化工作。人类十月怀胎也不能少了时间，否则，便是早产、流产或者要用温箱等后天方法给予补偿。头发由黑变白，物体由新变旧，都是时间与物质互补的结果，是时间积累的产物。在这里，变化本质上是物质微观变化的积累，物质的每一点变化都消耗一定的时间，当时间消耗积累到一定量的时候，变化便产生质的飞跃，从而物质的运动过程，便表现为时间的积累与互补的过程。

当然，特殊情况下的物质运动过程并不合常规情况下的物质运动过程的时间积累等量，它可能大于或小于常规情况下的时间互补积累。如存在催化剂情况下的化学反应比常规情况下的化学反应节约时间，有的反应在加热情况下速度会加快，用高压锅煮饭比普通锅节省时间等。但不管怎样，物质运动过程中微观的变化必须积累到一定的程度，同时间的量的变化必须积累到一定的程度，物质运动质的飞跃才能实现。在这里，时间的积累互补与物质的量变积累相等价，质变的实现就表现为时间积累的实现。

三、空间结构互补

空间结构互补是以事物运动过程中诸元空间位置的态势和功能为主要表现形式的时空物互补。一定时间内的事物诸元的位置分布直接影响诸元的性质和整体的功能。军事上运兵布阵直接关系到战争的胜负；棋局中车、马、炮的位置直接关系到对弈的输赢；日月星辰在宇宙空间所处的位置，直接关系到星体的性质和构成；植物的株距与行距，直接关系到作物的产量和质量；住宅在环境中的位置，直接关系到人们的生活质量乃至生死存亡；八卦的不同组合，即阴爻和阳爻的位置分布代表着不同事物的性质及运动规律。客观事物的空间结构，关系到整体的功能和事物诸元的性能与命运。

事物诸元相互之间的空间位置分布之所以决定整体的功能，影响诸元的性质，是因为诸元之间不同的空间位置形成了不同的空间互补关系，甲元所处空间位置增强了乙元或丙元的功能，乙元、丙元所处位置是甲元功能增强的必要条件，整体的功能因诸元位置的分布而得以确定。互补诸元于整体中的单项功能，也非其独立存在时的功能，它已吸纳了他元互补的功能，成为新的意义上的独立元。当然，诸元空间位置分布不当，对每一个独立元乃至整体的功能都会造成衰减性的影响。适当的空间位置分布是诸元以至整体功能强弱的决定性因素。

事物诸元的空间位置互补，本质上是处在不同空间位置上的诸元相互之间的功能互补，不是诸元所处空间的互补。离开诸元的存在，空间仅仅是个空壳而已，谈不上互补关系。

事物诸元相似的空间位置分布，最终可以导致整体产生相似的物理、化学或其他方面的性质。如相似的房屋设计会产生相似的住宅功能。阳面的房子一般做卧室，阴面的房子一般用来做厨房或者贮藏室。元素核外相似的电子分布，会使元素产生相似的化学性质。最外电子层上的电子数少于3的元素，必然表现出金属的性质；大于4小于7的元素，都表现出非金属的性质；等于8的元素，无一例外地表现出惰性元素的性质。日常生活中，长相、个头、体态相似的人，其思维方式、行为方式、起居习惯甚至走路的姿态、说话时发音的频率和强度等，都有相似的表现。孪生兄弟、姐妹在这方面的表现更是惊人地相似。

事物诸元的位置分布指的是一定时间内的位置分布，离开具体时间的位置分布是没有意义的。比如战争中某种阵法必须在一定的时间恰当运用，错过了最佳时间，就错过了战机，无论怎样好的空间布阵也是无法打胜仗的。兵力部署必须在某个确定的时间使部队处在相应的位置，这样阻击敌人或者进攻敌人才恰当其时、恰当其位。否则，围歼敌人时敌人已经逃出了包围圈，这时到达的阻击部队位置再好、战斗力再强也是没有意义的。战略上给定时间不需要进攻而进攻并取得一时胜利的部署，常常是一种极其失败的举动。棋局对弈中，此时处在某个位置的车、马、炮，可能置对手于死地，过了这个最佳时机所处位置不仅不能置对手于死地，而且可能危及自身。正所谓此一时也，彼一时也。在这里，恰当的时间与空间位置的互补是事物功能和事物自身性质的决定性因素。

微观粒子的空间位置互补，遵从量子力学规律。特定的粒子只有按照一定的相互作用规律、处在一定的空间位置，才具有相对稳定的性质，才能相对独立地存在，否则是极不稳定的，瞬间就会与其他基本粒子结合，成为另外的基本粒子。已知的基本粒子可分为三类。第一类：纯单个粒子、中微子、电子、大统一粒子、夸克；第二类：由两个基本粒子合成的粒子，如π介子，W、Z玻色子；第三类：由三个基本粒子合成的粒子，如中子、质子及其他强子。第一类粒子中的大统一粒子不能以游离态存在，它们必须两个并存，构成π介子和W玻色子。夸克也不能单独存在，它们必须三个并存，构成质子、中子等强子。可见，空间结构互补决定基本粒子的性质和存在方式。

微观粒子的空间结构分布遵从一定的规律，不能随机性地存在，如电子层严格遵守的排列规律为：每层最多容纳电子数为$2n^2$个（n代表电子层数），即第一层不超过2个，第二层不超过8个，第三层不超过18个；最外层电子数不超过8个（只有1个电子层时，最多可容纳2个电子）。

物质的空间结构互补，不仅取决于物质元所处的位置，而且取决于物质元相互之间的作用力。物质元之间的相互作用力不同，其互补所产生的整体功能也不一样。如星球之间的基本作用力为万有引力，引力使各类星体按照一定的规律分布在宇宙空间。分子之间的相互作用力是化学力（本质上是电磁力），化学反应实质上就是在化学力的作用下原子最外层电子运动状态的改变和原子能级发生变化的结果。核子之间的相互作用力是强相互作用、弱相互作用、电磁力和引力，但以强相互作用为主导。核子在这种相互作用下产生不同的结构，在一定的条件下甚至释放出巨大的核能。

四、时空心物的四元互补

人的思维是宇宙最美丽的花朵。当时空互补纳入了人的思维因素，互补便展开了一片崭新的天地，互补世界也因此变得更加丰富多彩。

时空心物的四元互补，是时空物作用于人和人的意识，人和人的意识作用于时空物的互补形式。这种互补以人对时空物的感觉体验以及人和人的意志作用下时空物的运动变化为表象，是时空物作用于人和人的意识以及人和人的意识作用于时空物的过程和结果。

（一）时空物在人的大脑中的反映，主体对时空物的感觉

时空物都是客观存在的。人们所看到、听到、闻到、尝到、感觉到甚至意会到的时空物是客观时空物在人的头脑中的反映，是人对客观时间以及时间流速、客观空间以及空间广延度和存在于时空中的事物的一种感觉和体验。它可能接近客观真实，但不是完全的真实存在的时空物，仅仅是具体的个人在一定条件下感觉到、体验到的主观时空物。主观时空物之所以不是客观真实，首先因为它是客观事物在人的头脑中的反映，是被人感觉到的东西。人在感觉到客观时空物的时候，无形中已经充当了感觉、提取、摄取客观真实的媒介，而世界上没有一种媒介包括人的感觉是百分之百精确的。所以，经过人的感觉这种媒介过滤的客观真实就不是本来意义上的客观真实，而是客观真实在人的大脑中的一种影像、反映或者摹写。其次，由于人的个

性差异，在通常情况下，不同的人对客观时空物的感觉和体验是不同的，同一个人站在不同的参考点也只会观察到同一客观时空物不同的相。而且，客观事物的本来面目往往并不是完全彻底地、百分之百地显现在人们面前，许多客观事物的真实性常常被层层叠叠的假象所包裹，这就给人的正确认识带来了进一步的困难，使人的感觉、体验与客观真实总会有一定的距离。

人所感觉、体验到的主观时空物，还受到环境和心理因素的影响。雾里看花看不到真实的花，门缝中看人会把人看扁，醉眼蒙眬看世界一切都在摇晃，若让色盲的人做手术，必然辨不清血管和肌肉的颜色。当人的意志欲求时间流速加快或空间广延度增加时，往往感觉到的时光流速反而较慢、空间的广度反而较小。而且，意志欲求越强烈，感觉到的主观时空与意志欲求距离越远。可见意志欲求与主观感觉成反比。这一规律叫作主观时空物的心理反效应。

时空物反映在人的大脑中，人的大脑要对时空物进行分析综合，时空心物的四元互补便进入了思维的阶段，互补的场所也由人的外部世界转移到人的内心世界。关于这个问题，在后面的章节里还要讨论。

人们看到、感觉到的世界不是百分之百真实的世界。人对世界的认识只能一步一步接近客观真实。因而客观真实便是人的认识的极限，也是人的认识的理想。正是这种理想鼓舞人们不断地探索和追求。

（二）主观时空对人的心理、生理的影响

人们通过时空心物的四元互补感觉世界、认识世界。同时，时空心物的四元互补也会对人造成影响，在人的身上打下烙印。

时空心物四元互补在人的身上打下烙印的表现形式之一就是人的衰老程度亦即人的年龄表象。人们之所以能够从面貌上区分儿童、少年、青年、中年和老年人，就是因为时空心物的互补结果在人的身上打下印记，正像时光流逝在树木身上留下年轮痕迹一样。现实生活中，人从童年到老年，人体细胞、组织器官经历了一个生长、发育和衰老的过程。正常情况下，人体细胞、组织和器官的生长和衰老程度与客观时光的流逝速度是一致的，人的年龄和外在表象反映了他实际经历的客观时间过程。但人生如同江河流水，河床宽阔时，水流平缓；河床狭窄时，水流湍急；遇到悬崖峭壁，则河水飞溅，浪涛激荡。人体细胞、组织和器官的生长和衰老过程也必然受到人生曲折经历的影响。人的表象年龄就成为主观时空主要是主观时间在人身上的反映，而不是客观时间的反映。大脑细胞和人体组织、器官感觉到的过程就是这些细胞组织和器官已经经历的过程；而细胞、组织和器官所经历的过程的外在表象就是其衰老程度，就是人的年龄表象。欢乐、愉悦、惬意时，人感觉到的主观时间相对较短，大脑细胞和身体的其他细胞、组织和器官体验到的时间经历相对较短，细胞生命进程减慢，细胞寿命相对延长，人的面貌就显得年轻。相反，烦闷、忧愁、惆怅、焦虑时，人感觉到的主观时间相对较长，大脑细胞和身体的其他细胞、组织和器官体验到的时间也相对较长，细胞生命进程加快，细胞寿命相对缩短，人的面貌就显得苍老。当人处在平静之中时，人感觉到的主观时间等于客观时间，大脑细胞和身体的组织器官体验到的时间等于客观时间，细胞生命的实际进程与客观进程相当，细胞寿命既不延长也不缩短，人的面貌就与其实际年龄表象相一致。

正因为这个原因，人的细胞生理年龄不完全反映人的客观时空经历，而是真实而确切地反映了人的主观时空经历。性格开朗、处事达观、心情保持舒畅的人一般看起来比较年轻，他的细胞生理年龄等于甚至小于实际年龄。多愁善感、忧郁烦闷、焦躁性急的人看起来比较苍老，其细胞生理年龄大于其实际年龄。所以，人体细胞生理年龄既反映人的客观经历，更反映人的主观时间经历。主观时间经历了多少个日月，人体细胞的生理年龄大体就是多少岁。人体细胞的生理年龄还与人体营养状况，体力劳动、脑力劳动强度等都有着密切的关系。诸如此类的因素共同构成了人的生存环境，形成人的主观空间，影响人的生理年龄，最终在人体细胞、组织和器官上留下不可磨灭的印记。

人类具有趋利避害、趋乐避苦的本能。人生总是本能地追求愉悦而避免痛苦，追求幸福而避免苦难。然而，当愉悦刺激无法得到而痛苦刺激无法避免时，意志作为生命的中坚发挥着独特的作用。在人们希望痛苦尽快过去，希望幸福尽快降临，企盼客观时间尽快流逝时，由于心理作用的反效应痛苦反而变得更长，幸福反而更加遥远，时光流逝得更加缓慢。在这种情况下，意志便通过降低心理期望值而使主观时间趋于客观时间，使主观期望带来的漫漫长夜有了尽头。佛家参禅、道家修行、气功师进入功态便是以意志控制心理活动，进而控制主观时间的有效实践。平心静气、淡泊宁静便是意志作用和意志修炼的结果。此外，意志不仅足以控制期望值，而且可以增强承受力。当痛苦与企盼造成主观时间增长时，细胞随主观时间流速加快而加速衰老。极限情况下，坚强的意志可以发掘细胞的生命潜能，增强人体的承受能力，使漫漫长夜得以度过，使曙光照亮生命的航程。

面对痛苦刺激，人们也常常采用两种非意志方式缩短主观时间：一种是积极地寻求其他类型的愉悦刺激，如唱歌、跳舞、读书、聊天、下棋、健身、旅游、体育活动，等等，以此改变生存小环境和心理环境，跳出原来的生活状态，缩短主观时间；一种是消极的愉悦刺激或麻醉刺激，如赌、毒、淫等，或者借酒浇愁。当然借酒浇愁，不但不能从根本上改变生存环境，缩短主观时间，而且使生存环境变得更加恶劣，使痛苦过程进一步延长，陷入恶性循环之中而不能自拔。

时空心物的四元互补反映在人身上的另一种表现形式是面相。几千年来，术士们通过神秘而复杂的步骤给人看面相，并以此为依据推断凶吉祸福，测算未来之事。其中夹杂了许多迷信的东西，这是不可取的。但人所经历的时空心物四元互补的过程和结果，确实可以反映在面相上。表情是心灵的镜子。每一种心理状态都会以一定的表情反映在人的脸上。岁月的风霜、人情和世情的变故、欢娱和痛苦的经历、成功的喜悦和失败的沮丧、身处的自然环境以及环境的变化，还有先天的种种时空心物互补因素，都会造就人的一定的心理状态。某种心理状态必然会表现为相应的表情，久而久之，这种表情重复得多了，就会凝结在脸上，形成一个人区别于他人而独有的固定的面相。长期心情舒畅、经常微笑的人，可以将微笑的表情慢慢凝结在脸上，眼睛可能眯成一条缝，眼角布满鱼尾纹，面貌多表现为喜相；性格傲慢、自视甚高、盛气凌人的人，嘴角往往向下垂，其表情也会凝结在脸上，面貌多表现为傲相；勤于动脑、经常沉思的人，眉头可能皱起来，久而久之，面貌多表现为思相；颠沛流离、穷困潦倒的人脸上尽是无助和无奈，面貌多表现为穷相；家庭条件比较优越，从小受到良好教育，没干过多少体力活，没受过许多挫折的人脸上充满自信，面貌多表现为福相；一辈子辛勤耕种劳作，每天将日头从东山背到西山的人，脸上刻满日晒雨淋的印痕，面貌多表现为苦相；心地善良、助人为乐、经常为他人着想的人，面貌多表现为善相；待人诚实、说话办事讲信誉、君子一言驷马难追的人，面貌多表现为诚相；时运不济、灾祸连连，家里、身边经常出事的人，面貌多表现为灾相；心地狠毒、杀人越货的人脸上布满杀气，面貌多表现为凶相；胸有壮志、腹有良谋、思路清晰、办事果断、能驾驭复杂局面、领导能力强的人，面貌多表现为霸相；位极人臣、享受高官厚禄的人，面貌多表现为贵相；诡计多端、心地不善，对人对事经常使心机的人，面貌多表现为奸相；喜欢妒忌、见不得别人比自己好的人脸上布满阴云，面貌多表现为妒相；贼眉鼠眼、东张西望、总是留恋别人东西并将手伸向别人财富的人，面貌多表现为贼相；轻佻的人一脸轻浮，散漫的人一脸无所谓……人的经历和心理状态表现出的兴奋、自豪、高兴、满足、自信、忧愁、痛苦、无奈、恐惧、傲慢等表情，久而久之凝固、刻画在人的脸上，形成喜相、福相、善相、思相、诚相、贵相、灾相、穷相、贼相、霸相、奸相、妒相等。

时空心物的四元互补铸造了人的性格、人格和心理特征，而人生的轨道是一条从过去经过现在通向未来的连续的曲线。人的性格、人格和心理特征决定了人现在和未来的为人处事的方式方法。尽管现在和未来具体发生什么人们并不知道，但现在和未来是过去的延续，现在和未来的大体方向可以预料；一个人如何具体处理现在和未来的事情人们并不知道，但他处理事情的方式方法离不开其业已形成的性格、人格和心理特征。于是，代表人的性格、人格和心理特征的面相就成了探知过去、预测未来的依据。这就是面相和相面的全部秘密。

事实上，时空心物的四元互补在人身上打下的烙印，不仅仅表现为人的年龄和衰老程度，或者表现为人的面相，而且可以表现为人的手相，甚至可以表现为人身体的每个部位的身相。也就是说，人身体的每个部位，都可以打上时空心物四元互补的印记。人们不仅可以通过年龄、手相、面相得知一个人的经历、现实情况和未来发展的大致方向，而且可以通过身体的每一个部位、通过身体任意的身相、通过人的肢体语言获得这些方面的信息。军人受过严格的队列训练，走路的姿态总是那样端正有力，人们仅从走路的姿势上就可以断定他是否当过兵。有经验的公安人员可以在熙熙攘攘的人群中一眼认出小偷；有经验的小偷也可以在人群中辨认出公安人员。身相在现代的应用，莫过于现代企业的招聘、部队的征兵、单位招干的过程。这些过程所进行的目测、面试，观察的正是被招聘者的面相、身相、谈吐乃至综合素质。通过目测、面试，考察被招聘者的面相、身相、谈吐等，就能基本把握被考察者的综合素质。

（三）意志对时空物的作用

意志属于思想、志向、精神范畴，是实现预定目的的心理过程。时空物与意志互补，影响意志，使意志对行为发挥调节作用，促使人从事带有目的性的行动，或者制止与预定目的相矛盾的愿望和行动。这已为无数事实所证明。

意志与时空物互补，能否影响时空物？答案是肯定的。如人的思想作用于自身，能够支配自身的行动；人的想法作用于他人，能够影响他人的想法和做法；人的想法变成行动作用于事物，能够影响事物的存在方式和运动方式。但人的意志与时空物互补能否直接对时空物发生影响，是人类一直探讨并期盼做到的事情。古人征服自然的办法不多，对大自然充满敬畏，总是幻想用意志的力量直接征服自然，由意志发出一个信号，直接影响外界时空物，由此产生了各种修炼方式。遇到天灾人祸或者人力无法解决的问题，就企图通过修炼功夫利用意念的力量战胜灾难，逢凶化吉，遇难呈祥，典型的如仗剑作法、口念咒语、巫术等。现代人掌握了改造自然的许多方法，同时也继承了古人许多行为方式。不少人也像古人那样试图通过祈祷、发愿，影响他人或事物的发展。然而当个人意志只存在于自己的内心，并没有被他人或相应的事物接收的时候，根本不会对他人或事物的发展产生任何影响，充其量只能对自己起到某种心理安慰或平衡作用。气功、特异功能、意念搬运以及许多科幻故事，也都是以意志直接影响时空物为基本诉求的。这种试图把自己的意志变为意念力量，并通过意念的力量直接影响别人、影响事物发展进程的做法，为人类长期追求，但成功的案例只存在于传说当中。

意志不能直接对其他精神或物质的东西发生作用，事物的发展也不依人的意志为转移，这是唯物论的基本认知。唯物论进一步认为，意志对自身或他人的精神以及物质运动发生影响，需要一定的媒介或中间环节或沟通渠道。亦即意志与意志之间必须建立沟通渠道，才能相互理解和交流，进而影响他人的思想和行为。如人的意志支配自身的行为，必须通过意志发出指令，通过神经系统传达指令指挥躯体动作，才能达到支配行动的目的。意志对他人思想和行动的作用必须通过他人的意志才能完成，其中间环节是十分复杂的。首先，个人的意志发出指令后，通过自身的神经系统指挥自身的行动，使之变为可以为他人所接收和理解的广义语言，如眼神、脸色、表情、手势、肢体语言或文字、图像、音乐等意志符号；其次，这种广义语言或意志符号通过他人的感知系统为他人接受和理解；再次，他人将接受和理解的广义语言或意志符号分析综合，结合自身情况变为自己的意志；最后，这种意志再发出指令并通过神经系统传递变为思想和行动表现出来。可见，意志对时空物的影响是必然的，但人的感觉的灵敏度没有达到足以直接接收意志信号的程度，意志影响他人思想和行动就必须借助于一定的媒介或中间环节。假如有朝一日人类能够借助高灵敏度的媒介感知来自他人的意志信号，人类一定能实现意志对意志的直接交流。

在人类历史的长河中，人的意志与他人的意志直接交流的故事和传说不绝于耳。现实生活中，这种事情许多人都经历过。比如，心里想着一个人，无意中果然就碰到了这个人，故而有"说曹操曹操就到"的俗语。还有梦中梦到的事情，恰好现实中也发生了，等等。瑞士心理学家荣格将这种现象归纳为"共时性原则"，他称这种现象为"两种或两种以上事件的意味深长的巧合，其中包含着某种并非意外的或然性东西"。他认为这种现象普遍存在，但无因无果，两个事件是一种平行关系，没有因果关联。他也没办法解释其内在机理，于是搬出了中国古人易经占卜的例子，认为易经占卜时，在问者的心态及所得卦爻间，存在某种同时性的符应。占卜者投掷硬币或者区分蓍草时，想定它一定会存在于某一现成的情境当中，卦爻辞便可以呈现他心灵的状态。在这里，荣格将易经占卜时问卦者的心态与解答的卦爻对应起来，说明"心诚则灵"，从而将共时性原则的内在机理归于心灵感应。后来，他又从物质的微观运动甚至量子力学当中寻求答案，但没有得到令人信服的解释。

事实上，世间万事万物中，两个事物具有某种特殊的"共时性"的现象的确是存在的。其存在的机理是人与人、物质、时间、空间之间的时空心物互补。意志作为一种精神产生于人的大脑，意志作用的过程，从微观机理上看，是一个电磁活动过程。电磁过程必然会产生脑电波，而脑电波的存在已经为事实和科学所证实。意志不能直接影响他人的思想和行动，主要是意志所形成的脑电波太过微弱，而一般人的大脑不具备直接接收这种脑电波的功能，所以意志所产生的脑电波不能为他人直接接收。假若科学的发展能创造特殊的方法使人脑能够接收他人发出的脑电波，那么，意志直接影响他人的思想和行为便会成为可能。如果能制造出可以接收人体脑电波的接收器，并将这种接收器有效地安装在物体上，人也可以运用意志所产生的意念力量直接指挥物体的运动。人工智能研究的正是这方面的事情。具有特殊关系的人群如孪生兄弟姐妹或亲人之间存在心灵感应，是因为在这些具有特殊关系的人群之间，存在特殊的脑电波发射与接收方式及管道。佛家打坐、道家坐禅、气功师修炼，集数十年之功，开发的第六感觉，实际是凿开了人类脑电波沟通的渠道。人类今天尚未精确地认识这种特殊事物相互联系的方式与渠道，但各种事件以如此特殊的方式相互联系，人的内心世界与外部世界的活动之间、无形与有形之间、精神世界与物质世界之间这种并非巧合的特殊关系的存在，本身就是人类探究其机理的动力，不远的将来一定会有结论。

幻想是真理的翅膀。人类在远古时期完全不可能做到但可以想象出来的许多东西在当时是幻想，后来都变成了现实。意志与意志之间直接交流、意念直接影响他人的思想和行为、直接影响事物的运动和发展的事情，有朝一日也会变为现实。目前科学界所研究的量子纠缠应用，或许能为意志的直接沟通开辟新的途径。

第五节　轮回——周期性时空物的互补

轮回，原是婆罗门教和佛教教义内容之一，指一切有生命的东西，如不寻求解脱，就会在六道（天、人、阿修罗、地狱、饿鬼、畜生）之中生死相续，永无止息，犹如车轮转动不停。互补轮回，借佛教术语，指事物的运动状态经过一定时间、一定过程以后，会回归或接近回归到原来的初始状态。轮回的实质，是时空物周期性的运动互补。

一切事物的运动都是轮回循环的。辽阔的大草原上，牧人以放牧为生，牛羊肉奶食物变成人的细胞骨骼。人死后化作泥土，为草原所吸收变成草的一分子。草被牛羊吃掉又回归为牛羊的细胞骨骼，完成一番轮回。植树造林，林木吸水，水分蒸发，水汽凝结变成雨雪，又为植物吸收，也完成一个轮回。湖塘养鱼，堤岸植桑，桑叶养蚕，蚕粪喂鱼，又是一个轮回。原子核核外电子的周期运动，机械波、电磁波的波动传播，地球上的四季更替、昼夜转换、月盈月亏、潮涨潮落，动物的周期性迁徙、夜伏昼出或者昼伏夜出，人体生物钟的周期性运转，生命的新生与衰亡，植物的吸氧与造氧，王朝更替，等等，都是事物运动循环往复、轮回变化的具体表现。

事物的周期性轮回，不是孤立的循环往复运动，而是相互联系、相互依赖的。不同层次的周期性轮回构成一条轮回互补链。大的轮回往往包含并决定若干层次的小轮回，一定层次的轮回之上还有更高层次的轮回存在。如昼夜转换是地球自转轮回的低层次轮回，而地球自转是太阳系运转轮回的一个低层次轮回，太阳系的轮回之上有银河系的轮回，银河系以及河外星系的周期运动决定于更高层次的天体周期性轮回，如此上溯，以至无穷。地球的自转，造成了昼夜轮回，地球的公转，造成了四季轮回。四季和昼夜的周期性循环造成草木荣枯、葵花向阳等一系列的轮回运动变化。昼夜转换又是动物夜伏昼出或昼伏夜出的高层轮回，动物的夜伏昼出或昼伏夜出又造就了其体内生物钟节律变化等一系列小轮回，如此下延，亦无可穷尽。人体是一个小世界，人由新生到衰亡完成一届轮回。人体的生命历程又包含诸如血液循环、食物消化循环、水循环、生物钟循环以及妇女月经周期性循环等小的轮回。衰亡后的植物动物体成为其他生命及非生命体进行新的轮回的物质基础。因此，轮回无所不在。轮回是时空物运动互补的一种必然现象，是一切事物运动的基本形态。每一个轮回都是事物周期性运动链条中的一个环节。

天体的周期性运动造就了长长的轮回互补链，形成了相互联系的一系列的天体运动变化。正像春夏秋冬是由地球绕太阳公转造成的一样，太阳的公转也会造成地球上另一种周期性的春夏秋冬。地球在绕太阳公转的同时，也可能正在绕着其他遥远的天体进行公转运动。而这些遥远的天体不止一个，地球与它们之间的相对运动，造成了类似地球绕太阳公转那样的周期性运动，所以，地球上某个地域因太阳公转所处的季节可能是地球与另一天体相对运动形成的其他季节。由于天体尤其是体积大于太阳的天体数量很多，所以，地球上任何地域在同一时间内处在许多天体造成的许多个季节之中，因而这一地域在季节上便处于许多个轮回的共同作用下。地球上许多神秘现象或者突变甚至灾变可能就是这种"大四季"轮回造成的。某种生物大量灭绝，可能因为地球正处于某一天体形成的严寒的冬季里，而这类生物在这种几千年、几万年乃至几十万年来临一次的"冬季"里无法生存。某一种瘟疫流行，可能因为某种病毒或病菌最适宜于在某种天体造成的某种季节里生存繁衍。同样，地球上有些欣欣向荣的景象的出现，也可能是因为生存在地球上的生命正巧遇上了某种适合其生存的大季节。

事物运动之所以采取周期性轮回的方式，有其深刻的原因。事物内部和外部各种自然和抽象的力在时空物的运动互补中所起的作用，是形成事物周期性运动的根本原因。迄今为止发现的自然界的四种基本相互作用——引力、电磁、强、弱相互作用，最终造成了各种物质运动的周期性轮回。引力使物质聚集形成天体，当物质聚集达到一定程度，物质间相互作用的斥力大于引力时，天体膨胀直至爆炸，完成了物质运动的一个周期；随后引力和斥力的矛盾运动，使物质以新的形式聚集，形成新的天体。电磁相互作用导致电转换为磁、磁转换为电的周期性轮回，产生丰富多彩的电磁运动，决定一切宏观物质的物理和化学性质，为现代人类创造了无穷无尽的福祉。弱相互作用导致粒子产生辐射衰变，强相互作用的"渐近自由"作用将夸克结合成质子、中子并构成原子核，强衰变粒子为不稳定粒子或共振态，其间的周期性轮回也是这种变化的基本方式。四种基本相互作用尽管表现形式不同，作用范围不同，但它们在本质上是统一的。一个多世纪以来，包括爱因斯坦在内的不少物理学家都曾探讨过这种统一的表达方式，尽管没有得出满意的结论，但统一论的思想还是给人们揭示事物周期性互补轮回的秘密提供了思路。

自然力是物质周期性互补轮回的内在原因，社会内部各种力量的互动博弈乃是社会周期性互补轮回的内在原因。当一个社会内部矛盾积累导致社会严重对立时，各种社会力量斗争博弈使社会激烈动荡；社会经过一个时期的动乱、战争等动荡以后，矛盾逐步解决，动荡归于平静，社会相对太平。太平日久，社会矛盾在新的基础上又积累起来，新一轮博弈导致新的动荡，社会平衡被打破，新的轮回由此展开，社会因此进入兴与亡的周期循环。社会正是在这样的周期性轮回中向前发展的。当社会生产由社会个体根据各自对社会的需要形成的组织时，个体的竞争博弈便不可避免，博弈的结果必然使社会经济经历从繁荣到萧条，然后再从萧条到繁荣的周期性轮回。社会经济也正是在这种互补轮回中发展的。

　　自然界的周期性互补轮回既是自然力相互作用的结果，也是能量转换和守恒的必然结果。如钟摆的周期性轮回，是蕴藏于摆锤与摆臂的机械能在总量保持不变的情况下不断在动能与势能以及消耗的热能之间转换引起的；机械表的轮回运转是发条的弹性势能不断转化并保持总量不变的结果。各类动力车辆车轮的周期性运转尽管需要外界不断补充能量，但补充的能量总是与摩擦消耗的能量和加速的能量之和相等的。机械轮回的路径，不是封闭的圆圈，而是螺旋式的运动，其原因就在于这种轮回除自身原有能量在守恒的前提下不断转换以外，尚有一定的外界能量补充消耗的部分。天体的持续运转更是由能量守恒与转化机制促成的。天体形成过程中积聚的运动能保证了天体在太空不断以公转和自转的方式完成各种轮回。当运动能被稀薄的太空物质消耗或从太空物质那里吸取另外的运动能量之后，天体的轮回便以另外的方式进行。但无论如何，只要能量没有消耗殆尽，轮回便不会停止下来。自然力的作用和能量守恒作用在本质上是等价的。一种运动，既可以用牛顿运动定律进行计算得出结论，也可以通过能量转换和守恒定律计算得出结论，两种计算方法得出的结论是完全相同的。这一点早已为物理学定律所证明。生命的生灭轮回亦是如此。生命体不断从外界吸取能量，一方面维护自身的各种循环，另一方面不断地发展进化，直至衰老死亡。在这个过程中，能量不断被摄入生命体，同时又以相等的份额转化为促进生命运动的其他形式的能，总摄入的能量等于贮存的能量与释放的能量及做功的量能之和。社会领域的周期性轮回互补是社会内部各种力量相互作用的结果。通过各种社会力量相互作用得出的社会运动结果同样可以通过各种社会能量相互作用得出。

　　任何轮回都表象为时间或空间或时空物质运动的进动式回归。有些轮回时间特征强一些，有些则更多地表现为空间的进动式回归。现实情况下，空间的进动式回归离不开时间因素，时间的进动式回归离不开空间因素。涉及时间因素的空间进动式回归不是一个封闭的空间圆圈，涉及空间因素的时间进动式回归也不是闭合的时间曲线，它们往往都构成了不闭合的螺旋曲线。各类天体和机械的旋转运动总体上表象为空间轮回，旋转体经过一个周期的运动，完成了一个空间循环，下一个周期开始以后，整个旋转体本身已处在了另一个空间方位上。而生灭过程主要表现为一种时间轮回。客观事物由生到死的过程，其空间位置可能发生了相对变化，也可能没有发生大的变化，但确实经历了一个时间周期。整个生灭过程表象为一种时间的进动轮回延续。

由于时空轮回的存在，事物的发展经过一定的时间和空间之后，必然要达到一个新的轮回。新轮回虽然与旧轮回不同，但在许多方面仍然具有可比性。所以，通常情况下，新的轮回可能发生的情况可以比照旧轮回的相应情况进行预测。

一定的时空和物质运动因素造就了一定形式的轮回循环。时空结构和物质运动或者事物构成因素不变，后一个轮回也将与前一个轮回相似。如果时空结构和物质运动或者事物构成因素发生很大变化，后一个轮回将与前一个轮回差别拉大。地球上春夏秋冬循环往复，同一地区后一年与前一年的春夏秋冬大致相同，就是因为后一年地球所处的外部时空环境以及太阳系和地球物质运动结构与前一年大致相当。封建社会的王朝更替不断重复"兴勃亡忽"的轮回，也是因为后一个王朝的社会结构与运行方式与前一个王朝基本相同。只有当整个社会结构和运行方式发生根本变化时，后一个轮回才能与前一个轮回拉开距离。

空间轮回的图象往往是一条螺旋曲线，时间轮回图象则往往是一个绕X轴上下波动的周期性曲线。二者代表了不同的轮回过程，内涵也不相同，但通过数学的方法，两种轮回的图象可以进行互相变换。螺旋曲线在时空坐标上的投影便是波动曲线，波动曲线的特定变换便是螺旋曲线。这种变换正好说明它们本质上是统一的，是大千世界轮回循环的两种不同的表现形式，是物质在时间和空间上循环轮回、转换互补的深刻反映。

第六节　突变

突变，是事物在短时间里因元素互补互斥发生的变异。如火山爆发、地震、海啸、雪崩、飓风、山体滑坡、泥石流、传染病的暴发、古地磁极反向、地球受陨石或小行星撞击、恒星爆发影响地球、水由液态到固态或气态的相变、基因突变、染色体畸变，战争爆发、动乱骚乱、突发事件，以及人受到强烈刺激后的神经错乱等。

突变是自然界和人类社会常见的现象。地球上每年发生大小地震数万次，海啸数百次，雪崩、飓风、山体滑坡、泥石流发生的次数不计其数。水由液态到固态或气态的相变，基因突变和染色体畸变，社会生活中的动乱发生，等等，更是司空见惯的现象。

突变的具体表现形式多种多样，总体可分为自然突变、社会突变和人类精神突变三种类型。自然突变又可分为体结构突变和质结构突变两种。

体结构突变，即物体的宏观结构瞬时发生变异。这种突变大都由能量的不平衡聚集导致体结构互补互斥引发的，主要导致物体原有的宏观结构瞬间瓦解，新的结构瞬时产生，但这种突变不会引起物质分子组成发生变异。如地震是由地壳不同板块的运动挤压引起地壳能量的不平衡分布引起的。当能量的不平衡分布达到一定阈值时，就要进行急剧释放。巨大的能量释放改变了原来的板块结构，导致瞬时地动山摇。火山爆发、海啸、雪崩、飓风、山体滑坡、泥石流、相变，等等，都是这种类型的突变。

质结构突变，即物质的内部结构在短时间内发生变异。这种突变主要表现为生物基因突变、非平衡系统由无序到有序的变化以及物质的分子或原子结构的突变。基因突变，包括点突变和移码突变。突变可以自发地发生或经诱发产生。前者称为自发突变，后者称为诱发突变。在生殖细胞中发生的为性细胞突变，在体细胞中发生的为体细胞突变。突变往往是随机的、不定向的，突变所影响的表型和发生这一突变的生物所处的环境没有适应意义上的对应关系。非平衡系统由无序到有序的突变，主要是系统与外界进行质能交换引起系统内部结构变化产生的。物质原子结构的突变，主要是核裂变或核聚变造成的。这些类型的突变，有的是能量快速聚集突破阈值导致其快速释放的结果，有的是系统内部结构变化的结果。

社会突变，主要指社会集团之间爆发剧烈争斗、社会经济剧烈动荡，使社会的组织结构或经济结构发生大的变异。主要表现为战争、动乱、暴乱、大规模群体事件、改朝换代、社会体制变革、突发性的经济危机、金融风暴等。社会突变是社会内部各种矛盾互补互斥逐渐积累演变的结果，是量变到质变的必然。

精神突变，包括人的思想观念的突然变化和人的精神病变。前者是人的认识在一定条件下的升华或飞跃，后者是一种精神错乱。

尽管事物突变的具体形式多种多样，但从哲学意义上看，主要有两种：一种是量变的积累引起的质变，即构成该事物的成分要素发生了数量的变化，变化的积累达到一定阈值时，引起事物性质的突变。量变中的量可以是变化的能量，也可以是变化的质量，还可以是其他方面的数量。体结构突变、社会突变、精神突变和部分质结构突变都属此类。另一种是涨落引起的突变，即事物的构成成分或构成要素因为不确定的涨落而在排列组合形式上发生了变化，引起事物性质发生突变。质结构突变中的基因突变以及远平衡体系的自组织现象等都属于此类。

突变是时空物动态互补的结果。事物的运动都是在时空中进行的。时间和空间本身都是连续的，而时空中运动的事物的状态可以是连续的，也可以是不连续的。当构成事物的要素诸元发生的数量互补积累到一定阈值或事物的构成成分或构成要素发生不确定涨落时，事物的运动状态就出现不连续奇点，突变就在这个不连续奇点上发生。事物运动出现状态奇点的因素很多，而时间、空间和物质运动变量是奇点这种状态变化的自变量。突变的发生正是事物运动诸变量与时间、空间变量互补整合的结果。

突变是事物运动状态连续性的断裂。所有突变都是质变。许多质变凝结着量变的成果，并为新的量变开拓道路。

生物的进化是量变与质变结合的变化。地球上原本没有生命，大约在30多亿年前，地球的质能条件形成了原始生命。其后由于变异、遗传和自然选择的作用，生物不断进化，直至今天世界上大约存在200万种物种。在漫长的进化过程中，量变的积累不断引起质变，不确定的涨落也在不断引起质变。每一次质变都将进化大大向前推进一步。

突变是脱离时空轮回固有轨道的一种时空物质运动互补。突变引起事物新一轮轮回，或者增大轮回的进动式回归缺口。轮回一般是一个渐变的过程，也包含着大大小小的突变。一般情况下，突变不能比照旧轮回的相应情况进行预测，只能根据轮回进程中时空物互补的变异情况进行预测。但当突变成为轮回中一个固有事件时，这种突变就变得可以预测了。如某一地震带发生地震往往是周期性的，某一活火山发生喷发也是周期性的，只是每一次地震发生或火山爆发的具体情况不尽相同罢了。人发生脑溢血、罹患癌症、精神病，对个人来说是一个突变，但如果这种突变是由遗传引起的，它就是某一家族生命轮回中一个必然事件。家族的遗传基因里已经包含了这样的突变因素，子一代活到一定的年龄，其身体必然要发生这样的变异，只是后辈与先辈的生活方式不同、所处环境不同，发生变异的时机不同罢了。

突变改变事物的发展方向，改变历史的进程。大自然和人类社会的任何突变，都会在一定范围造成不可低估的影响。大自然的突变威力势不可挡，人类在大自然的突变面前显得非常渺小。地震、火山爆发、海啸、山崩、飓风、洪水和泥石流，等等，可以在瞬间给人类带来毁灭性的灾难。疫病往往像恶魔，短时间席卷广大地区，吞噬成千上万的生命。来自宇宙空间的流星或小行星撞击地球，会造成地球上许多生物的灭绝。基因的突变可以改变进化的方向，造就新的物种，也可以毁灭无数的生命。社会的动乱、暴乱、战争等，都会造成无数生灵涂炭。对于生命而言，生是一种突变，死也是一种突变。生命从突变开始，在突变中结束，生命的历程仅仅是两个突变中间的过程。

突变发生的时间和空间，承载了比平时更为巨大、深刻而沉重的意义。时空只有在突变中才充分显示了它的伟大。在渐变过程中，人们感觉到时间是那样的漫长，空间是那样的辽阔。时空对于人似乎都显得多余。而当突变发生时，情景就完全不一样。当地震、海啸、火山爆发、山体滑坡、泥石流、雪崩等灾难降临时，一刹那便生死两重、阴阳两界。早一秒警觉就可能生，迟半秒就可能死；向前半尺就可能生，退后一寸就可能死。生死在此时此刻完全掌握在时空的手里，完全由时间空间来决定。人类对突变当中的时空意义的认识和感觉变得深刻，以至于畏惧时空，崇拜时空，寄希望于时空，甚至把时空看作偶像，形成对时空的图腾崇拜，产生了一系列的神仙上帝。

第七节　命运

一、命运是时间、空间、物质运动与人自身先天条件及主观努力的时空心物四元互补

狭义而言，命运指人在遇到关系事业、前途、婚姻、家庭乃至生死、贫穷与富贵和一切事件时的机遇、挑战和最终结果；广义指事物发展过程中遇到的情况和未来发展的必然趋势。人来到世间以后，有的享福，有的受罪；有的做官，有的为民；有的成为英雄，有的做了强盗；有的住进皇宫，有的进了班房；有的婚姻美满，有的恋爱不幸；有的白头偕老，有的中途分道扬镳；有的少年得志，有的大器晚成；有的幼年不幸，有的晚景凄凉；有的事业有成，有的碌碌终生；有的儿孙满堂，有的孤苦伶仃；有的诗书做伴，有的耕读传家……所有这些，都是命运的体现。世间有多少人，就有多少种命运。每个人的自身条件、周围环境和所走道路不同，其命运也迥然各异。作为生命集合的团体，如一个单位、一个集体、一个朝代、一个国家，甚至

一个星球，也都有不同的内部构成和外部环境，走着不同的发展道路，因而也有不同的命运。

命运的种类很多。碰到好的机遇或在一个时期一切如愿，谓之红运当头；处在艰难困苦之中或遇到痛苦不幸的遭遇，谓之遭遇厄运；男人与美貌漂亮、知书达理的女子有情，谓之交桃花运；仕途一帆风顺，升迁很快，谓之有官运亨通；商业竞争中机遇多多、财源滚滚，谓之财运齐天。这些都是客观存在的，是时间、空间、物质运动与人自身状况及主观努力互补到这一步注定要发生的，不以人的意志为转移。

命运由先天因素、环境因素和后天因素共同决定。先天因素即事物发展起点以前的情况。先天与后天是相对的。比如人，相对于出生以后，胚胎时期是先天；相对于胚胎，父精母卵是先天。先天因素构成后天命运的初始条件，是后天命运的基础，对后天发展有很大影响。先天足则禀赋强，先天不足则禀赋弱。先天禀赋强则后天起点高，先天禀赋弱则后天起点低。先天疾病可能导致终身痛苦，先天健康可以为后天幸福打下好的基础。先天因素决定了后天一定要发生什么或者可能要发生什么。人生如同一树之花，风吹花落，有的落在茵席之上，有的落在茅坑之侧。落的地方不同，后来的命运就不可同日而语。

先天因素是先天时空物互补作用的结果。先天时空物不同，互补结果就各异。如夫妻健康时受孕，胎儿一般会发育正常。夫妻一方或双方有病，或酗酒时受孕，胎儿可能畸形。受孕的时间不同结果就不同。婴儿出生在一些国家，可能享受这些国家的法律地位或福利待遇，出生在另一些国家，这些东西可能都没有。植物种子经过太空失重改造产生变异，使后天品质、产量、抗病虫性等发生变化，这些都是空间影响的作用。后天命运是在先天时空物互补所产生的初始条件的基础上产生的，先天的初始条件虽然不能完全决定后天的命运轨道，但后天命运的列车必然是从先天的初始条件出发的。

先天条件是后天命运的基础，但先天条件不是后天命运唯一的决定因素。人的命运很大程度上掌握在自己的手里，人的内在禀赋是其命运的决定性因素之一。先天条件与内在禀赋及后天时空物的互补，决定了人的命运的运行轨道。人的内在禀赋包括性格、人格、品质、体能、形象、素质，等等。性格即命运，人格即命运，品质即命运，体能即命运，形象即命运，习惯即命运，素质即命运。人的性格、人格、品质、体能、形象、习惯、素质决定人在一定的时间、一定的空间的行为方式，决定了人在这个时间、这个地点一定会这么做而不会那么做，同时决定了他人在一定的时间、一定的空间会这样对待他而不会那样对待他。人的内在禀赋会促使或排斥外界给他提供机会，同时也会帮助人或妨碍人创造机会；当机会来临时，内在禀赋会决定人抓住机会或放弃机会的行动。所以，在一定的时间、一定的地点，内在禀赋对人的命运发展起着决定性的作用。冷兵器战争时代，相貌堂堂、身材魁梧的人容易为上司所赏识而被提拔为将军；性格豪放、思想灵活的人会抓住这样的机会建功立业。学识渊博、才华横溢的人往往被社会承认而得到更多的成功机会；意志坚强、毅力不凡的人能抓住这种机会施展才华走向成功。学识和才华也容易引起他人的妒忌，才大压人、权大欺人、功高盖主往往带来悲剧性的命运。时空心物互补造就内在禀赋，时空心物互补改造内在禀赋，内在禀赋决定人的命运。

人的内在禀赋之所以决定命运，是禀赋惯性作用的结果。所谓禀赋惯性，是指人的内在禀赋一旦形成，其行为方式将会沿着内在禀赋所决定的路径惯性前行。自身的行为往往是这种禀赋惯性前行的结果。他人判断一个人的行为，之所以以其禀赋为依据，也是因为他人从经验中认可了禀赋惯性的存在。禀赋惯性的这种双重作用很大程度上决定了人的命运。

先天性的各种特征因素影响人的命运，后天环境因素对命运的影响也不可低估。春天大地复苏，万象更新，被严冬折磨得奄奄一息的病人可能逃脱死神的召唤，获得新生；夏天骄阳似火，暴露在烈日下的人容易中暑；秋冬交替的季节，气温变化无常，人容易患上感冒，尤其老人，可能适应不了这种剧烈的变化，导致咳嗽、哮喘、高血压甚至脑溢血发作。除此之外，太阳黑子、宇宙射线、彗星、小行星运动、月圆月缺，等等，都对人类的生存环境造成一定的影响。太阳黑子爆发，容易诱发人的多种疾病，月亮的圆缺直接影响大多数妇女的月经周期，遨游在太空的小行星一旦与地球相撞，也可能造成无数生物和人的死亡。人类的命运很大程度上维系在这种时空与物质运动互补所造就的自然环境上。

自然环境是影响人类命运的大环境。对于一个具体的个人来说，其命运既受到自然环境影响，也受到时空与物质互补所形成的小环境的影响。如从小处在音乐、绘画、歌唱世家的孩子，长大后容易向艺术方向发展；处在科学世家的孩子，容易选择科技为其奋斗目标。对以诗文见长的老师佩服得五体投地的学生可能成长为诗文高手。近朱者赤，近墨者黑。不同的小环境便是一座座五颜六色的染缸，从那里捞出来的东西大抵都接近染缸的颜色。当然，环境能影响人的命运却不能决定人的命运，忠臣出逆子，寒门生贤士，富贵人家产生纨绔子弟，诗礼之族养育一群白痴，这类事情古今屡见不鲜。出现这种情况，并不是因为黑色的染缸染出了白色的布料，而是因为这些具体的个人对所处的小环境产生了逆反心理，成为所处小环境的叛逆者，从而产生了叛逆的性格心态，走上了叛逆的道路，导致了叛逆的命运。人的一生中除了幼年的家庭环境熏陶之外，成年的工作环境及生活环境更是长期地左右着人生。步入官场仕途的年轻人，起先大多血气方刚，用不了多久，便被磨砺得棱角全无，到头来，大都成为老成持重的圆滑之辈。涉足商场的小字辈，起先大多忠厚老实，到头来，不少都变成机灵多变的生意经。

环境能左右人，能改造人，能影响人的命运，环境更能给人提供某种决定或改变命运的机遇。司马迁因受宫刑发愤著述，将全部的生命和智慧寄托在撰写《史记》上，成为伟大的史学家、文学家。诸葛亮因刘备三顾茅庐打破了宁静的耕读生活，成为名垂青史的军事战略家；曹雪芹因家道衰落而发奋著书，使《红楼梦》成为不朽名著。普通人也可能因为外界一句话、一件事、一场遭遇、一次邂逅，彻底脱离原来的人生轨道，走上人生的另一条路。

人主观上的努力和抗争，常常可以决定或改变所处环境，同时也成为决定或改变自身命运的最为有力的武器。大自然能给高山披上银装，能让大地冰冻三尺，而人却能在各种环境中创造出温室小环境，使人免受风寒之苦。地球能将周围有一定质量的物质吸附在它的身上，而人却能挣脱地球引力的束缚飞向太空。大自然能产生各种病毒病菌让人奄奄一息，人也能发明或发现许多药物使病人起死回生。贫困使人受饥寒的煎熬，勤奋努力却能使人征服诸多险阻成就大业。在严冬季节里，时空互补造成了寒冷的外部环境，而暖气、火炉、火墙、电热器等取暖设备使不同的人具有不同的命运。有的人住在温暖舒适的房子里，隔着透明玻璃窗，欣赏着窗外的雪花；有的人则在瑟瑟北风中奔波于茫茫风雪之中，寻觅赖以充饥的食物。是否具有适合生存的小环境，决定人在严寒冬季里截然不同的命运。人的主观努力能够改变环境，进而改变人自己的命运。因而这种努力既是人所具有的内在的力量，也是决定人命运的决定性因素。

命运的列车到底驶向何方，不仅取决于铁道的质量和列车自身的素质，更取决于行驶的方向。人的一生中，面临许多命运的十字路口，向哪边走，需要选择和决策。每一次选择、每一项决策，都会将人导入一段历程。这段历程是金光大道还是崎岖小路，充满幸福还是充满凶险，全都维系在决策时那一念之间。一旦作出决策，一切都成为定局，人生将沿着由决策确定的轨道运行。命运其实在决策与选择的一刹那就已经注定，此后的人生历程也可能有所变化，但只不过是些细节末梢的改变罢了，影响不了命运总的方向和大局。命运大局和方向的改变，有待下一轮的选择与决策。人生是一个不可逆的过程，每一次选择与决策都是唯一的，不可能有完全相同的选择。

命运的决策权一般由个体自己掌握，决策技能的高低、时机把握的好坏，决定于人自身的素质。正是这种素质与时空和物质运动的互补，导致不同人的不同命运。可是，决策的权力常常又不一定掌握在人自己的手里，如未成年人常常由其父母或其监护人代为做出决策（这种决策是必要的，其效果常常比自主决策要可靠得多），被剥夺权利的人由剥夺者做出决策，受奴役的人甚至他所在的民族也要由奴役者决定他们的一切。在这种情况下，他人的意志往往决定个体的命运。面对选择和决策这一极其重要的命运环节，自主决策常常因种种原因把握不准，由他人代为决策尤其是奴役者替被奴役者决策更无法避免南辕北辙。人的命运正是在这些极为不确定的因素支配之下变得扑朔迷离，捉摸不定。

人类生活在地球上，天地万物的运动变化实则是时间、空间、物质运动和人的行为互补的结果。时间、空间、物质和人的互补，如果按照事物固有的发展轨道、合乎规律的发展趋势发生，其结果表象出必然性；反之，如果在其固有的发展轨道上新增了分叉，偏离了原有的发展趋势，其结果则表象出偶然性。人的命运是受必然与偶然双重因素支配的。如果说人生是一条不规则运动的曲线，那么必然因素支配下的人生轨迹便是曲线的主干，偶然因素则会使主干上出现分叉。在必然因素支配下，人生沿着主干曲线按命运的预定轨道运行；在偶然因素支配下，人生离开主干曲线，走向了岔道，随后便沿着岔道走下去。从人生走向岔道的那一刻起，沿岔道的运行便成为必然，只有下一个偶然因素能够改变命运的进程。如此前行，直到生命终结。

对于不同时空与物质环境下的人来说，生命进程的必然性和偶然性并不均等。有的人一生必然多于偶然，活得舒坦而平淡；有的人一生偶然多于必然，活得曲折而艰难，同时也具有传奇色彩。舒坦而平淡的人生，自得其乐，默默无闻，不会给自身和他人以及世界做出创造性的贡献，也不会危及自身、他人或给世界带来灾难。曲折而传奇的人生，不是名垂青史，便是遗臭万年；不是由贫穷到富贵，便是由殷实到潦倒；不是大红大紫，便是大白大黑。生命中具有太多的不确定因素，每一个不确定性因素都可能彻底改变他们的命运。他们对世界、他人和自己，或做出贡献，或酿成恶果，或带来光明，或带来黑暗。当人们回忆往事时，偶然性人生或因成功而回味无穷，或因失败而不堪回首。必然性人生则如清水平淡无奇，昨天今天和明天都差不多。大多数人的一生，必然与偶然相间，平淡与曲折齐备。每一个人，都是一本书；每一种命运，都是人间的一幕活剧。

从宏观的角度看，个体的命运、个体的行为一般都带有偶然的属性，而众多个体统计的结果则一定是必然的。全部的偶然构成了必然，必然是偶然的总和。对社会而言，具体的个人的行为如何、命运如何，是偶然的、不确定的，但社会的总体发展则一定是必然的，从不发达到发达，从原始社会到阶级社会。在历史发展的长河中，社会在一个时期的发展变化有偶然性，取决于伟人或有些人的一念之间，但历史前进的总趋势是必然的。黑暗和反动可能在一个时期笼罩社会，但光明总会在黑暗之后出现。站在宏观宇宙的角度观察地球，它上面发生的许多事变，如地震、火山爆发、冰川运动、动植物枯荣等都是偶然的、不确定的，但地球终归要落到太阳上，终结它作为行星的存在则是必然的。在人类赖以生存的世界上，小河流水，哪一滴蒸发，哪一滴渗入土壤，都是偶然的、不确定的，但小河汇入大河，大河奔向大海则是必然的。手中的硬币抛向空中，国徽向上还是麦穗向上都是偶然的，但多次抛掷的结果，一定是国徽与麦穗向上者各半。气体运动，其中每一分子在某一刻如何走向、多大速率是偶然的，但大量气体运动的速率必然遵从麦克斯韦分布规律。作为人类，每一个个体富贵贫穷、长寿短寿、平淡曲折都是偶然的，但大家都要走向死亡，这是必然的，毫无疑问的，没有例外。

必然等于偶然的总和。偶然的事变只要发生，便是必然的。时间、空间、物质及人的运动互补到了那一步，无论人的认识及感情如何不能接受，它注定要发生，因而是必然的。偶然当中蕴含着必然，偶然只要发生便是必然。人生就是在必然与偶然相互关联、相互转化、交错出现、变幻无穷之中度过的，命运也便是在确定与不确定、把握与不可把握的复杂运行中降临在每一个人的身上。

《三国演义》中有一首诗："魏吞汉室晋吞曹，天运循环不可逃。"揭示了历史上王朝命运的周期律。人的命运也受周期律支配。民谚说："七十三、八十四，阎王不叫自己去。"这种说法在现实中大多得到了应验。科学家研究发现，人的生命7—8年为一个周期，循环往复。每个周期的中间段为生命的高潮期，始末为低潮期。高潮期人的免疫能力较强，去世的人就少；低潮期人的免疫能力较弱，去世的人相对较多。每7年为一周期：7岁、14岁、21岁、28岁直至84岁；每8年为一周期：8岁、16岁、24

岁、32岁直至72岁，而在73岁和84岁这两个年龄段，人处于生命周期的低潮，生命之花就此凋零便成为大概率事件。生命与社会运行的周期性，本质上是由时空心物的周期互斥互补规律决定的。从空间运行看，人类和人类社会所处空间一年有四季循环往复，还有宇宙空间的"大四季"的周期性变化。社会人事以及生命运行处在这样的周期性循环之中，必然受到时空物质周期性运动规律的影响，人的命运、社会的周期性运行变化就不足为奇了。此外，税收中的黄宗羲定律、社会的治乱交替轮回、人的富贵贫穷周期性变化，等等，都是时空心物周期性互斥互补的结果。

二、中国古代命文化批判

在古代，从帝王将相到平民百姓，从工匠艺人到隐士高僧，大都相信命运的存在，都认为人一生的富贵贫贱、凶吉祸福、生老病死、成败得失乃至具体的科举考试、经商谋利、耕耘稼穑、婚丧嫁娶、生儿育女，等等，都是命中注定的。孔子认为"死生有命，富贵在天"，"不知命，无以为君子"，"君子居易以俟命，小人行险以侥幸"。《孟子·万章》上说："莫之为而好者，天也；莫之致而至者，命也。"就是说，没有人叫他干，而他竟干了，这就是天意；没有人叫他来，而他竟来了，这就是命运。《庄子·人世间》也认为："知其不可奈何而安之若命，德之至也。"汉代董仲舒、扬雄等人，无一不是命运论的提倡者或信奉者，甚至连东汉无神论者王充也对命运之说深信不疑。王充说："凡人遇偶（碰上好运）及遭累害（遭受灾祸），皆由命也，有死生寿夭之命，亦有贵贱贫富之命。"他还说："自王公逮庶人，圣贤及下愚，凡有首目之类，含血之属，莫不有命。""贵贱在命，不在智愚"。陶潜《自祭文》曰"识运知命"。杜甫《咏怀古迹》亦云"运营反祚终难复"。可见，相信命运是古人的普遍观念。

命运是什么？古人认为，命，即生命、性命；运，即运气。命多指人生命中先天所具有或可能具有的生死寿夭状况及其结局、趋势；运则指人后天经历中的种种顺境与逆境的方式、程度和可能性。命运二字常连用，指祸福吉凶、盛衰兴废、生死寿夭、富贵贫贱、穷通进退、荣辱忧喜等一切遭遇的总的结局特点和趋势。在古人看来，命运决定于人对之无可奈何的某种必然性，取决于冥冥之中非人类自身所能把握的力量，即神、佛、玉皇大帝或者天。因而古人将命运又叫天命。早在殷周时期，"受命于天"就被镌刻在钟鼎乃至先民的心中。孔子在周游列国、推行仁政主张四处碰壁之后，就发出了"五十而知天命"的感叹。

古人之所以信命、认命，把命运看作神的意志，在命运面前无能为力，对命运无可奈何，是因为他们对身边发生的，或耳闻目睹的，或道听途说的许多自然现象和社会现象无法解释，同时又想解释它们的必然结果。如自然界的雷电风雨、地震火山、毒蛇猛兽以及许多突然降临的灾祸时常威胁着人们的生存，人们不知道它们发生的本质，对之感到恐惧而又无可奈何；日常生活中许多事情本应如此，实际却那样发生了；社会生活中，穷人终岁勤动、辛苦劳作，却无法改变自己贫穷苦难的处境，富人不劳而获却世代簪缨；仕途中，有的人几乎不用付出多大努力就官运亨通，有的人费尽心机却无法出人头地；商场上，有的人财源广进，有的人折尽老本……。凡此种种，人们寻找了无数主观因素和客观因素仍然无法解释它们发生的根本原因，于是，便想象冥冥之中有一种人力无法抗拒的巨大的力量在安排着一切、操纵着一切。从而臆想出天、神，把发生的事情归结为人的命运，认为人的命运、事物发展的命运、世界的命运掌握在神的手里，由天作出安排。

尽管命运是由上天安排的，但趋利避害、趋福避祸、趋生避死、趋荣避辱的本能促使人们殚精竭虑去寻找与上天沟通的手段来预测命运，从而把握命运的渠道和方法。于是，形形色色的算命术便应运而生。在这些算命术中，影响较大的有生辰八字算命、易经八卦算命、测字、占梦、占星、看风水、看手相、看面相、奇门遁甲等多种，由此构成了影响深远的中国古代命文化。

生辰八字算命以阴阳五行、天干地支为基础，将人出生的年月日时作为四柱，每柱取天干一字、地支一字共八字，然后按这八字中所蕴含的阴阳五行的相生相克关系进行推演，得出人的命运的结论。《易经八卦》则以阳爻与阴爻每三爻为一组的不同组合构成乾、坤、震、巽、坎、离、艮、兑八卦，八卦两两相叠，构成六十四个画卦。以不同卦的阴阳内涵及组合形象喻示不同的事物。占卦时，以随机丢铜钱或排列蓍的方法得出一卦，然后将人事与所得之卦对应起来，根据占得的卦象推算人的命运或人事的结果。奇门遁甲法算命是以象征天、地、人的天盘、地盘、门盘的组合来推演人事吉凶的数术。它以乙、丙、丁为三奇，以休门、生门、伤门、杜门、景门、死门、惊门、开门为八门。十干中甲最尊贵而不显露，六甲即甲子、甲戌、甲申、甲辰、甲午、甲寅，常隐藏于六仪，即戊、己、庚、辛、壬、癸之内，"三奇""六仪"分布九宫，而"甲"不独占一宫，故名"遁甲"。推演时，一定阴阳，二定节气，三排地盘，四排门盘，五排天盘，六排三元九星，七推五星入局，算定吉凶。占星术，是古人根据星象活动的变化来判断和预测人间事务变化之因果的方术体系。这里的星象，包括太阳、月亮、八大行星、全天恒星以及客星、流星、妖星、彗星等变星以及云气等广义上的天象。他们把这些天象的正常活动状况与异常状况相互比较，认为星象与人事变化不仅有因果关系，而且有果因关系，通过对照预测人间事务。风水术是古人关于环境与人事的学问，是为寻找建筑物吉祥地点的景观评价系统。其范围包括住宅、宫室、寺观、陵墓、村落、城市等方面，陵墓为阴宅，其他为阳宅。

古人认为，上述算命术具有无与伦比的神奇功效。上可以补天地不足之处，下可以助君王不及之功，扶危助吉，发瑞生祥，获福救贫，产仙产圣，探知前世，预测未来。因而，千百年来，师徒口授心传，使其极具神秘色彩。

事实上，算命术大多是迷信。其中的合理部分，是涉及时空心物互补的过程、结论和方法。如生辰八字预测中，蕴含时间（天干）、空间（地支）与人事活动（阴阳五行）相联系的思想；易经八卦认为，事物发生发展的机理是阴阳二元互补；奇门遁甲中把时间（天盘）、空间（地盘）与人事活动（门盘）结合起来；风水术中蕴含人与环境互补的思想；占星术中蕴含时间（星象运动）、空间（星象位置及变化）与人事活动相联系的思想。所以说，古代算命术合理的部分，是命运产生与发展的时空心物互补关系。当然，算命术绝对不像术士们宣扬的那么神奇，如清代吴炽昌《客窗闲话》所云："天下之大，每日万生万死。帝皇夭寿之日，岂无同者？昔明太祖密谕各布政，确搜与同八字之人。乃进三人：一僧、一丐、一市侩。帝以问刘青田，亦无以对。"可见，生辰八字并不能准确预测人的命运。产生这些荒诞测算结果的原因，在于这种测算方法的粗疏与牵强。如四柱中最精细的时间划分为日柱，而一日柱包含两个小时，全世界数十亿人口，两小时内该有多少不同命运的人同柱！再则，以木、火、土、金、水五种物质包罗宇宙万物，也过于粗糙，已知元素周期表中的元素就有一百多种。五行相生用金生水，只是就金属在高温下的液化状态而言的，这种液化态不能与液态的水画等号。而且，即使四柱反映了人的命运的先天信息，也不能决定人的命运。因为人的命运与后天的各种因素有着更直接的联系。再如易经八卦，尽管易经是中国古人千百年实践经验的总结，具有一定的经验性真理成分，但为什么通过丢铜钱或排列蓍的方式就能把人事与卦象对应起来呢？为什么如此所得的卦象就是被测者所要得到的信息而不是其他信息呢？奇门遁甲、风水术等也有类似的不科学性。至于占星术，很大程度上为现代天文学所否定。所以说，古代算命术无论其内部包含多少合理的内容，毕竟是一些粗糙的、牵强的预测方法。科学的、有生命力的未来学，准确的预测和把握人的命运的方法，应该建立在对时间、空间、物质及人事运动互补规律的正确把握与运用上。

三、预测命运的互补方法

一个过程，无论生命过程还是非生命过程，无论人还是由人组成的团体乃至家庭、国家，其命运的发展都有一定的规律可循。预测命运的互补方法，就是对事物运动过程中时空物与人事活动的互补关系进行分析，得出结论或者得出事物未来运动变化的去向或方向。这些方法主要有：历史分析法、经验类比法、环境判断法、征候索引法、一叶知秋法、规律推导法，等等。

历史分析法。这种方法从分析事物发展的先天因素出发，考虑现实的时、空、物、人的互补变化，预测事物未来的发展方向或发展结果。简言之，是一种以因导果之法。古人所谓"自小见大，三岁见老"即是这种预测法的典型例证。

历史分析法分为四个步骤。第一，尽可能详尽地寻找事物发展的先天性因素。第二，从这些因素出发探寻事物发展的可能轨道。第三，分析后天时空物人诸因素互补对先天轨道的影响。第四，加入现实的时空物人因素得出事物运动变化现实方向或现实情况的结论。

过去的历史造就了人的先天禀赋。由于禀赋惯性的存在，命运的列车总是在容易运行的轨道上前进的。命运的轨道受到外界因素影响容易分岔，当命运列车面临分岔轨道时，哪一条轨道阻力最小，列车就会向哪条轨道驶去。改变命运最有效的方法就是抗争，不要放任命运列车任意滑行。

一个人成年以后可能从事何种职业，在哪些领域有造诣，造诣将达到什么样的程度，都可以通过历史分析法得出大致准确的结论。小时喜爱算术，长大可能从事理工类事业；小时表现出诗文天赋，长大可能从事文字写作工作；小时喜爱唱歌，长大可能从事音乐、娱乐类工作；小时爱好画画，长大可能在美术领域得心应手。就性格来说，小时沉静寡言，成人后可能内向内秀；小时活泼好动，成人后可能外向大方。就身体状况而言，小时消化不良，成人后可能身体单薄；小时能吃能玩，成人后可能体魄健壮。而疾病大多都能从其早期的历史，预测今后的发展，由于这个原因，医生对病人的病历十分重视。有的疾病如遗传病甚至可以通过父母辈的病史测知后代乃至后几代人的发病情况。

家庭、国家的历史，亦是决定其未来发展的重要因素，通过分析国与家的过去，亦可推知其未来或未来发展的方向。如家庭中，夫妻二人或一人在婚姻史上有不洁的污点，家庭往往暗藏许多危机；夫妻价值观相异，对许多事情的看法常常不会一致；夫妻生活习惯不同，经常相互看不顺眼。如此种种，不和谐的音符会不时出现，一有风吹草动，家庭便矛盾重重，对抗甚至破裂将是十分可能的情形。国家也是如此。国家成立的历史对国家的发展也会产生极大的影响甚至决定性的影响。孙中山创立的民国，因先天不足，很快便被袁世凯变成了帝国；美国建国初期便形成了三权分立的模式，此后二百多年，立法、司法、行政三种权力一直相互监督、相互斗争，在导致国家很难出现独裁者的同时，也使国家很难快速做出正确决策。中国的历史、文化传统源远流长，博大精深，五千年文明史为中华民族奠定了强大凝聚力的基础，加上体量庞大，外敌永远无法灭亡中国。同样，犹太民族的历史，决定了这个民族多灾多难而又自强不息；印第安民族的历史决定了这个民族必将在苦难中长期挣扎。

我国古代预测术中的生辰八字法，以人出生的时间作为主要依据。实则是通过追溯出生历史，推断今后命运的结论。事实上，时空对于人生及其命运有着决定性的影响，此刻出门可能一帆风顺，彼时行走或许大祸临头；此时此地从事某种事业可能功成名就，彼时彼地选择某种职业可能一败涂地。这些都是人类社会及生活实践反复昭示的。遭遇地震、火山、龙卷风、山体滑坡或者飞机坠毁、火车相撞、汽车车祸，或者购买彩票中奖与否，都取决于一时一刻、一分一秒。此时此刻出门，可能遭到不幸；彼时彼刻上街，可能躲过厄运。就人出生的历史而言，每一分、每一秒、每一毫秒，都面对迥然各异的互补时空。在特定时空降临人世，就像微分方程中的初始条件给定了一样，此后的人生轨迹、命运解集，在环境没有发生颠覆性的变化的情况下，都是基本确定的。人，在这样的初始条件下会沿着命运的轨道一直走到生命的尽头；物在此等初始条件下将沿微分方程所给定的轨道运动下去。当然，这是理想情况下的结局。一般情况下，人生过程或者物体运动过程中必然会发生许多非初始条件所能决定的因素，人的命运或物的运动也不会完全为初始条件所决定，但初始条件无疑给定了人的命运发展及物的运动变化过程的历史，它给予人生或物体运动的影响是毋庸置疑的。那些非初始条件决定的偶然因素，对于初始条件来说是一种偶然的结果、一种无序的涨落；对于今后的运动而言，则构成了影响运动的与初始条件互补的新的初始条件。

经验类比法。这种方法以曾经发生的事情及其经验教训作为参照物，类比正在发生的事情、并由此推测正在发生事情的结果。此种方法在政治、经济、文化各个领域以及人们日常生活中经常用到。在社会的政治生活中，如果贫富两极分化达到一定阈值时，必然发生社会动乱。政治家正是根据这一经验预测社会治乱兴衰的历程。权力失去监督，必然导致腐败；腐败达到一定的阈值，国家必然灭亡。这是社会由盛至衰的基本经验。保证一个社会延续较长的时间，必须建立有效的监督制约机制，加大监督力度，防止或者延缓腐败的发生。在经济领域，当一种东西短缺时，其市场价格较高，而当其充分涌流时，市场价相对较低。商人正是通过观察这些现象，决定进货出货的数量种类。当市场上物资屯集过多卖不出去而人们因为贫穷买不起东西时，经济危机必然到来。人们正是根据诸如此类的迹象预测社会政治经济生活是否正常。在日常生活中，农民通过天边的云彩，预测阴晴旱涝；地震监测者通过动物的表现，井水的枯旺、味道，小型地震的频度等预测大的地震活动；医生通过对病人的望、闻、问、切，或者借助仪器观察，类比自己的实践经验和前人提供的书本经验，对病情作出判断和预测，从而确定施治方案。公共场所，听到陌生人的口音，类比经验，可推知他是何方人士；观察陌生人的穿着打扮；举止言谈，可推知他从事什么职业。刑事警探察言观色，类比经验，便能知道芸芸众生中，哪个是好人，哪个是小偷，小偷将以何人为对象，如何行窃。

中国古代的手相预测，是经验类比法的一种应用。当然这种预测方法并不具有很强的科学性和准确性，但其中合理的部分也是显而易见的。手掌中的几根掌纹线是否能对应生命、事业及婚姻爱情，证据并不充分，但人体的每一个部分都是整体的一个信息元，整体各部分的特性、功能都可以在部分对应的点上体现出来，这是经过无数经验证明的。当然，经验告诉人们，劳动人民的手掌生满硬茧，很少体力劳动者则细皮嫩肉；泥瓦工手指壮实粗糙，小提琴家或二胡、板胡演奏家则十指修长。以此类经验类比现实生活中的各类手相，自然会得出较为准确的结论。

环境判断法。此法根据事物所处环境，分析判断其未来发展趋势。"近朱者赤，近墨者黑"，道出了环境对于事物发展结果的影响。人的家庭环境在很大程度上影响甚至决定人的未来，尤其是儿童所处的家庭环境往往决定其一生的命运。父母道德高尚、知识渊博、性格开朗，家庭和睦，子女自小在良好的生活氛围中熏陶便可能健康成长为对社会有用的人才；若父母行为不端、道德败坏，或者父母离异，家庭破碎，则这种家庭的子女，一般都有心灵创伤，其成年后的人生道路，突变频仍，自身也容易走向歧途。社会大环境对人的影响更是不可低估。和谐、民主、文明、公正的社会大环境会将大多数公民培养成彬彬有礼的绅士；贪污、腐化、颓废、不平等、不民主的社会大环境会使公民总体道德水准低下，贪官、污吏、地痞、流氓滋生。当然，人是社会的人，对人最直接、最本质的影响是个体所处的社会小环境。良好的家庭环境熏陶下的子女也可能交几个坏朋友，从而处在不良的社会小环境中走入歧途；不良家庭的子女也能可遇上良师益友而走向坦途。不管怎样，通过环境分析，便可预知人的发展走向。

古代相面术实则是建立在环境判断基础之上的。因为人的各种面相，除先天和历史因素外，都和环境作用分不开。处在优越环境中的人，较少忧虑，较多喜庆，久而久之，产生福相。同样，易怒的人脸上堆满凶相，心术不正的人脸上充满奸相，梁上君子脸上多是贼相，这些都是长期所处的环境造成的。

如果从环境影响人事的角度看风水术，亦有一定的道理。庄基、宅院的风水好坏实则取决于这些与人类活动紧密联系的场所同自然的和谐程度。如依山傍水、坐北向南的宅院谓阳宅，就是因为它的光照、通风、树荫、水利等都与自然和谐，适合人类居住生活。反过来，居住在这种阳宅的人，因为环境利于生存，所以较少患病。与此相反的各种和人犯冲的宅院就不那么适合人类居住了。

征候索引法。这种方法以事物发生的某种表象或迹象为基本线索，预测事物未来发展趋势的方法。古语所谓一叶知秋即是这种方法的典型例证。医生通过脉搏、舌苔、指甲、头发、各种化验指标等，即可判断患者的病情及其发展趋势；侦探通过指纹、脚印、血迹、物件等线索即可得知案件的来龙去脉；情人通过对方的一笑一颦，即可得知其心理活动；物理学家、数学家、化学家通过研究对象的一些参数，即可列出其运动方程，从而计算出对象在今后某一时间、某一地点的运动方式。

征候索引法预测事物，一般分为两步：第一步，通过事物的某种表象或迹象，推断、分析其历史及当前所处状态。第二步，通过历史和当前状态，推断其未来时空物人互补的结果。古代预测术中的手相术、面相术以及通过庄基宅院的某些表象测知其是否有利于人类生存的风水术，都是征候索引法在预测活动中的应用。

规律推导法。这种方法运用已经发现的规律，推导出未知事物的结果。门捷列夫就是运用他自己发现的元素周期律，推导出未知元素的原子量、核外电子及其性质，后来，这些预测都得到了实验的证实。20世纪30年代，毛泽东就是根据战争发展规律写成了《论持久战》，将抗日战争分为防御、相持、进攻三个阶段，深刻分析了各个阶段敌我力量的对比和我们应该采取的战法，引导抗日军民最后取得了战争的胜利。

事实上，许多预测方法到最后，都离不开规律推导。如八卦预测法，最后就是运用古人已经发现的阳爻和阴爻的互补互斥规律进行推导的。生辰八字法也是运用已知时空运行规律对应预测对象的。其他预测方法要将预测上升为理论，就要运用它所总结的规律对预测过程进行推导。

在实际的预测过程中，上述几种方法一般不是单独运用的，而是互补综合使用的。预测一个事物，常常不仅用到历史分析法，而且可能涉及经验类比法、规律推导法、征候索引法和环境判断法，而规律推导法则往往是预测每一事物都要用到的。几种方法互补综合使用或交替使用，时空物人互补而导致的事物的发展趋势便会露出其神秘的面貌。

四、佛、道、特异功能及得道成仙

佛教、道教经过长期发展，演化出许多与服务社会有关的功能。预知事物的发展变化、给人算命看相等，便是这些服务功能的重要组成部分。僧人和道士对人对事的预测，主要通过两种途径：一是综合运用上节所述方法；二是通过特异功能。

高僧大德和道家术士一般身处静谧的山林古刹，他们在此伴着晨钟暮鼓，钻研佛经道术。一方面，佛经和道经里富含哲学、社会学等思想理论，对于他们分析社会及世道人心提供了理论支撑；另一方面，他们当中不乏学术水平很高者，这些高僧大德会将自己平生所学所悟包括佛学、道学思想以及预测社会人事的各种方法传授给有德有才的弟子，从而使这些弟子具有渊博的知识，为他们在一定条件下预测社会人事、凶吉祸福奠定了基础。

高僧大德和道家术士的修炼方法多种多样，但处在檀香袅袅的青灯古殿之中诵经礼拜，或者在青山环抱的静谧山洞里坐禅练功，是他们不约而同的修炼方法。这种修炼选择没有外界纷扰的静谧环境空间，时空心物在这种空间中静静地互补，人的思想集中于身体或物体某一点上，调动、开启了人体在纷杂的空间环境中不可能显现的某些感知功能，久而久之，修炼得法者可以在某个时间、某个地点突然顿悟，纷杂环境中的某些特异功能被开发出来，成为人的第六感官功能。这种经过特殊修炼的高人便有了常人所不具备的某种感知能力。在往后的时光里，他们常常运用这种功能结合已经掌握的预测方法对事物发展和人的前途命运、凶吉祸福加以预测。

正因为他们通过时空心物的互斥互补开发出常人所没有的第六感官特异功能，他们在人群中便被认为得道成仙了，进而成为人们崇拜和顶礼膜拜的对象。佛祖释迦牟尼在毕钵罗树下静坐思维四谛、十二因缘之理，最后达到觉悟；老子在终南山楼观台静思著述，遂有《道德经》五千言传世；传说中耶稣也经过静思觉悟具有了治疗各种疾病的特异功能；伊斯兰教历史记载的先知穆罕默德，于公元610年在莱麦丹月（伊斯兰教历九月）的一个夜晚，于希拉山洞潜修冥想时，得到安拉派遣的天使吉卜利勒向他传达的旨意，启示《古兰经》文，授命他作为安拉的使者，向世人传警告、报喜讯，教导人们信奉伊斯兰教。从此，穆罕默德接受真主赋予的使命，成了先知。可见，通过静谧环境中的时空心物互补开发出第六感官特异功能，是普通人得道成仙的基本途径。

高僧大德、道家术士、气功大师以及耶稣基督、伊斯兰教先知等所谓的"先知""先觉"功能，正是通过静谧环境中相当于参禅打坐的时空心物互补方式，开发出感觉、听觉、味觉、视觉、嗅觉之外的第六感官功能或者提高了原有感官功能的灵敏度，进而成为"活佛""天师""圣人""先知""大师"的。所有的宗教和气功修炼在这一点上殊途同归，其差别仅仅在于教义、教规、膜拜对象等不同而已。

儒、道、释渊源不同，主张和学说各异，但在中国传统文化发展中最终合而为一；西方、南亚、阿拉伯国家和中国的各种宗教都有相似之处；得道成仙与顿悟先知以及气功中的打开天眼都必须借助于静谧空间中的参禅打坐。这些表面上风马牛不相及的文化宗教形态之所以具有某种同一性，其根源就在于他们苦苦追寻的至高境界其实是一回事，都是时空心物互斥互补对人的第六感官的开发或者提高了原来的五个感官的灵敏度。这些时空物质和人类精神的互斥互补，最终必然将哲学、宗教和人类的认知融为一体。

创立宗教的"圣人"，由于其第六、第N感官得以开发或者其五官的灵敏度高于凡人，他可以感知凡人所不能感知的事物，所以比凡人看得远、看得清、看得深，成为凡人眼中的"神"；他们的学说通过自己的著述或者弟子的完善推介逐渐传播开来，形成某种宗教；后世弟子在推介其思想的同时，加入某种有利于宗教发展的仪式，形成各种各样的教规或戒律，一个完整的宗教便产生了。至于气功等等，它也可以通过坐禅等方式，开发人的第六感官或者提高五官的灵敏度。如果气功大师在第六感官得以开发或者五官灵敏度提高的情况下继续宗教形成的后续过程，也可以创造新的宗教，此类事情屡见不鲜。

第七章

人性互补

　　人是万物之灵，是广袤宇宙最美丽的花朵，是生命进化的最高成果。人自身又是一架复杂得无与伦比的机器，以至于人能够比较清楚地认识世界、解释世界，却不能清楚地解释自己。人有思想、有灵性、有人性，有世界上一切生命及非生命所不具有的复杂特质。人、人性以及人群的互补，构成了人类世界的万事万物。

第一节　人

　　人是什么？以往的哲学家、社会学家、生理学家、心理学家对此有不同的定义。有的认为，人是生命发展的最高阶段，是自然和社会发展的最高产物，是自然实体和社会实体的统一，是一切社会关系的总和；有的认为，人是能够完全直立行走，有高度发达的大脑、双手和语言器官，并能够制造工具、使用工具进行劳动的高等动物；有的说，人是思维和存在的统一，灵魂和肉体的统一，人是万物的尺度，是存在者存在的尺度，也是不存在者不存在的尺度；①还有的说人是环境和教育的产物，甚至是一架巨大的、极其精

---

①　北京大学哲学系外国哲学史教研室编译:《西方哲学原著选读》，商务印书馆，1981年，第54页。

细、极其巧妙的钟表，同动物相比不过多几个齿轮、再多几条弹簧罢了。

　　考察人类进化和发展的历史可以看出，人是生物人、动物人、普通人、理性人和自由人互补而成的整合体。

　　生物人，是能够自主地与外界进行质能交换，并具有生长、发育、繁殖能力的活体，是人在进化为动物以前的生命形态。代表人的生物属性。

　　动物人，是以植物、动物或微生物等有机物为食料，进行摄食、消化、吸收、呼吸、循环、排泄、感觉、运动和繁殖等生命活动的生物，是处在动物时代的人类。对于互补的人而言，代表人的动物属性。

　　普通人，是具有喜、怒、哀、惧、爱、恶、欲，生、死、耳、目、口、鼻等七情六欲，具有健康的身体、心理和健全的人格，并有一定智慧的现代人，人所共有的他无不具有。代表人的一般属性。

　　理性人，是指具有很强的辨别是非和利害关系以及控制自己行为的能力，依理智来衡量一切和支配行动的人。代表人的理智和智慧属性。

　　自由人，是指能够深刻地认识事物的发展规律，按照自己的意志，自觉地运用规律对客观世界进行改造的人，是从世俗中解放出来的人，是具有创造精神、创造能力和创造行动的人，是对人类发展和社会进步做出一定贡献的人。代表人的超人属性。创造性地掌握和运用自然规律为人类造福的人和创造性地掌握和运用社会发展规律为人类造福的人都属于自由人。

　　人从历史中走来。生物人、动物人、普通人、理性人和自由人分别代表了人类进化的不同历史阶段。亿万年前，原始大气中的甲烷、氨、氢和水汽在太阳紫外线照射下，生成多种氨基酸和有机物。有机物构成的系统进一步与外界进行质能交换产生分子量更大的类蛋白。富含蛋白质和核酸的系统与外界进行质能交换产生具有时空有序结构、能够不断进行自我更新、自我繁殖、自我调节的生命系统。生命系统最终进化为人即生物人。又经过无数岁月演变，生物人进化为原始的森林古猿，成为动物人。大约在两三千万年以前，森林古猿进化成人类，揭开了自然和人类发展历史崭新的一页。从那时到现在，人类中的一般成员都是普通人，杰出的成员成为理性人，最杰出的成员成为自由人。

一个具体的人的成长过程大致也要经历生物人、动物人、普通人、理性人和自由人五个阶段。处于胚胎时期的人属于生物人；刚出生的婴儿在没有意识的阶段属于动物人；一旦有了意识就成为普通人；普通人从少年开始思想慢慢成熟成为理性人；具有一定创造能力的普通人或理性人就是自由人。人的成长过程沿着五种人的路径进行，是人类世界基本的客观存在，也是全息原理在人的进化过程的反映。具体的个人的成长过程蕴藏着人类进化的全部秘密；具体的个人成长的每一步蕴涵着其整个生命过程的全部秘密。

人类的进化一直没有停止，进化的积淀永远留存在人的肉体和精神的各个方面，同时化作构成整体人的生物人、动物人、普通人、理性人和自由人的因子。

每一个人的身上，都存在着生物人、动物人、普通人、理性人和自由人的因子，这就使得一个完整的人首先是一个生物人，一个物质的耗散结构。他能够自主地与外界进行质能交换，具有生长、发育、繁殖的要求和能力。

一个完整的人也是一个动物人，一个具有动物本能的耗散结构。他需要从外界不断取得物质和能量，从而使自身不断走向有序。质能交换是动物人的第一需要，向外界索取质能是动物人的本能；生殖繁衍是动物人永续发展的基础，追求异性是动物人的重要本能。质能交换的目的是为了走向有序，生殖繁衍的目的是为了将自己的基因遗传下去。生是动物人一切追求的核心，死是其一切追求所要尽力避免的事情。而获取质能和异性的手段并不都是理性的，与生俱来的动物本能决定了获取质能和异性的手段常常表现出动物的排他性和掠夺性。

一个完整的人在通常情况下是一个普通人，是一个具有意识和思维能力的耗散结构。普通人作为一个耗散结构，需要与外界不断交换质量、能量和信息才能使肉体和精神不断走向有序。人的大脑在胚胎时期几乎是一张白纸，具有思维功能的基础，但并不具有思辨的能力。胚胎在母体中逐渐发育，在与外界不断进行质量和能量交换中成长壮大，同时外界的信息刺激使他有了朦胧的意识。人出生以后，大量的信息接踵而来，不断刺激大脑。大脑与外界不断进行信息交换，语言信息、形象信息、色彩信息、味道信息、温度湿度信息等不断输入大脑，知识信息、技能信息、道德信息、规则信息、创造信息等不断输出，大脑在与外界不断的信息交换中形成一定的思想，思维能力、知识体系、意识形态、价值观念、创造精神等不断形成。没有与外界的信息交流，人的思想不会成熟，知识技能不会积累，思维能力、意识形态、价值观念、创造精神不会形成。普通人既是物质的耗散结构又是精神的耗散结构，有七情六欲，需要饮食男女，希望生存下去，不希望死亡，追求幸福而避免痛苦，希望将自己的基因遗传给后代，有精神方面的要求，等等。这些都是普通人所具有的共性，这些共同特点在每一个人的身上都表现出经常性和普遍性。普通人有时也会表现出一些极端的品质、极端的行为，如自杀性袭击，不近男女，具有圣人一样的高尚情操，等等。这些极端的品质和极端的行为多是后天特殊环境、特殊经历造就的，如自杀性袭击是仇恨或精神洗礼造就的，出家人不近男女是宗教戒律造就的，圣人的高尚德行是精神修炼造就的。所有这一切，都不是普通人的本能所为，不是本能的自然表现，而是内力和外力强行造就的，所以行动起来需要克服痛苦。普通人在一定情况下尽管表现出这些极端的品质、极端的行为，但其内在的普通人的本能永远是存在的，不会随内力或外力的作用而泯灭。或者说普通人的普通品质和行为在一定情况下变成了隐性，而极端的品质、极端的行为成为显性。

理性人是人中的智者，自由人是人中的创造者，是人类的骄子。每一个现代人身上都有理性人和自由人的因子，每一个正常的现代人，都可能成为理性人或者自由人。因为每一个现代人都有思维。思维的基本功能就是理智地认识世界、处理问题，创造性地提出问题、解决问题，这些正是理性人和自由人的基本特征。许多正常人都有成为理性人或自由人的经历。他们当中，有的人将理性人或自由人的特质长久地保留下来，这些人最终成为理性人或自由人；而另一些人则没有，不是因为他没有理性人或者自由人的因子，或者他从来没有做过理性人或自由人，而是因为复杂的内在因素和外在因素湮没了他成为理性人或自由人的辉煌一瞬，扼杀了他的理性人和自由人的特质，使这种特质在他的身上昙花一现，最终成为普通人或者动物人、生物人。

一个完整的人正是生物人、动物人、普通人、理性人和自由人的互补整合体。换句话说，生物人、动物人、普通人、理性人和自由人互补才是一个完整的人。

人在什么时候表象为什么样的人取决于人的互补整体对外所表象的相。在每一个人的身上，都存在着生物人、动物人、普通人、理性人和自由人的因子。这些因子互补整合，在一定的情况下表象出生物相，在另一种情况下表象出动物相、普通相、理性相或者自由相。当人在特定情况下表象出生物相时，他人从外界一定的参考点观察，便看到他是一个生物人；当他表象出动物相时，从外界一定的参考点观察到他是一个动物人；当他表象出普通相、理智相或自由相时，外界看到他是一个普通人，或者是理性人，或者自由人。一个具体的人在不同的情况下以生物相、动物相、普通相、理性相或自由相出现在世人面前；一个具体的人在不同的情况下可以表象为生物人、动物人、普通人、理性人和自由人。

一个人总体上是什么样的人取决于构成人的各种因子互补的常相。常相就是经常出现的显相。显相是显示出来的相，没有显示出来的相并非不存在，而是以隐蔽的方式存在的，称之为隐相。特定情况下看到的是人的特定的相。如果一种特定的相经常显现在一个人的身上，这种相就成为这个人的常相。如智者经常显现的是理性相，普通人经常显现的是普通相。对这些相进行细分——官员们长期为官显现官相，乞丐长期乞讨显现穷相，念书人显现书生相，而经商者显现商人相。反过来，如果一个人的常相是生物相，则这个人总体上是一个生物人；如果一个人的常相是动物相，则他总体上就是一个动物人。依此类推，常相是普通相、理性相、自由相的人分别是普通人、理性人、自由人。每一个人的身上都有理性人和自由人的因子，只要这些因子经常显性地表现出来，每一个人也都可以成为理性人或者自由人，正所谓人人皆可为圣贤。

常相反映一个人的基本面，是代表一个人基本特点的符号。特相反映的不是一个人通常的情况，而是特殊条件下的情况。只要一个人在特殊情况下反映出某种特相，说明他本质上具有某种特质，说明这个人成为具有某种特质的人是可能的。如普通人在一定的条件下反映出理性人或自由人的特相，说明普通人成为理性人或自由人是可能的。同样，理性人和自由人在一定的条件下反映出生物人或动物人的特相，说明理性人和自由人也可能成为生物人或动物人。

人的常相在一定条件下可以变化。普通人坚持理性化改造会慢慢成为理性人，理性人坚持学习探索创造也可以变为自由人。同样，理性人放松理性要求会沦于平庸变为普通人。普通人无节制地放纵动物性，也会变成动物人。人生不仅可以在五种人之间依序变化，而且可以超越五种人顺序发生跃升或跃退。自由人不再学习思考也会变成生物人、动物人；动物人、普通人也可通过个性改造和修炼学习变成自由人或者理性人。

现实当中，人与人总是存在差异的。这种差异仅仅在于生物人、动物人、普通人、理性人和自由人的因子在单个的人身上存在的程度。某一种因子所占比重大，则这种因子所对应的相呈显相，进而呈常相的概率就高，对应的个人也就在通常情况下表现出生物人、动物人、普通人、理性人或者自由人的特性，总体上成为生物人、动物人、普通人、理性人或者自由人。具体的个人成为什么样的人，取决于他身上生物人、动物人、普通人、理性人或者自由人的因子的多寡。

一个完整的人身上存在五种人的基因。人类的进化过程是沿着五种人的路径进行的。单个人的成长也是沿着五种人的路径进行的。有的人可以成长为自由人，有的可以成长为理性人，有的可以成长为普通人，有的仅仅是动物人，有的就只能成为生物人。

每一个人都是胜利者，即使是一个生物人，他也曾在与同伴的竞争中取得了历史性的决定性的胜利——无数精子中的某一个或某几个与卵子结合形成胚胎便是这种胜利的成果。

第二节　人性

人是生物人、动物人、普通人、理性人和自由人互补的整体。人具有与人的本质相应、反映本质的人性。广义的人性是人类共同的本性，是一切人所共同具有的特点，包括爱心、怜悯、诚实、谦逊、羞恶、容忍、美、雅、自由、崇高等人性善的方面，也包括自私、虚伪、蛮横、狡诈、凶残等人性恶的方面。狭义人性主要指人性善的方面，反映人所具有的正常的感情和理性，同兽性、非人性、反人性相对，是人之所以为人，而非生物、非动物的特殊本质。生活中所涉及的人性一般指狭义的人性。

人性的本质只有一个，那就是自私的本能。自私本能无所谓善恶。在人类长期的进化过程中，正是自私或者为我的本能使得人积极进取，推进人类的进化和发展。没有人类的自私本能，就没有人类的今天，就没有五彩缤纷的世界，就没有人类丰富的精神生活。从这个意义上讲，自私本能就是善，而且是本质意义上的善。而当自私本能侵害或威胁他人或公众利益时，自私本能就衍生出恶。

人性中自私的本能是人类和动物与生俱来的特性，不学就会。人的自私本能源于人的物质组成结构即耗散结构。自从人作为一个需要与外界进行质能交换的耗散结构体而存在的时候，就有了使自身不断走向有序的功能、要求和行为。无论现实的情况是否有利于人体耗散结构走向有序，自然人作为耗散结构使自身走向有序的倾向和要求以及与之相应的行动永远不会终止。人的这种为我或者利己的本能源于人作为耗散结构的物理属性、化学属性和生物属性，伴随人类进化和发展的全过程，并在人类长期的进化和发展过程中沉淀下来，通过遗传留给后代。对于具体的个人，人之初，精子和卵子在母体结合成为受精卵，作为生物人的生命体就组成一个完整的耗散结构，同时开始了使自身不断走向有序的自发的质能交换过程，人体耗散结构就开始了为生存而进行的斗争。为了使自身走向有序，受精卵本能地从母体吸取赖以生存和发展的营养，与母体进行质能交换。同时母体也在与受精卵以及此后逐渐成长的胎儿进行质能交换。待到人出生以后，婴儿本质上仍然是一个耗散结构，胚胎时期获取质能以使自身不断走向有序的本能继续存在，所不同的仅仅是由原先连接母体的脐带汲取质能变为通过嘴的吮吸汲取质能。新生儿不需要后天学习，本能地会吃奶，会吮吸母亲的乳汁。婴儿逐渐长大成人，无论他后天学会多少本领，学习多少做人的规矩和道德规范，从外界获取质能以使自身不断走向有序的本能始终是他一切行为的最基本的动力源泉。

直接向外界索取质能的本能造就人的食欲。食欲是人作为耗散结构向外界索取质能的本能愿望，是人最基本的原初欲望。人体作为一个耗散结构是在不断与外界进行质能交换中走向有序的。当质能交换不能满足人体需要时，人体自然会产生继续交换或加大交换力度的需要，这种需要就是饥饿感觉，想吃东西，从而形成食欲。人体满足食欲，进行必要的能量补充，就会保持自身走向有序的秩序；否则走向有序会受到影响，甚至走向无序。

当人逐渐发育成熟以后，女性体内的雌性激素和男性体内的雄性激素刺激人产生渴求异性的本能，使得人对异性的要求即性欲慢慢觉醒。性欲和食欲一样希望得到满足，常常在身体和心灵深处蠕动，新的追求领域随之被开辟出来。而性欲作为人的另一种原初本能，不仅是人的一种内在需求，而且是人借以将自身的基因遗传下去、使自身有朝一日不能走向有序时，确保自己的遗传基因继续走向有序的一种本能手段。同时也是人不仅要使自身不断走向有序，而且要使类不断走向有序，并通过类的有序发展为自身走向有序提供保证的一种本能行为。

人的食欲和性欲是由本能产生的最基本的两大原初欲望。其中食欲更为基本，性欲建立在食欲之上。人体耗散结构在食欲支配下与外界交换质能使自身不断走向有序，但这个过程不可能永无止境地进行下去。因为总有一天，随着肌体的老化，人体耗散结构与外界交换质能的能力会逐渐萎缩，肌体便无可奈何地向无序发展，最终走向灭亡。人体耗散结构产生的雄性和雌性激素使男女异性相互吸引形成人的性欲。在性欲支配下，男性人体耗散结构产生的雄性生殖细胞与女性人体耗散结构的雌性生殖细胞结合，形成新的人体耗散结构，即新的生命个体。人类耗散结构的基因便通过这种结合得以传承。促使新生命诞生的人类性欲的产生以人类个体耗散结构的存在并不断走向有序为基本条件，而人类个体耗散结构的存在和走向有序的基本动力是人类食欲，所以人类性欲是建立在食欲基础之上的。相对于性欲，食欲更为基本。

在漫长的进化过程中，人类以食欲和性欲两大原初欲望为基础，产生了许许多多的派生欲望。由于人生活在自然和社会当中，自然和社会环境充满了挑战，满足食欲和性欲的竞争不可避免。在竞争中占上风的人其食欲和性欲更容易得到满足，或者更容易为满足个体的食欲和性欲创造有利条件，并且在新的竞争中占据优势地位。同时，胜利者更为人群所尊重、所景仰，而他人的尊重和景仰可以使人感到愉悦和精神满足。远古时期的竞争胜利者可以成为部落领袖，掌握集体物资分配的主导权并在分配中获得优势地位为自己谋取更多的利益，还可享受占有更多漂亮异性的特权，更容易满足自己的食欲和性欲，同时得到部落内部甚至外部人员的尊敬，获得心理愉悦和精神满足。古代的封建皇帝作为竞争胜利者，不但"普天之下，莫非王土；率土之滨，莫非王臣"，而且"后宫佳丽三千人"，"渭流涨腻，弃脂水也"，其食欲和性欲以及其他精神欲望都得到极大满足。正因为竞争胜利者能得到如此多的好处，获得竞争胜利反过来成为人的一种精神需求和追求目标，由此派生出人的名利欲望、成就欲望等精神层面的欲望。这些建立在食欲和性欲等原初欲望基础上的派生欲望，在人类长期的进化过程中沉淀并固定在人的基因中，随着遗传保留下来，成为人类新的本能欲望。随着人类的发展，人的追求领域越来越宽广，旧的欲望满足了，新的欲望会在新的基础上产生出来，欲望变得没有止境。本能不断产生着欲望，欲望推动着追求的延伸，追求使欲望得到满足，最终不断达到本能需求的目的。人就像本能的以欲望为动力加速运转的机器，在欲望与满足之间做循环往复运动，直到这架机器磨损毁灭，个体的欲望才能终止。整个人类也像这样一部不断运转的机器，在欲望与满足之间做循环往复的运动，直到所有机器磨损毁灭，直到人类灭亡，人类的欲望才能终止。

人的各种欲望是人的本能的主观倾向，是本能的主观向往、主观表达和主观表象。它根源于人的本能并受本能支配。但欲望并非一成不变。欲望可以培养。环境是培养欲望的课堂。孩提时代的饮食结构决定人一生的饮食习惯。小时候经常吃什么，一般长大就喜欢吃什么（只要不吃腻），就对什么产生依赖性食欲。南方人爱吃大米，北方人爱吃面食，四川人爱吃麻辣，山西人爱吃醋，都是小时候环境培养的结果。抽烟的人可以培养出对烟草的需求形成烟瘾，饮酒的人可以培养出对酒的需求形成酒瘾，读书、思考、唱戏、听戏、养花、种草、养狗、养鸟、打球、健身，等等，都能成瘾，都是环境培养的依赖性欲望。环境还可以刺激欲望。一些与吸食毒品的瘾君子接触的人，往往在看到瘾君子们腾云驾雾的"享受"样，或听了瘾君子关于吸食毒品后"想要什么有什么"的蛊惑宣传后，产生跃跃欲试的冲动，形成"试一下"的欲望，然后开始他们噩梦般的人生。年轻人看了武打片便想进少林寺，看了枪战片便想当侠客，看了英雄片便想当英雄，看到创业成功者便想独立干一番事业，都是环境刺激产生的欲望。世界上有许多国家的青年人千方百计来到中国，其实就是因为看了中国的武打片，仰慕中国功夫，特别是武打片中主人公不借助于任何工具便能在空中飞来飞去的技能，由此产生强烈的学习欲望和冲动。环境的熏陶和刺激使人产生一定的欲望，欲望的不断产生和满足使人形成满足欲望的一定的习惯。习惯一旦养成，反过来就形成了对相应事物的固定欲求或欲望。人一旦培养出一种新的欲望，满足这种欲望就成了人的新的本能。欲望的满足会产生精神愉悦，欲望得不到满足就产生烦恼，欲望的压抑就产生痛苦。一个人如此，一群人如此，人类也是如此。

　　欲望以意识的存在为前提。生物人没有意识，也就无所谓欲望，只有本能。动物人、普通人、理性人和自由人都有欲望，但各自的欲望不尽相同。生物人本能地、无意识地、自发地与外界进行质能交换，这种交换是物理性的、化学性的和生物性的，不存在任何意识或潜意识的支配，某些时候表现的主动也仅仅是一种本能的反应，所以生物人没有物质和精神欲望。动物人具有物质欲望，同时也具有初步的精神欲望，但这种欲望是本能的、非自觉的，所以称之为本能欲望。人类发展到动物人之后，或者单个的人成长为动物人之后，出现与外界有意识的主动的质能交换，由此产生本能的物质欲望，同时派生各种精神层面的欲望。如黑猩猩、猿相互之间有初步的感情联系就是旁证。精神的产生和精神层面的需求是人发展到动物人之后出现的。动物人、普通人、理性人和自由人的精神层面的欲望差别很大。动物人只有萌芽状态的感情，所以既具有一定的物质欲望，又具有初级的精神欲望，或者精神欲望尚处在萌芽状态。普通人具有完善的思想意识、完善的喜怒哀乐和完善的精神需求，所以既具有完善的物质欲望，同时也具有一定的精神欲望，这种含有一定的理性成分的精神欲望称之为中级精神欲望。理性人懂得用理性指导感情和行为，所以具有完善的物质欲望和精神欲望，这种欲望称之为高级精神欲望。自由人在理性人的基础上，追求人和人类的创造性生存与发展，所以不仅具有完善的物质欲望，而且具有超越其他人的精神欲望，这种精神欲望为超级精神欲望。初级精神欲望表现为赤裸裸的自私，而中级、高级和超级精神欲望在表现自私的同时，也常常表现为利他，但利他恰恰是利己的手段。如一个人自觉地做好事，既是一种高尚的利他行为，也是为了自身精神欲望的满足。教徒们普度众生，既为众生脱离苦难，也为自己积德进而死后能进入天堂。积德必须行善，行善为了积德，正所谓积德行善。普通人、理性人和自由人都具有一定的理性。而理性对欲望起着指导、调节和控制的作用。指导、调节和控制欲望的目的不是放弃欲望，恰恰是为了更有效地实现欲望，其结果往往也达成了这样的目的。所以，普通人、理性人和自由人归根到底仍然没有、也不可能、更没必要跳出自私的范畴，普通人、理性人和自由人的物质欲望和精神欲望是高级自私欲望，是自私的高层次或高级阶段。

自私、为我的本能无处不在。人类的亲情最能说明问题。曹雪芹在《红楼梦》中写道："痴心父母古来多，孝顺子孙谁见了？"语带凄凉，却是真实而冷酷的客观存在，同时也是规律，谁也不能超越。之所以如此，根本原因在于子女是父母的骨血，是父母的作品，是父母自己的东西，在父母看来为其所有。因为是自己的东西，本能上、潜意识里倍加珍视，没有勉强，没有胁迫，没有任何外力要求他这样做，不需要任何思想培养和道德教化，完全是一种本能的高度自觉。中国古代父母在子女远走他乡自己照顾不上时，会叮嘱子女自己爱护自己，同时也直言："儿是娘心一块肉，儿走千里母担忧。"子女的身体是父母的骨血，善待身体就是孝敬父母。可见，中国人的祖先早已经察觉到这样一个真理。而子女孝敬父母就比较勉强，即使在中国古代这样一个非常讲究伦理道德的社会，子女孝敬父母也绝没有父母爱护子女那样自觉而无条件。孝敬行为的发生多是道德教化、规范约束的结果，而不完全是本能的自觉行动。子女不孝敬老人甚至虐待、遗弃老人的事情倒是经常发生，司空见惯。正因为如此，中国传统文化才推出"二十四孝"等孝敬父母、老人的道德模范，以此作为教化后人的标本。如果子女孝敬父母也像父母爱护子女那样自觉而无条件，就没有必要花这么大气力进行教化了。子女孝敬父母之所以没有父母爱护子女那样自觉无条件，根本原因是因为父母对于子女来说，不是自己的东西，而是他人的东西，是爷爷奶奶的东西，归爷爷奶奶所有。子女对于父母来说，绝对是自己的东西，是自己的亲骨肉。所以照顾自己的子女是本能的、无私的、自觉的，照顾爷爷、奶奶的子女，即孝敬父母是被动的，需要理性指导，需要历代不遗余力、不厌其烦地教化、培养、熏陶，需要舆论反复引导、批评，制造氛围，甚至需要制定法律法规加以强制和约束。正因为这个缘故，世界各民族在文明开化进程中，都或多或少地教化劝诫人们孝敬父母、老人，而对父母爱护子女没有过多的宣教和强求。

　　动物没有后天的理性教育，在对待父母和子女上的不同表现更能说明自私本能的存在。人类的近亲比如猿，远一点的比如猴，与人类在亲缘关系上距离很远的动物比如虎、狼、狗、猫、羊甚至鸟类，都有爱护初生子女的本能。猴子经常把初生子女紧紧抱在怀里，母鸡经常把小鸡罩在翅膀之下，当初生子女遇到外来侵害时，它们会奋不顾身地加以保护。而动物子女对于其父母的爱护、保护的本能行动要逊色得多。人是从动物进化而来的。人类的昨天就是动物的今天，动物今天的行为就是人类历史上的作为。昨天的本能会遗传下来，成为今天的自私的各种表现。

　　由于自私、为我本能的存在，一个人不仅在亲情上有亲疏之分，对于自己身体的各个部位，也有亲疏之分。大脑是身体的核心，也是自我的核心，其他的器官是大脑根据其对于人的生命的重要程度确定的。如果面对特殊情况需要对四肢和头颅进行取舍时，人必然选择留取头颅而舍弃四肢。壮士断腕的事情古今都有发生，但壮士为了保卫四肢而勇敢断头的事情从来就没有发生过。至于盲肠和扁桃体，因为它们在人体中所处的地位、对人体所具有的作用比其他器官小得多，有的人甚至在它们没有发生病变的情况下，也将这些器官无情地割舍。

　　人的行为都是由欲望支配的。主动的行为源于自主欲望，被动的行为源于自主欲望派生的被动欲望。自主欲望是人对自己欲达到的目标的主动追求和向往，被动欲望并不真正期盼某个目标的实现，而是把实现目标作为解脱自己或达成自主欲望的途径或手段，为解脱自己或者达成自主欲望而被动地追求目标。如遭歹徒劫持的人质在歹徒威逼下按照其指令行事的欲望，仅仅是为解脱自己而不是为达成歹徒的最终目标；工人为老板干活，完成老板规定的干活指标的欲望是为得到报酬而不是为了老板发财。

　　人的性格源于人固有的各种欲望。性格内向——表现欲望弱；性格外向——表现欲望强；性格直爽——直接表达思想欲望强；性格刚强——克服困难坚持到底欲望强；性格懦弱——克服困难坚持到底欲望弱。人自身的各种欲望的互补形成人的性格。每一个人都有欲望，首先是食欲和性欲。

普遍的食欲和性欲人人都有，具体的食欲和性欲各不相同。如有人好酸，有人好甜；有人好吃面食，有人好吃米饭；有人追求富贵，有人安于贫贱；有人期盼写作的愉悦，有人追求数字的快感；有人期盼出人头地，有人追求舒适安闲。具体的人性欲要求也不相同。有人性欲强，有人性欲弱；有的男人喜欢丰满女人，有的喜欢苗条女人；有的女人喜欢刚健猛男，有的喜欢白面书生。两大原初欲望派生出无数的其他欲望：烟欲、酒欲、书欲、思欲、戏欲、影欲、花欲、草欲、球欲、泳欲以及情欲、贪欲、色欲、权欲、求知欲、探索欲、占有欲、控制欲、表演欲、表现欲、表达欲、窥探欲、服从欲，等等。不同的人有不同的欲望，不同的欲望表象不同的企求和向往，构成人的不同的性格元。想要什么，拒绝什么，喜欢什么，讨厌什么，赞成什么，反对什么，都因为欲望不同而形成差别。特定人的性格正是特定人自身不同的性格元互补整合的结果。而特定的性格元，是以特定人的生理因素为基础的，在自然实践和社会实践活动中逐渐形成和发展的。因而特定的性格元与特定人的经历或人的历史有关，与人的内在气质有关，与其遗传有关，与人的成长环境有关。

欲望互补既形成人的性格，也决定人的人格。性格是欲望互补的外在表象，人格是欲望互补的内在结果。性格反映人格，但不一定完全地、真实地表象人格；人格是性格的本源，是性格的内在支撑，人格决定性格，但并不是造就性格的唯一因素。人的不同的欲望互补决定人对人、对物、对事的态度和行为方式，形成人刚毅、果断、优柔、懦弱、高傲、稳健、抑郁、开朗、活泼、内向、外向等性格，同时也综合反映人的尊严、价值取向和道德品质，决定人对自我的基本的精神和物质权利的主张，决定人格的高尚或卑鄙，尊严或猥琐，等等。

人格、性格与外界事物的互补决定人的情感取向。情感取向包括情感认同，情感非认同和情感漠视。人格、性格一旦形成，人对事物的判断就有了一定的标准。意识或潜意识按照这个标准认为善的东西，或者外界事物所包含的信息与人已有的情感判断标准合拍时，情感给予肯定和接纳，人与外界事物就会发生情感共鸣，由此产生认可、同情、感动等情感反应。意识或潜意识按照这个标准认为恶的东西，或者外界事物所包含的信息与人已有的情感判断标准不一致时，人与外界事物就会发生情感排斥，就会产生否定、对立、生气或愤怒等情感反应。意识或潜意识按照这个标准认为与自己关系不大或没有关系或不好作出判断的东西，或者外界事物所包含的信息与人已有的情感判断标准不完全合拍但也不完全对立时，人对外界事物会产生情感漠视，产生距离感，既不否定也不肯定，既不排斥也不接纳，既不感动也不生气。

人对外界事物作出情感判断结论，必先有情感判断的标准，尔后有情感共鸣或情感对立的发生。人的喜怒哀乐，都是眼前的情景与人格、人性中固有的善恶判断发生碰撞互补的结果。具体的互补过程又可分为两种，一种是有意识互补，如指纹确证，现有的指纹与原存的指纹对上号，便被确定认证；对不上号，便不能确证。另一种是无意识互补或潜意识互补。如男女找对象，往往对这样的人充满好感而对那样的人没有感觉甚至充满厌恶，当事男女自己也说不清楚为什么，但感觉是真实存在的，并且非常强烈，感觉的指向也非常清楚。个中原因就在于童年、少年或青年时代某种异性以正面或反面或中性的形象通过视觉、听觉、嗅觉、味觉、感觉甚至第六感觉影响了人，在人的潜意识里打下好恶感觉的深深烙印，这种烙印逐渐演化为对异性的评判标准，成年时找对象就对类似形象、气质的异性产生好感或者恶感或者无感。

人的原初欲望同为食欲和性欲，但具体人的食欲和性欲不尽相同，由食欲和性欲生发的各种派生欲望更是五花八门。欲望互补形成人的性格，决定人的人格。各种性格元和人格元的互补构成基本的人性。由于人的欲望各不相同，性格元和人格元也不相同，其互补而成的具体的人性必然形形色色。这就是世界上存在各色人等的内在原因。不仅不同的人具有不同的人格和性格，而且同一个人由于其性格元和人格元不同、互补的路径和方式不同而具有多重人格和多重性格。忠诚、友善、实在、平和、责任、担当、慷慨、大

气、宁静、谦逊、平和、宽容、同情、忠贞、仁爱、慈悲与奸诈、狡猾、贪
婪、自私、傲慢、偏见、恐惧、生气、悲伤、悔恨、怨恨、自卑、谎言、高
傲、妄自尊大等在同一个人身上同时存在，只是这些人格和性格在不同的场
合或不同的情况下分别表象为显性或隐性。当人的多重人格和多重性格中的
某一种或某几种表象为显性时，具体的人就以这种人格或性格出现，其他的
人格和性格就暂时隐蔽起来。但隐蔽并不等于泯灭，在另一种场合或特定的
情况下，通常以隐性存在的人格和性格也可以表象为显形，具体的人便以与
之相应的人格和性格出现在世人面前。谦谦君子有时可表现为势利小人，江
洋大盗有时也可表现为救命菩萨。具体的人经过人生历练，某种或某些人格
和性格经常呈显性，另外一些人格和性格经常呈隐性，由此造就了具体的人
的人格和性格的常相，外界正是通过人的人格和性格的常相定义具体人的人
性的。

　　人性的本质是自私。自私源于人的欲望。欲望形形色色，但总体上可分
为具体欲望和终极欲望。具体欲望即人对具体目标的期盼和向往，终极欲
望是人对人生要达成的最高目标的期盼和向往。不同的人，终极欲望各不相
同：有人向往长生，拒绝死亡；有人追求精神，鄙视俗气；有人期盼家庭美
满，夫妻和睦，有人追求人类幸福，世界大同；有人向往今生福如东海，有
人期盼来世荣华富贵；有人立志摘取科学皇冠上的明珠，有人一心探索人类
未知领域；有人期盼白马王子，有人追求梦中情人；等等。具体欲望追求具
体目标，终极欲望追求终极目标。人生的终极目标即人生理想，决定着人生
的意义和方向。

　　理想是人对未来事物的设想或希望，是人的终极欲望所要达成的目标。
理想一旦确立，便成为引导人前进的一盏明灯，同时也不断刺激人追求目
标的欲望。人期盼实现理想，为了理想而不懈奋斗，但当理想真正变为现实
时，无穷的欢乐过后，常常陷入无聊和怅惘。为了保持人生永恒的动力，必
须确立新的理想以刺激新的欲望，否则，欲望萎缩，前进的明灯便会熄灭，
追求的脚步也会停止，失望甚至绝望便会接踵而来。漫漫人生路上，永恒的

动力其实是欲望，保持欲望比追求理想更为根本。为了保持欲望，理想和现实之间要保持一定的距离，使理想始终看得见，但摸不着，是运行于前方的指路明灯，但始终可望而不可即。假若理想实现，必须立即确立新的理想填补原来理想留下的空白，这样，人生才能始终处于追求之中。追求的人生以欲望为动力，而欲望常常也会惹是生非。放纵欲望，会使理想现实化或使现实理想化，亦即把理想的东西当作现实，抹杀理想的远大性、崇高性；或者对现实进行理想化改造，使行为脱离实际。理想的现实化贬低理想，使欲望萎缩；现实的理想化歪曲现实，使欲望膨胀。欲望膨胀必然使人走向反动，造成破坏，最终导致失败。当希特勒把种族理想强加给世界，对犹太民族实行灭绝政策时，他的灭亡也就指日可待；当宗教极端主义用宗教理想统治现代人的生活，造成愚昧落后和恐怖主义时，文明世界也就不能容忍；当邪教把邪教理想赋予现实，教唆教徒走向天国时，集体自杀等反人类的极端行为也就在所难免。人需要保持欲望，但不能放纵欲望；需要树立理想，但不能把理想现实化或把现实理想化。只有使理想永远处在奋斗的前方，而不是将它抱在怀里，人生才有奋斗的动力，才有希望；只有用适当的方式去追求理想，才不至于把理想推向极端、推向谬误。人生就是不断地确立和追求理想的动态过程。当人在追求理想的过程中遇到障碍和挫折时，便会产生各种情绪，极端情况下，自杀也会成为一种选择。到处碰壁、感到理想永远也无法实现，或者实现了理想又不能建立新的理想而导致无理想，对现实失去信心、绝望的人以及把现实理想化的人，都是自杀的实践者或者自杀队伍的潜在成员。

理想是人生的最高追求，能否实现取决于理想的科学性和实现理想的条件、环境以及个人主观努力的程度。有人经过奋斗可能实现理想，有人终生追求但只享有追求的过程。为了实现理想，人们往往将理想分解成一系列具体目标，通过实现一个个具体目标最终实现理想。理想和终极欲望常常是人在特定时期特定环境中对当时认为的终极目标的期盼和向往，事实上追求的往往是阶段性目标。时过境迁，阶段性目标往往为另外的阶段性目标所取代，当时和特定环境中追求的目标或者已经实现或者没有实现或者已经改变。即使环境相对稳定，当既定目标实现后，人生便走到又一个十字路口，或者限于迷茫，或者重新订立新的目标，燃起新的追求和期盼。从这个意义上讲，终极欲望其实也是一种具体欲望，是一个个具体欲望互补叠加而成的。有的终极欲望可望而不可即，永远无法实现，而人却在孜孜不倦地追求；有的终极欲望是绝对的终极欲望，是整个人类追求的目标，同时也是人类永远也无法实现的目标。人类诞生以来就在追求它，今后还要永远追求下去，人类在不断地接近这一目标，人类永远也不可能实现这一目标。这就是人类的共同理想，她随人类诞生而诞生，随人类消亡而消亡，给人类以力量，给人生以动力。

尽管终极理想无法实现，但人类从来都没有抛弃终极理想。失去终极理想，就像马失去四蹄，鸟失去翅膀，既不能驰骋，也不能飞翔。有理想才有前进的目标和动力，有理想才敢试敢闯，有理想才能进步，有理想才能成功。

人为什么活着？是否为理想而活着？提出这个问题的前提就是错误的。人是否活在世上，不是自己说了算，而是由父母决定的，是父母结合的结果。人出生以后，为什么活着？在人生的各个不同时期，答案有所不同。生物人时期，为本能而活着；动物人时期，为活着而活着；普通人、理性人、自由人时期，为生存、为愉悦、为理想、为他人、为信念而活着。

第三节　人与人

一、人与人相互联系的普遍性

独立的人具有独立的体格、人格和性格。但独立的人并非孤立地存在，他在成为人的那一刻，就与千千万万的伙伴共存。独立的人也不能独自立于天地之间，而必须与外界发生联系，才能正常生存。

人首先必须与他人发生联系，与他人交流，与他人共处，与他人竞争，在与他人相互联系中生存和发展。他人也具有独立的体格、人格和性格，同时也必须与他以外的人打交道。这就决定了每一个人都不能孤立地存在，都需要与自己以外的人建立一定的联系。形形色色的人，形形色色的体格、人格与性格相互作用，相互联系，互斥互补，构成了人类世界万事万物，主导着人类的生存和发展。

人之所以必须与他人发生联系，是因为人既是物质的耗散结构，又是精神的耗散结构，无论体格、人格、性格、精神世界都是非自足的，必须与外界不断进行物质、能量、信息的交流和交换才能维持自身的生存与发展，并不断走向有序。在这个过程中，独立的人的物质和精神的满足在很大程度上是通过他人实现的。婴孩需要父母呵护才能长大成人，父母需要子女赡养或他人照顾才能老有所养；父母的天伦之乐建立在儿孙之上，儿女的孝心表达建立在高堂之上；孤独老人需要伴儿说话解闷，失足青年需要导师指点迷津；病人需要医生诊治才能痊愈，心理问题需要他人疏导才能排除；真理的火花在讨论碰撞中进一步迸发，奋斗精神在相互激励中发扬光大；男人和女人分别需要女人和男人表达性欲与情感，满足家庭、生儿育女等多方面的需要；单个的人需要和他人协作才能完成一个人无法完成的任务。现代社会，每一个人都只是社会机器的一颗螺丝钉，只在社会中发挥自己的一份作用，制造社会很小部分的产品，满足自己生存很小部分需要，而他的生存和发展所需要的大量的物质和精神产品都需要他人的劳动予以提供。中国古代的隐士高人寄情山水，回归自然，但终究不能完全从山水中间得到物质和精神的满足，他们的物质生活仍然需要他人的劳动创造来提供，他们内在精神的真正满足既有山水自然，也有沧桑人事。陶渊明"采菊东篱下，悠然见南山"，钟情于"狗吠深巷中，鸡鸣桑树颠"的生活，但并不排除与他人一起生活，而是排除官场生活，追求平静安详的平民生活，在安静、单纯、朴实的平民生活中与家人、邻居、古人、圣人、理想中的人为伴，躬耕田园，写诗作文，得到精神满足。可见，每一个人都必须与他人交流、交往、协调、互补，与他人进行质量、能量和信息交流交换，以他人为自己存在的前提和条件，以他人为自我价值实现的标杆和自我发展的依托，从他人那里获得物质和精神的补足，这样才能正常生存生活。离开他人，孤独的人将寸步难行，既不可能在孤独中生存，更不可能在孤独中发展，只能在孤独中消亡。

二、人与人相互关系的类型和相互联系的方式

人与人之间的关系，有血缘关系、夫妻关系、师生关系、长幼关系、朋友关系、敌友关系、工作关系、生意关系、邻里关系、萍水关系，等等。血缘关系又可分为父母子女关系、爷奶孙辈关系、叔侄表亲关系等；夫妻关系包括一夫一妻、一夫多妻、一妻多夫等；师生关系包括老师学生关系、师傅徒弟关系、一字师关系等；朋友关系包括君子之交、金兰之交、生死之交、酒肉之交，学友、战友、闺友、牌友、茶友、钓友、画友、驴友、狱友、难友等；工作关系包括同事关系、上下级关系、宾主关系、客户关系等。各种关系以性质还可分为合作关系、利用关系、敌对关系等；以关系的亲疏程度可分为亲人、熟人、相识等。每一个人因为要和他人发生联系而成为由人组成的社会的一员，所有的人因为都是社会一员而紧密地联系在一起，无可例外地要和其他的人发生直接或间接的联系。如果把社会比喻成一个网兜，那么每一个人就是网兜上的一个结，全人类在这个网兜模型中紧密联系，相互之间不是亲戚就是朋友、师徒、邻居、敌人或者隔很多层次发生间接关系的联系人。没有人能够游离于网兜之外而独立存在，没有人不是网兜上的一个结。

人与人之间的联系和交流有多种表现形式：互助、排斥、尊重、敬仰、敬畏、仰慕、崇拜、蔑视、利用、借重、启迪、学习，惺惺相惜、心心相印、思想碰撞、情感共鸣，相互为友、相互为敌、相互欣赏、相互瞧不起，等等。这些表现形式总体上可分为协作、争斗、共处三大类型。

协作即互相配合做某件事情，是人与人关系中最重要、最基本、最常见的形式。协作劳动、协作生产、协作学习、协作娱乐，协作对付野兽和敌人

的侵袭保障共同安全，协作创造财富，协作探索自然并改造自然，等等。人与人之间之所以要进行协作，是因为每一个人都是独立的非自足系统，只有与他人协作互补，自身才能不断得到发展所需要的质能和信息，从而不断走向有序；每一个人都是能力有限的工作系统，不与他人协作，许多事情不可能完成；每一个人都是独立的创造系统，只有与他人协作，才能补足自己所不具备的创造能力，得到仅靠自己无法达成的创造目标；每一个人都是社会大家庭的一分子，只有与他人协作，才能促进自然和社会发展，为自己、为他人、为社会不断走向有序创造更好的条件。独立的人与他人协作是自己生存发展的基本条件和基本保证，是自己精神健康的重要依托，是解决矛盾和问题的基本途径，是自身安全的重要屏障。离开与他人的协作，人既无法生存，也无法发展。

争斗即相互攻击争夺具体利益，是人与人关系的又一种主要形式。夫妻吵架、兄弟阋墙、同事嫉妒、老少代沟、利益不均、领土争端、种族矛盾、文化冲突，等等，都是典型的争斗形式。由于每个人都是独立的个体，其体格、人格和性格不尽相同，每一个人都有自己的意志，别人按自己的意志办事则喜，否则，则怨、则怒、则实施报复或反击，由此产生冲突。每个人都是独立的非自足系统，都有独立的意志。个人意志总是以自身利益最大化为基本追求，要求他人与自己意志趋同、为自己利益服务是人的本能。每一个人都有这样的本能，每一个人的意志与他人都不尽相同，人与人之间的矛盾和冲突因此不可避免。他人是必然的争斗对象、竞争对手，他人在与自己意志冲突的情况下就成为自己存在发展的障碍和威胁，他人即敌人，他人即地狱，即使彼时离不得，此时也变得见不得。人正是在与人的这种争斗中成长成熟的，离开与他人的争斗，人同样无法生存和发展。

共处可分为两种类型，一种是人与人同时存在于一个空间，既有协作又有争斗；另一种是，人与人同时存在于某一空间，既不发生直接冲突，也不进行直接协作，但会以某种特殊的方式发生联系。比如两人同在一个候机厅等候飞机，同乘一架飞机旅行，同在一个教室听课，同在一个足球场观看比赛，共处在同一空间，但无协作、无争斗，仅仅是共存而已。后一种共处表面看无协作、无争斗，但间接的联系始终是存在的。比如，街上有个美女，赏心悦目，但并未与上街购物的男士发生直接联系，却给男士以美的享受，美女间接地与男士发生了精神协作或隐性协作。路边有个蓬头垢面的疯子，胡言乱语，但并未伤害过路人，却让人不舒服，思想上产生排斥，路人间接与疯子发生了精神争斗或隐性争斗。同乘一辆汽车旅行，多一人就增加了超载的危险，形成隐患，间接对同车乘客造成威胁。同在一个教室听课，人太多、太拥挤，每一个在场的人都间接影响了其他人的听课效果；同在一个足球场观看比赛，人太少，运动员打不起精神，人很多且非常热情，观众会间接影响运动员的情绪，反之，运动员情绪不佳会影响比赛质量，进而间接影响观众的观看效果。由此可见，这种共处当中也有联系、有协作、有争斗，只不过常常以心理协作、心理照应或隐性争斗、隐性排斥的形式表现而已。

人与人的关系大部分是协作与争斗互补的关系。既有协作，又有争斗，协作中有争斗，争斗中也有协作。如夫妻携手，花好月圆，同时也难免锅碰勺、勺碰碗。合作伙伴，志同道合，同时难免出现意见不一致的情况。协作促成了另一种协作，争斗中包含另一类争斗。为了实现与特定人的协作，必须加强与另一些人的协作；为了排除与特定人的协作，必须排除另一些人的破坏和干扰。有时表面上是协作，其实争斗是主要的；有时表面上是争斗，而协作是其主流。在这里，协作是争斗的特殊形式，争斗也是协作的特殊形式。争斗与协作互补，构成了人与人关系的多彩世界，也构成了难以计数的多彩人生。

人与人之间的联系和交流，本质上是人与人之间的物质和精神的互补。单个人因物质与精神的非自足性，需要从外界获取质能，获取信息，获取精神慰藉。每一个主体都有这种需要，催生了物质交流的市场、精神交流的空间、知识交流的媒介、信息交流的平台，如商场、集市、书籍、课堂、网络以及宾馆、会所、酒吧、茶馆、咖啡屋、KTV、婚姻介绍所、农家乐直至国际博览会、国际组织、外交场所，角斗场、竞技场、赌场、硝烟弥漫的战场，等等。

人与人互补联系中的物质联系以精神联系为先导，可以产生物质效应，也可以产生精神效应；精神联系以物质联系为基础，既可以产生精神效应，也可以产生物质效应。恋人之间互赠信物，形式上是一种物质互补，本质上是以爱情为先导的精神互补。这种交流直接催生一个新的家庭，创造新的物质财富，生儿育女，衍生出更多的物质产品和精神产品。宗教思想的灌输与交流，除进一步深化和发展宗教理论、给信徒以精神慰藉外，还可能激发信徒为宗教献身的行动，建设或毁灭物质世界或世界的物质形态。人与人之间的精神联系与物质联系一样重要，这是人区别于动物的根本标志。为了精神的需要，人必须与外界交流，包括与大自然和他人交流。不同的人有不同的交流方式。普通人有一个与外界交流沟通的实体场合，与具体的人和物接触、沟通达到交流的目的。以理性人和自由人为主体的脑力劳动者往往有特定的交流沟通对象和渠道。诗人与想象中的形象交流，文学家与虚拟的人和事交流，数学家与抽象的数字世界和逻辑世界交流，基督徒与上帝交流，佛教徒与佛祖交流，道家与神仙交流，哲学家与人类精神交流，与一个伟大而广阔的精神世界作全方位、深层次的互动和沟通。

物质和精神的互补往往采取同一种方式。或者说，一种形式的协作或争斗，同时包含物质和精神的联系与交流，同时得到物质和精神的满足或损失。两人或几人合伙投资一个项目，赢得一定收益的同时得到成功的喜悦，获得精神满足；遭受损失的同时造成精神压力，承担失败的痛苦。经过艰苦征战获得九五之尊的封建帝王，江山社稷、河流山川都属于自己，这种物质占有的满足，其实也是精神的满足。他人的尊崇和臣服既是一种物质的占有，也是一种巨大的成就感，此时此刻，皇帝感觉自己就是这个世界的主宰，他所追求的就是这样一种感觉，一种物质与精神利益的最大化。当然，皇帝一旦被推翻，便"无限江山，别时容易见时难"，"问君能有几多愁，恰似一江春水向东流"。精神和物质全部失去，荡然无存。

三、人与人关系的本质

人与人关系的本质是利益。生意伙伴之间，商家与顾客之间，邻里之间，族人之间，萍水之间，师生之间，师徒之间，同学之间，朋友之间，夫妻之间，恋人之间，上下级之间，同事之间，其联系无一不是以利益为纽带的。利益是人与人相互联系的黏合剂、润滑剂、催化剂，利益是吸引力、向心力、凝聚力，也可能是排斥力、分散力或离心力。利益是破解人与人之间一切关系的密码。

利益可分为物质利益和精神利益，主观利益和客观利益，当前利益和长远利益，直接利益和间接利益，表面利益和实际利益，等等。物质利益是以实物或实物符号（比如金钱）为载体的看得见、摸得着的利益，精神利益则是精神得到的愉悦或好处。主观利益是主体认为得到的利益，客观利益则是实际存在的利益。当前利益是眼下的现实利益，长远利益是对主体的总体和未来带来好处的利益。直接利益是无须经过中间环节就能实现的利益，间接利益是必须经过中间环节才能实现的利益。表面利益是看起来得到的利益，实际利益是实实在在得到的实惠。

每一个人的每一个行动都在追求自己的某种利益，他人是实现自身利益的工具。人和人发生关系的过程，就是人与人发生公开或隐性利益、直接或间接利益的过程，能满足自己的利益诉求，相互的联系表现为协作；否则，或表现为争斗，或表现为共处。协作、争斗和共处都是利益实现的手段，协作为了利益，争斗为了利益，共处同样为了利益。

利益是人与人相互联系以及由一种联系派生出其他联系的纽带。比如夫妻之间就是互为爱情依托，从对方那里获得爱情、性欲满足的；男主外女主内，男人为家庭创造经济收入，使女人得到直接的利益，女人管理家务、抚养子女，为男人建设巩固的后方，男人和女人相互从对方那里获得了人生最大的利益。邻里之间相互来往，彼此既有物质交流，又有精神交流，相互从对方获得物质和精神的支持；即使不相往来，住在一个村落，相互之间客观上也起到安全屏障的作用——一个群居的村落或社区总比一座孤零零处于大山深处的房子更安全。人和人在社会生活中的随便一个普通联系也都是以利益为纽带的。比如房地产开发，地产商首先要征得一块土地，要与土地管理部门的工作人员打交道。正常情况下，土地管理人员代表国家或集体，既要依据国家法律法规为国家收取土地出让利益，又要与这片土地上的原住居民打交道，对居民进行赔偿或对居民进行适当安置。居民为了自己的利益要与土地管理部门甚至开发商讨价还价，拆迁过程中的种种矛盾甚至出现钉子户或者发生野蛮拆迁等等，无一不是由利益关系引起的。开发商获得土地以后，首先要对开发项目进行设计，设计图纸是否科学、设计费用是否合理是他与设计部门打交道的核心问题；其次要和施工企业打交道，建筑费用和建筑质量是他们相互联系的核心问题；房子盖好以后要与购房者打交道，房屋质量、朝向、楼层、环境、价钱，等等，都是他们之间必须涉及的核心问题。即使这些问题完全得到了解决，人与人之间的相互联系还没有完结，利益链条还要继续延伸。而现实世界远比上述理想状况复杂得多。现实中的土地开发往往并不以理想化的形式进行，每一个环节可能都有猫腻。在这种情况下，各种关系背后的利益链条就更加错综复杂，使得人与人之间的关系如一团乱麻剪不断、理还乱。诸如此类在现实生活中比比皆是，只是其中有的直接、有的间接体现利益关系罢了。

许多表面上看起来与利益不相干甚至排斥利益的人际关系，其背后无可例外地蕴藏着复杂的利益链。比如师生关系，表面看来是传道、授业、解惑和悟道、学业、释惑的关系，没有物质和金钱方面的利益交流，然而其背后蕴藏的利益链条与商人之间打交道时一样完备，所不同的仅仅是其表现的形式各异。老师从事教育，首先是一种职业选择。职业选择的第一考虑是谋生，这几乎是大多数人的共同想法，其出发点和落脚点是待遇、发展前途等利益。老师向学生传授知识，学生向学校支付学费，或者国家、集体、个人向学校支付学费，学校向老师支付工资，形成了一种利益互补的关系。老师通过传授知识、培育人才，成为对他人有用的人从而实现了自己的人生价值，得到心灵满足，最终除收获物质利益外还收获了精神利益。学生向学校缴纳学费，或者国家、集体、个人向学校支付了学费，学生就获得了听课、提问、作业、实习等一系列权利；通过老师对一系列陌生知识的讲解辅导，掌握了新的知识或技能，提高了素质，升华了人生，获取了谋生手段或解决复杂问题的手段等直接的、现实的、长远的、客观的巨大利益，同时获得开阔眼界、增强素质等精神层面的实际利益。学生将所学贡献给国家、集体、个人，回报了国家、集体、个人的培养支付（不是通过直接的关系，而是通过复杂的关系实现）。

没有利益诉求的人际关系是不存在的。普通人之间的联系无一不以利益为纽带。非凡人之间的联系同样以利益为纽带，无论人们承认不承认，客观事实总是如此。现实生活中所有正常的人，无论做什么事情都有其动因，或者说，总有一种力量促使其去做某件事情。为了达到某种物质利益去做某件事情，是人世间最普通、最常见的现象，"为我""利己"因此成为每一个正常人与生俱来的生命动力和行为方式。然而也有不少人宣称做某件事情不是为了自己，而是为了他人，他人在自己的心目中具有至高无上的地位，自己活着就是为了使他人活得好，为他人是自己活着唯一的价值追求。其实仔细分析可以看出，这些人同样有一种动力在支配他去从事他追求的理想，那就是精神利益。慈善家捐助他人，被捐助者获得了物质利益，捐助者获得了精神满足，一种高尚的、被社会或他人承认和褒扬的满足感油然而生。香客向寺庙捐香油钱，寺庙得到了赖以生存发展的物资，香客向神灵还了愿，得到了某种精神的安慰或解脱。所谓助人为乐，无论从字面还是实质上讲，都能得到同一个结论，就是助人使被助者得到救助，同时使施助者得到了"乐"，"乐"就是精神的收获和精神的满足。追求精神其实也是追求一种利益，只不过这种利益不是使人得到或拥有某种现实的物质或金钱，而是使人得到精神愉悦、精神安慰、精神满足、境界升华，使人变得崇高或感觉自己变得崇高或被他人认为崇高。现实生活中，许多为他或利他的行为不仅得到了精神利益，而且得到了物质利益，可谓名利双收。明星们通过慈善捐助得到赞誉，满足了精神需要，同时也提高了知名度。而知名度就是最大的无形资产，有了更高的知名度，就有了更多的演出机会和拍片合同，自然而然就有了更高的收入。企业的慈善捐助一方面使企业法人和员工得到社会的褒扬和认可，同时提高了企业的知名度，使企业收获了无形资产，获得了广告效益，直接为企业产品的销售打开了方便之门。

人性的本质是利己，但人在许多场合却表现出利他的行为。中国古代哲学家认为："人之初，性本善。"而这里的善指的就是利他。西方不少哲学家也认为，利他是人性的本质。其实，利他的内在原因仍然是利己。利己是根本，利他是利己派生出来的。不少情况下，为他，表面看起来是牺牲自己的利益而让别人获得某种利益，其实是以牺牲自己的某些利益为代价而使自己获得另外的物质或精神层面的利益。有时是使自己失去某些物质利益，或将一些物质利益给予别人，而自己获得精神利益，精神利益在此种情况下是无价的，也是自己最需要的，在自己的价值评价体系里比失去的物质利益价值还要大。为我是绝对的、永恒的；为他是相对的、暂时的。

为他或利他的行为，往往是为我或利己行为的不同表现形式。人类作为有智慧的高级动物，的确也存在纯粹的为他或利他的思想和行为。佛教和道教中慈悲、怜悯、施舍、行善等，是这种思想和行为的代表。但这种纯粹的思想行为，仍然和个体自身的思想感受密不可分，是个体思想感情上同类类比的结果。如慈悲，是由怜悯引发的。看到众生或某些人受苦，联想到他们是自己的同类，思想上把他们等同于自己，他们受苦就等于自己受苦，顿生怜悯之心，于是如《大智度论》二十七所言："大慈与一切众生乐，大悲拔一切众生苦"。可见，即使这种纯粹的为他或利他行为，也是由个体自身的感受生发的，是个体追求精神利益的直接结果。如果不是把他人类比为自己，悲别人即悲自己，怜别人即怜自己，便不会有慈悲和怜悯。换句话说，离开了个体自身的感受，离开个体的精神利益诉求，便没有慈悲和怜悯。

人与人关系的紧密程度取决于主观利益的大小。主观利益是主体认为得到的利益。主体与他人在打交道过程中，彼此都会得到和失去一定的利益。

得到多少利益、失去多少利益是客观存在的，但主观感觉到的利益得失往往与客观存在不完全一致。而利益得失的评价是通过主体感觉得出的，客观存在的现实的利益并不能左右人对利益得失的认知。如果认为对方给予自己很大的利益，或者感觉自己从对方那里获得了很大的利益，则从心理上容易拉近与对方的距离；如果认为自己在与他人打交道过程中没有得到多少利益甚至吃了亏，则从心理上与对方产生疏远感。当然，如果与对方打交道存在长远的想法，故意吃亏想要放长线钓大鱼，则吃亏便是实现了主观利益。总之，人际交往中，当交往双方在交往过程中获得的主观利益比较大时，相互关系便会密切，当主观利益比较小甚至为负值时，相互关系便会疏远。利益决定态度，态度决定立场，立场决定取舍。

人际交往中利益的实现有多种途径。直接利益一般不经过媒介直接实现，间接利益一般通过中间环节或共同利益间接实现。如商家和顾客之间的利益实现多为直接实现。通常情况下，商家会对顾客赤裸裸地、直接地、毫无顾忌地提出价格诉求，而顾客也会毫不掩饰地与商家讨价还价，直到双方的利益诉求达到妥协为止，否则宁可不成交。夫妻、同事之间的利益有时表现为直接实现，有时表现为间接实现，更多的是以共同利益为纽带的利益捆绑，在实现共同利益的基础上实现自身利益。如夫妻生儿育女直接从对方那里得到好处，而在家庭建设上往往以对家庭做出贡献的方式使自己和对方获得利益。同事之间也是如此，多数情况下，同事都是围绕着共同的目标、为共同的事业而奋斗的，共同的事业取得成功，各自从事业成功中得到好处；事业失败，共同承担失败的责任并因此牺牲或失去某种利益。熟人和朋友之间的利益有时可直接实现，有时间接实现。两种实现方式往往表现为一种假惺惺的、虚伪的、推来让去的方式：甲给予乙一定的利益，乙内心非常愿意接受，但又碍于情面或因其他复杂原因，坚辞不受，后经过推来让去的复杂过程，"恭敬不如从命"；或者甲本来就不是很愿意给予乙一定的利益，仅仅做个姿态，一番退让又将利益收了回去，等等。朋友请客过程中的争相买单行为就是典型的例证。一旦朋友关系破裂，利益诉求的实现方式比商人还要直接，有时甚至为了报复对方提出额外的诉求，获得物质或精神上的额外利益。

人与人关系的本质之所以是利益，是由人性的本质和人的发展演化过程决定的。人性的本质是自私，这是由构成人体的耗散结构决定的。人体是一个耗散结构，必然要自发地从外界吸取质能以使自身不断走向有序。尽管经过亿万年的进化，人已经从生物人、动物人进化为普通人、理性人和自由人，但其作为耗散结构的构造基础是不会改变的，不断从外界吸取质能使自身不断走向有序的性质不会改变，从而为我的自私本能也不会改变。人性的自私的本质和本能决定了每个人在处理人与人之间关系时，总是自觉不自觉地把得到或失去利益作为基本考量，尽管这种考量因人的社会性而变得极其复杂而隐晦，有时甚至变得与利益诉求截然相反，但利益诉求终究是本质诉求，其他转弯抹角的诉求甚至非利益的诉求，或者利他的诉求都是利益诉求的变相表象或由利益诉求派生出来的。

总之，人与人关系的本质是利益，没有任何人际关系不是建立在利益基础上的。人与人之间有着极其复杂的关系，大部分关系就是赤裸裸的利益关系，有些关系表面看来与利益关系不大，但归根到底都能追溯到利益的本质上。利益是打开人与人之间复杂关系之锁的钥匙；人与人之间的任何复杂关系都能通过利益密码来解读。用利益的眼光能穿透人际关系任何复杂的迷雾。

四、人际互补

人际互补，即人与人之间的精神、物质等方面的互补。广袤世界，众生芸芸，人与人之间的接触和联系必不可少。每一次联系都是一次人际互补。联系无处不在，互补无处不在。

人际互补是多种动因促成的。人们相互之间为了各自的利益会主动发生联系形成互补；一个人因故主动与他人联系而他人被动联系形成互补；环境促使人与人发生联系进而促成互补，等等。

人际互补有多种形式，按互补元素的不同可分为精神互补、物质互补、精神物质互补。精神互补又可分为思想互补、情感互补、情绪互补、性格互补、人格互补等。物质互补可分为实物互补、非实物互补等。精神物质互补即互补过程同时有精神和物质元素参与。按互补结果的不同，人际互补可以分为增值互补、衰减互补和和谐互补。

增值互补。这种互补即人际互补中互补元素相互作用产生一加一大于二的结果的互补。如科学家和科学家通过思想交流，碰撞出创造火花，提出新的思想；男女结合产生下一代；班子成员素质互补产生强势效应，等等。增值互补的必要条件是：目标相同，即有共同的公共目标，元素互补。如两人为了共同的事业走到一起，目标相同，性格互补，对外可以体现全方位的性格，应付各种复杂情况。男女组成家庭，齐心协力把家经营好是共同目标，他们性别互补，可以组合生儿育女繁衍后代，可以分工协作完成一个人不能完成的任务。目标相同，年龄互补、经验互补、人格互补、性格互补等，都能使互补体功能放大，效益增强。这里目标相同是前提条件。道不同不相为谋。离开共同目标，元素的互补便不能增值。

增值互补还有一种情形，就在人际交往中，一个人的物质或精神信息传递给另一个人，在另一个人那里形成物质或精神共鸣进而产生放大效应的互补。如情绪传染。一个人的快乐或忧郁的情绪，可以传递给另一个人，使其随之快乐或随之忧郁，或者更加快乐、更加忧郁。如给小孩呵痒，可以使小孩大笑，小孩大笑的情绪传染给大人，使大人也笑起来或者使大人比小孩笑得更加开怀。再比如一个人的某个主意传递给另一个人，可以激发另一个人的灵感进而产生更好的主意，等等。通常所说的"蝴蝶效应"是增值互补的典型表现。

衰减互补。衰减互补是人际互补中互补元素相互作用产生一加一小于二的结果的互补。如两个人短处结合，产生小于两个人作用代数和的效果；两个人长处相互排斥，导致内耗；结交坏朋友，走向颓废；目标相左，南辕北辙；等等。形成衰减互补的必要条件是：目标相同、元素互斥，或者目标不同、元素互斥。领导班子两个成员在工作上目标一致，都为了把单位建设好，但两个人对人对事的看法相差很大，几乎在所有问题上都想不到一起、说不到一起、干不到一起，由此组成的群体肯定是个烂摊子。两个人合作做生意，一个想把生意做成，一个只想自己发财，目标南辕北辙，也谈不上配合工作。处于极端位置的两个互补元素由于目标对立，元素排斥，所产生的互补结果必然是相互消耗，相互衰减。

衰减互补也有另外一种情形，就是人际交往中，一个人的物质或精神信息传递给另一个人，在另一个人那里形成物质或精神衰减效应的互补。如一个人的快乐可能使另一个人忧郁，一个人的忧郁或不开心也可能使另一个人感到高兴；小孩病态的笑容可以使大人忧伤；老人被病痛折磨的痛苦使子女更觉苦楚；等等。

和谐互补。和谐互补是人际互补中互补元素相互作用既产生整体功能一加一大于二的结果，又使互补诸元走向有序的互补。这是人类社会最常见、最普通、最公平合理、最能为大多数人所接受的互补形式。如男女之间，异性相吸，各自找到满意的另一半，由此组成家庭的总体功能大于互补前两人功能的代数和，又使双方都找到满意的归宿，开辟了崭新的人生。商品交易中的买家与卖家公平交易，双方互相接受对方的条件，各自实现自己或追求商品或追求利润的目标，谁也不吃亏谁也不占便宜，达成物质与精神的双赢。

人与人之间的和谐互补，必须满足一定的条件，即甲的目的是乙的手段，乙的目的是甲的手段，甲乙的目的和手段交叉互补，这样才能形成和谐互补。如老板雇用员工为自己服务，员工受雇于老板获得报酬，在这个过程中，员工以获得报酬为目的，为老板服务是手段；老板以得到员工的服务为目的，发给其报酬是手段。员工通过服务获得了报酬，老板通过发给员工报酬得到了服务，老板和员工都通过自己的手段达到了自己的目的，各取所需，两全其美，实现了各自的需求与整体和谐。在这里，老板的目的正是员工的手段，员工的目的正是老板的手段，双赢正是在两者的目的、手段交叉互补中实现的。再比如，男女恋爱结婚组成家庭过程中，付出爱是双方各自的手段，得到爱是各自的目的。男人展现男性魅力、向女人献殷勤、婚后承担家庭体力劳动、赚取足以维持家庭生计的物质，都是达到收获爱情组建家庭目的的手段。同样，女人展现女性魅力、尽最大努力照顾男人、婚后承担家务劳动，也是达到收获爱情组建家庭目的的手段。在这个过程中，男女双方各自的目的分别是对方达到目的的手段，双方目的手段交叉互补，达成了爱情和谐，实现了婚姻美满。

目的和手段交叉互补，是实现和谐互补的充分条件和必要条件；实现和谐互补，必须使目的和手段交叉互补。这不仅是人际和谐互补的充分条件和必要条件，而且是自然界和人类社会一切和谐互补的充要条件。

如果两个人在同一件事情上要达到同样的具体目标，这个目标对于任何一个人都具有排他性，在这种情况下，无论其手段是否相同，都必然是竞争对手，而不是合作伙伴，最终不可能实现和谐互补。如两个小伙子同时追一个姑娘，两者的目的都是追到这个姑娘，两者的手段都是物质追求加精神追求，便必然是情敌；两个商人，目的都是得到同一单生意，手段是五花八门的商业竞争，则必然是商业对手；两个同事，目的是谋取同一个职位，手段是明争暗斗，则必然成为职场对手；两个乞丐，目的是得到同一份施舍，手段是各自的乞讨方法，必然要打起来。这里所说的目标是一个具体的个人目标，目标的实现具有排他性，亦即一个人实现了目标成为竞争的胜利者，另一个人便失去了目标，成为竞争的失败者。在这种情况下，便谈不上和谐互补。当然，如果两个人的目标相同，但不是具体的个人目标，而是共同的公共目标；公共目标的实现不具有排他性，一个人为之奋斗的公共目标，正是另一个人也为之奋斗的；实现了这样的公共目标对大家都有好处，则两个人为了追求这样的目标，可以成为合作伙伴而不是竞争对手，他们之间的互补可形成增值互补。

互补元素的属性相差较大，追求的排他性的具体目的就相距较远，共同目标容易一致，因而容易形成和谐互补或增值互补。属性相差较小或者属性比较接近的两个互补元，从事某种具体事情时所要达到的具体目的容易相似，两个互补元容易产生同性相斥，因而容易形成衰减互补。如商家之间，属性相差较小，具体目的比较相近，经营同一种商品的商家属性相差更小而目的几乎一样，因而经常成为商业竞争对手，有时甚至可能因为竞争而成为敌人。商家和顾客属性相距较远，各自的具体目的大相径庭，甚至各自目标相互成为对方的手段，因而容易达成和谐互补。同样道理，男人和男人容易成为情敌，男人和女人容易成为情侣，一男一女相对于两个男人或两个女人更容易和谐相处。乞丐和乞丐容易成为对手，乞丐和施舍者容易和谐互补。老板和老板容易成为商业对手，老板和工人容易和谐互补。两个王子因竞争王位容易成为竞争对手，而平民不大可能加入王子竞争国王的行列。棋逢对手，竞争会很激烈；棋手段位差别很大，甚至不会坐在一个棋盘的两端。子女容易为父母遗产而争斗，外人不大可能进入竞争行列。动物与动物之间的互补也服从这一规律。挑战猴王位置的总是那些自认为可以与猴王一争高下的猴子，弱小的、病残的猴子压根就没有挑战猴王位置的冲动。

在人与人的关系中，增值互补有利于发展，衰减互补有利于淘汰，而和谐互补可以长久。和谐的夫妻关系，相濡以沫；和谐的生意关系，大家赚钱；和谐的买卖关系，各得其所，公平合理，互利双赢，都感到满意。如果物质或精神的互补不是互利的，一方的幸福建立在另一方痛苦的基础之上，结果必然是衰减互补，必不能长久。

和谐互补双方互为目的与手段。而目的与手段在量上也应基本相当。任何一方如果想达到超乎对方阈值的目的或运用超乎对方阈值的手段，和谐互补都不能达成。如老板雇用工人做工的目的是得到利润，工人为老板做工是为了得到报酬。当老板将自己的盈利目标定在适当范围，即付给工人合适的工资之后获得适当盈余，而工人所提出的工资条件也在老板可以接受的阈值内，则和谐互补就能达成。如果老板将自己的盈利目标定得过高，付给工人的工资过低，或者工人所提出的工资条件老板不能接受，则和谐互补就不能达成。极端情况下，老板将工人看作赚钱的机器，残酷地压榨剥削工人，使其劳动强度超出承受能力而工资不足以养活自己和家庭，斗争必然发生，企业的倒闭指日可待；反之，如果工人将企业看作养老场所，不想付出劳动，只想得到工资报酬，企业的倒闭也指日可待，到最后，工人也将一无所获。所以，老板与工人之间，不存在各自认为的最佳方案，只有合适方案。处理人与人之间的关系也没有任何一方自认为的最佳方案，只有合适方案。而合适方案是互补双方都能接受的。一味地追求自我利益最大化而不顾他人的承受限度是永远不会成功的。可惜现实生活中，大多数人跳不出这个窠臼。

五、人对他人的评估与自我评估

一个人在他人心目中的形象和地位，是由他人对这个人的看法或评估决定的；人在自己心目中的形象和地位，是自己对自己的看法或自我评估决定的。人对他人的评估或对自己的自我评估有时是有意识进行的，大多数情况下是一种本能的、模糊的、无意识的行为。人如何看世界、如何看他人、如何看自己，构成人与人关系中评估与自我评估的基本内容。

人对他人的评估和对自己的评估是人的一种主观行为。大多数情况下，人自己看自己非常重要，看自己优点比较多，对自己的许多东西都非常珍爱，对自己在参与及未参与的事项中的地位作用往往评估偏高。而对别人、对自己以外的世界则没有对自己和离自己比较近的世界那么珍视，对别人和自己以外的世界在事物发展中的地位作用评估偏低，有时甚至作出不符合实际的贬损；或者仅仅把自己以外的世界看成自己生存的环境或为自己服务的工具，正所谓看自己一朵花，看别人豆腐渣，手电筒照别人不照自己。现实生活中此类现象非常普遍。比如许多人经常说："想当年老子如何如何""我当某某官时他还是个某某官"。许多人在讲述已经过去的事情，尤其是公众关注的事情时，会有意无意地夸大自己在事件中的地位作用，听众听了他的讲述会感觉到如果没有他在关键时刻的关键作用，事件的发展将会很糟糕，而事件的其他当事人尤其真正发挥主要作用的当事人听了大都不以为然。少数人在这种情况下讲得比较公正，也有人走向另一个极端，甚至故意贬低自己在事件中的作用，这是有目的地表现谦虚，或者要讨好其他人的表现，而在主观的潜意识里，还是把自己看得比较重。再比如，人对自己、对自己的亲生子女往往评价比较高，看自己娃乖；对别人评价低，看别人娃不如自己娃。还比如，集市上推销某种商品的推销员会把自己的产品说成世界上最好的，大声吆喝"走过看过不要错过"，反复劝导顾客如果不买就要后悔。此时此刻，他的脑子里就只有这种东西，同时认为或者期盼其他人也把这种东西看得同样重要，而不知、不管其他人是否需要这种东西，这种东西在其他人精神或物质生活中是否也占有同样重要的地位。

人对他人和自己的主观评价受人的深深的自恋情结左右。自恋情结是由人的自私性决定的，是与生俱来的。每一个人都有自恋情结，所以人在看世界、看别人、看自己时，往往不可能完全客观公正，而会带有一定的偏差，具有一定的片面性。人之所以会产生自恋情结，是因为人从本质上是一个耗散结构，像其他所有耗散结构一样自发地从外界获取质能而使自己不断走向有序，由此造成了自私的本能。当人从生物人进化为动物人进而有了主体意识之后，自恋情结便成为自私本能的一种表现形式。普通人、理性人、自由人都承继了这一特点，从而导致爱自己成为人的一种本能行为。在这种本能支配下，人在自己的精神世界里总是以自己为中心，他人对于自己是辅助的，所以自己高大而他人渺小、自己聪明而他人愚钝，离开自己的世界将不可想象，将变得惨淡无光。自己是自己的一切，自己的每一个部位都是自己的重要组成部分，对自己都很重要，所以看得很贵重，不由自主地要去保护；认为自己对他人具有重要作用，离开自己他人将生活不如意、工作不顺利、会遇到麻烦、很多问题都得不到解决，导致对其他人以及与其他人有关的事物的重要性的认识很离谱。所以，爱自己甚于爱别人就成为一种必然，自恋情结由此产生。自恋情结的扩展，便是对自己的一切的欣赏和满足，同时对别人的一切包括别人比自己强势的优点的漠视；对与自己感情相对亲近的人员和物品亲和度高、关注度高，而对与自己感情相对疏远的人员和物品亲和度比较低、关注度也较低。

人对他人的评估与自我评估中，普遍存在一种晕轮现象。晕轮现象原本是一种光学现象，即当天空中有冰晶组成的云层时，太阳光会被冰晶折射，使太阳看上去好像套上了一个大晕圈，大了许多，美丽了许多。晕轮现象在人对他人的评价中也广泛存在。当人们对某些事物或某些人具有强烈的好感，这些事物或人员处在复杂的舆论氛围之中，同时观察者距离这些事物或这些人比较远、对其了解比较模糊时，往往对这些事物或这些人的某些好印象会得以放大，给其罩上一个五彩缤纷的光环，使之看起来高大而辉煌。晕轮现象在追星行为中表现得最为明显。青少年往往因为崇拜某位明星人物而认为他十全十美，即使知道对方有什么缺点也会认为这是特点。偶像崇拜也是如此。当人们在内心深处将某个公众人物树立为自己的偶像时，就会无限放大他的优点而无视或者回避他的缺点，认为他高大无比，一旦他人对自己的偶像有所不敬，内心会产生强烈的排斥或者怨恨，甚至会用某种激烈的方式对他人进行言语甚至身体攻击。宗教崇拜也是这样产生的。对某些特定人物的普遍崇拜，最终会将其神化。"情人眼里出西施"也是晕轮现象的具体表现。热恋中的情人看对方什么都好，男人看女人漂亮、高雅、贤惠、有女人味；女人看男人英俊、潇洒、实在、有男人味，两情相悦，看哪都舒服；而当生活渐渐趋于平淡、恋爱的热度渐渐降温的时候，笼罩在对方头上美丽的光环也就渐渐失去往日的光彩，相互看对方的毛病便会多起来，轻则出现七年之痒，重则劳燕分飞。在上述晕轮现象中，人们看到的往往只是主观上感受到的，对方的真实面貌会被晕轮所遮盖。晕轮现象在现实生活中加以正确运用会收到好的效果。比如去面试或者做销售工作时穿着整洁、谈吐礼貌会给人留下值得信赖的印象从而提高成功率。

另一种晕轮现象在现实生活中也很普遍：对某人有成见或看不起某人时，也会非客观地放大其缺点，认为他一无是处。比如看不起某个善于阿谀奉承的人，便会感觉连他走路的姿势、说话的声音都不对劲。历史上的殷纣王、隋炀帝之所以被人们看作凶残的暴君，荒淫无耻，既因为他们做了不少错事，也因为他们所处的王朝为另一个王朝所推翻，另一个王朝看他们会产生晕轮现象，要对他们进行丑化，无限放大他们的缺点，而无视他们的优点和贡献。

晕轮现象的产生，必须具备几个条件：一是感情上要对评价对象高度认同或极度不认同，以至于产生崇拜或厌恶的感觉；二是在评价对象（偶像或反面形象）的周围要存在形成光环的条件；三是现实中偶像或反面形象处在可望而不可即的位置，距离自己比较遥远。人对偶像和反面形象的认识是一种模糊的理想，而不是清楚的真实。离自己很远的偶像和反面形象是理想化的，如果其周围存在对其崇拜或厌恶的舆论氛围，或者他被舆论关注成为焦点，则其形象在观察者看来高大而光辉，或矮小而阴暗。在此条件下，距离产生美（丑），距离也产生迷信（或误解）。普通人看待伟人（或小人），都是崇拜（厌恶）加远距离观察，迷信或误解由此而生。而对他人的迷信，是对自己自信的摧毁。感觉他人什么都行、什么都好，自己根本做不到，从而更反衬出他人的伟大。距离是产生迷信的基本条件。只有相距遥远的事物，才会让人产生一种朦胧的印象。心中的偶像大半是人自己想象出来的，而不是客观存在的。如果让某个对偶像非常崇拜的人与偶像近距离生活在一起，让他看到偶像吃喝拉撒睡等常人的一面，则笼罩在偶像头顶的光环便会消失，迷信也将会被打破。反之，如果与对某个非常厌恶的人或反面形象近距离相处，也可能发现这个反面形象也有自己过去不曾发现的优点，其实也并不像自己想象的那么可恶。现实生活中出现的"墙里开花墙外香""看景不如听景"等，都是由此产生的。

晕轮现象客观上表现为人对他人优点或缺点的放大而产生的崇拜、迷信或不屑，而本质上是人的自恋情结的另一种表现形式。人们心中的偶像现实中距离自己很远，但感情上离自己很近，和自己是融为一体的，是自己的精神世界的一部分。生活中的恋人、最亲近的朋友，感情上也离自己最近，是自己的一部分。从这个意义上讲，崇拜偶像其实是崇拜自己，热爱恋人其实是热爱自己，喜欢朋友其实是喜欢自己。人们心中的恶魔同样距离自己很近，只不过感情上对他极为排斥罢了。由此可见，晕轮现象也是人的自恋情结的表现，是人的自恋情结产生的结果。

人对不同的人的不同评估和对自己的自我评估，是决定人际关系方向和性质的最重要的因素。放大他人的优点，则对他人形成仰视、产生崇拜；放大他人的缺点，则对他人形成俯视，从内心深处看不起他人。放大自己的优长，则相对他人产生优越感，而他人并不认可，形成认识上的巨大反差，导致孤芳自赏、怨天尤人；放大自己的缺点，则产生自卑感，甚至形成自闭症，丧失前进的信心。平等的人际关系建立在相互平等对待的基础上，不平等的人际关系源自对他人的主观的片面的看法和认识。相对客观地评估自己、评估他人，是保持人际关系正确方向的内在因素。

人对自己和他人的非准确评估，根本来源于人的自恋情结，同时也与许多外部因素有关系。比如，亲缘关系、情感因素、利益诉求、性格差异、精神追求，都可能造成人对自己和他人的非准确评估。人们所处的不同的社会地位也是形成人对自己和他人不同的评价坐标系的重要因素。

人对他人和自己的评估永远都不可能是准确的，这正是人世间一切矛盾产生和发展的根本原因。人对他人和对自己的准确评估是人类追求的一个理想，人类为实现这个理想而不懈奋斗，而这个理想是可望而不可即的。

六、各种人际关系的演变

人与人之间的关系在特定时间会处于特定的状态。随着时间的推移，人际关系也会因互补元或互补环境的变化而发生相应的变化。

亲密变为疏远，热乎变为冷淡；和谐变为微妙，争斗变为包容；朋友变为敌人，敌人结为盟友；路人变为熟人，陌路成为知己；一般朋友变为知心朋友，知心朋友变为普通朋友；素不相识的人变为夫妻，夫妻变为路人；平等关系会变为不平等，不平等也会变为平等。在人际关系原有基础上微小而少量的变化更是普遍存在。

世界上的一切事物都处在永恒的变化之中，唯一不变的只有变化本身。人际关系和一切事物一样也会不断演变，演变的动因是利益，在非有利经营的情况下，演变的方向必然指向无序。

每个人来到世界上，都是非自足的，必然向外界吸取质能和信息，以使自身不断走向有序。因为这个不以人的意志为转移的原因，自私成为人的本能，成为人性的标志。人和人交往都是为了利益。只不过这个利益包括精神和物质等诸多内容，不会像动物那样赤裸裸地争夺食物。

天下熙熙，皆为利来；天下攘攘，皆为利往。朋友相处，因有共同语言而谈笑甚悦，或获得物质增益，或得到心灵启迪，或收获心理愉悦，形成增值互补，感情日笃；而人都是独立的人，利益追求是其本能，总有一天因每个人都在追求自身的利益而影响相互的合作，交往的"蜜月"随之结束，当彼此从对方获得的物质或精神利益不及所付出的代价时，交往即产生衰减互补，相互关系自然走向无序。在这个过程中，维持正常交往的唯一方式，是对相互关系进行有利经营，互补双方照顾对方的关切、考虑对方的利益，增加有利于相互关系发展的新的互补元素。离开这种有利经营，关系走向无序便是当然的结局。

利益是台发动机，利益是个腐蚀剂。人与人因为利益走到了一起，同时因为利益分道扬镳。和谐互补的利益、增值互补的利益不断密切人际关系，而利益本身的自私性又时刻损害对方的利益，当对方从人际关系中获得的利益小于另一方带来的利益损害时，衰减互补便成为常态，人际关系便无可奈何地走向无序。所以人际互补中，和谐、增值、有序是暂时的、相对的、有条件的，衰减和无序是必然的、绝对的、无条件的。

亲戚越走越亲，不走即会疏远。夫妻蜜月过后，一切归于平淡。所有的人际关系，只要不去经营，必然走向无序。

远亲不如近邻，近邻因安全原因、信息原因、精神交流原因，经常走动来往，比远在天边的亲戚更为实用。这其中，相互于对方有用，利益相关是根本。相互之间无利益关照，又没有动力去经营相互关系，必然老死不相往来。有时候，近亲不如近邻，甚至至亲也不如近邻。许多家庭将孩子送往国外读书，孩子学成定居当地，年迈的双亲在需要子女照顾时，往往望眼欲穿，倒是近邻经常会伸出援助之手。

人际关系在非有利经营情况下必然走向无序。关系极为密切者反目成仇最具典型意义。两个人关系极为密切，寝同眠、食同案，达到无话不说、无隐私可言的程度。此种情况为双方关系进一步密切打下了基础，亦为反目成仇埋下了祸根。双方都是明白人，注意对相互关系进行有利经营并长期维护，则紧密关系可长久保持。如果不进行有利经营，相互关系便会逐渐冷却。极端的情况便是反目为仇。因为离得太近，相互之间相知颇深，一方在另一方眼中便失去神秘感，没有了隐私，即使原先的偶像也会失去晕轮光环。人因自私而产生的自恋情结，导致看自己放大优点、缩小缺点，看对方缩小优点、放大缺点，从而看不起、看不惯、看不顺眼对方。当这种看不顺眼的感觉长久保持形成思维定式时，或者因为某些原因导致利益直接冲突时，原先的看不起、看不惯、看不顺眼便瞬间爆发，由情生怨，由怨生恨，昔日的一切都成为痛苦回忆，相知甚深的许多事情或者成为怨恨的火苗，或者成为报复的炮弹。情有多重，怨就有多重；爱有多深，恨就有多深。一些离婚的夫妻变为仇人相互伤害，亲密的战友变对手相互攻击，生意合伙人变为无情竞争者相互拆台，亲兄弟姐妹同室操戈，封建王朝皇子之间自相残杀等，都是例证。正所谓有恩有怨，无恩无怨，多恩多怨，少恩少怨。

人际关系系统也是一个物质和精神共存的耗散结构系统。与所有耗散结构系统一样，这个系统有自发地与外界进行质能和信息交换而使自身不断走向有序的需求和能力。但在实际运行过程中，当系统不断从外界取得正向的质能和信息时，人际关系便得到有利的经营，系统会不断走向有序，人和人之间的关系会越来越密切；而当系统从外界取得了负向的质能和信息或者负向的质能和信息占有很大比例时，人际关系便得到有害的经营，系统会慢慢走向无序，人际关系会慢慢变淡、变质、分崩离析；当系统停止与外界的质能和信息交换时，人际关系的经营随之停止，系统会自发地走向无序，人际关系会慢慢向着淡漠的方向发展。

人与人关系的演变，源于人际互补元素或互补条件的变化。因为这个变化，原来的平衡被打破，互补的结果便迥然不同。如商家和买家，原来买卖公平，双方生意很顺当。一定条件下，商家提高价格，买家接受不了，平衡不再，买卖做就不成。另外一种条件下，买家要求降价，商家接受不了，平衡打破，买卖同样不成。再比如，群体当中的某一个成员，当他作为普通一员存在时，他与群内各成员的关系既不紧密也不疏远，大家相安无事；而当他自身变得越来越平庸或者越来越优秀时，他与其他成员的关系就会发生微妙的变化。如果没有成就，就会因平庸而没有朋友；如果有了成就，就会因为卓越而失去朋友。

互补关系的维系，主要是互补条件的保持。当互补元素或互补条件发生变化后，原先的互补环境便不复存在，增值互补可能变为衰减互补或和谐互补，和谐互补也可能变为增值互补或衰减互补。增值互补、衰减互补和和谐互补会因互补元素相互关系的变化不断变化，人际关系也会在这种变化中不断演变。没有永恒的敌人，没有永恒的朋友，只有永恒的物质利益和精神利益。

第八章

人群与社会

广义的社会是由生物与环境组成的综合系统。人类社会是人与其所处环境组成的综合系统。这里的"社",是人与人相互联系形成的组织,"会"是用来聚集的地区。人群与社会,探讨由人所组成的群体与其所在社会及其他群体之间的物质与精神的互补关系。

第一节 人与群

一、群

群是二人以上以一定的方式联系起来的具有自组织功能的互补整合体。人与人构成群,必有一个将个体联系起来的纽带,这个纽带可以是一个共同的目标,或者共同的利益,或者共同的信仰,或者共同的种族,也可以是共同的兴趣爱好、共同的事业追求,或者共同的血缘关系,或者爱情、友情,或者性,或者地域,等等。以人种或血缘关系为纽带构成族群,以信仰为纽带构成宗教群体,以政治主张为纽带构成政党、团体,以共同的地域和组织形式为纽带构成国家、行政区,以经济基础为纽带构成阶级、阶层,以共同的经历、兴趣爱好、事业追求、为人处世方式、价值观、网络等为纽带构成朋友圈、战友圈、同学圈、学术圈、艺术圈、商业圈、娱乐圈、体育圈、微信圈，以共同的航班、车次为纽带构成旅客群体，等等。

群具有自组织性，能够自发地与外界交换质能信息使自身走向有序。两人以上以某种方式联系起来的互补整合体都属于群，且都有或强或弱的自组织功能。因为每个人都是一个耗散结构，两个人以某种方式联系在一起，同样是耗散结构。即使临时坐一班公交车、乘一个航班或轮船，同一时间处于同一个车次、航班、轮船空间的旅客组成的松散群体，也是耗散结构。尽管各位旅客之间联系不是很紧密，但他们毕竟在相同的时间处在一个相同的空间，此外还有共同的旅行目的地和共同的安全需要。他们所组成的群毫无例外地要与外界进行质能交换而保持每个个体和群的活性，遇到紧急情况时，他们会变为一个临时的组织，协调一致对付突发情况。国家、政党、团体以及朋友圈、战友圈、同学圈、学术圈、艺术圈、商业圈、娱乐圈、体育圈、微信圈等更是耗散结构了。

与所有具有自组织功能的耗散结构一样，群也会走向无序。当群内诸元互补而产生互消效应，或群与外界进行质能交换受到负面影响时，群都会走向无序。

人类的每一个个体都生活在一种或几种群当中，不存在完全意义上离群索居的人类个体。单个的人首先生活在家庭里，是家庭的一员；同时生活在事业群体里，是单位的一员；还可能生活在某种圈子里，是圈子的成员。所谓"离群索居"，只说明某人在某些时段离开了特定的群体，但他绝对不可能离开广义的群体。如离家出走的游子可能生活在远离故乡的遥远地方，但很可能已经融入了他乡的另一个群体之中；独居深山的隐士，与外界很少来往，而他的衣食住行绝对不可能完全由自己解决，他至少仍然生活在地球上，属于地球人类群体的一员。依托群体生存与发展是人类与生俱来的本能，是人类基本的存在方式。

群的显著特点，是构成群的个体之间有一个或多个共同点，或者有一种或多种相互联系的纽带。共同点或维系其关系的纽带不一样，其内部结构、组织形式和运行规则、群成员相互之间互动方式也大相径庭。反过来，群内部结构、组织形式、运行规则、群成员相互之间互动方式不同，群的性质、成员之间关系的紧密程度、对外表象式样也就不同。有的群组织化程度高，联系紧密，有的组织化程度低，联系松散，有的时而紧密，时而松散，有的非松散亦非紧密，等等，都是因此造成的。群内诸元之间存在一定的互补关系，或增值互补，或衰减互补，或和谐互补，或松散互补，他们相互影响并对群整体产生影响。如微信成员之间存在信息互补关系，家庭成员具有亲情互补关系。群内诸元与群外诸元所处地位不同，享受群内待遇也不同，对群的影响也不一样。各种不同的群因内部结构不同而具备不同的功能，对外显示不同的特征。

二、人与群的互补

人是依赖群生存发展的。人从群中得到生活资料、生产资料，得到友情、亲情，得到知识、信息，得到安全感、荣誉感，得到精神享受与满足，得到赖以生存和发展的环境，得到只有互补才能得到的功能。通过在群里发挥作用，实现自我。同时，也可能在群里受到委屈、受到伤害、得到负资产、获得互补衰减效应。

人的命运由群决定，群的命运由人决定。群因人而成其为群，因人的发展而发展，因人的衰落而衰落，因人的互补而产生各种功能。

群是人赖以生存发展的平台，人是群赖以存在拓展的基础。人离开群，不能生存；群离开人，不能成为群。

群在一定的时期，有一个或清晰或模糊的发展目标。如新婚夫妻想过上幸福生活、生儿育女；政党有自己的纲领或目标规划；同一辆火车、同一架飞机上的乘客想到达共同的目的地，等等。群的目标是个体行为的旗帜。个体目标与群的目标一致，发挥正效能；与群的目标不一致，发挥负效能。

个人在群体中扮演一定的角色、发挥一定的作用。大部分人扮演着群中忠实一员的角色，群的方向就是个人的方向，群的行动就是个人的行动。这些单个的人的作用尽管微小，但个人作用的互补构成群的集体意识和集体行为。群的领袖是群体思想的提出者或总结者、目标的制定者、行动的组织者、责任的承担者。他们协调群体内部的行动，掌握群体控制权，引领群的发展方向。领袖的人格和行为影响群的发展，甚至改变历史进程。

群内各成员共处于一个群体当中，在心理上自然有相通之处，行为上也有相容的取向。他们都希望留在群内，由此形成了群的内聚力。他们在共同活动中因情感靠近或有一定的、相约成俗的规则、潜规则约束，自觉地协调各自的行动，保持一定的相互关系。他们之间相互沟通，正面评价群内其他成员，维护群的稳定存在和有效运行。当群内成员利益需求出现矛盾或对立时，这种包容、忍让、相互欣赏、正面评价将会被相互指责、相互刺激、负面评价甚至相互攻击的思想和行为所取代。如此，群的解体就为时不远了。

群内各成员不仅在心理上有相通之处，行为上有相容的取向，而且在情感上会互补感染。遇到喜悦的事情，群内成员通过情感互补相互感染，原先的喜悦经过个体的渲染和多次放大，便形成群体性的狂欢；遇到令人气愤的事件，通过多次情感互补感染，原先的仇恨被放大若干倍，形成同仇敌忾的局面；遇到突发灾难，通过多次情绪互补感染，恐惧被放大若干倍，形成群体性惊慌。

独立的个人行为往往多理性的计算，而到了群体的场合，由于对群的情感依赖和盲从，大多数个体不大进行独立思考，而是顺应群势的趋势，通过情感互补相互感染产生群体非理性。群体非理性发展到群体骚动时，这种非理性就会战胜个人平日的胆怯，个人的负罪感和恐惧感消失，冲动的情绪相互感染放大极度强化，产生很多非理性后果。这就是群体运动如游行示威、聚众活动等容易演化为暴动、暴乱的根本原因。

群的领导者往往在群里具有一定的威望。芸芸众生对他们会产生情感依赖或认知依赖，进而对他产生晕轮崇拜，导致盲从。他们引导正确，众生会追随其后；他们引导错误，众生亦会跟随，即导致群体无意识行为。正像行进至山崖边的羊群一样，当头羊不慎掉下悬崖后，后面的羊会相继掉下去。头羊因为不慎失足，其余的羊则因为群体无意识跌落。宗教的产生和发展也大体遵循这样的路径。当人们虔诚地信奉某种宗教或神明时，往往会进入群体无意识的状态。为了维护宗教和神明的权威和形象，人会变得勇敢无畏，甚至不惜献出生命。当然，具有独立思考、勇于行动的素质和修养的个体在群体中的存在，是减少群体非理性的根本。

群内个体元的互补可以使群产生各种功能。如农民群体元互补，生产出粮食；工人群体元互补生产出工业品；军人群体元互补，产生战斗力；知识分子群体元互补，发现未知，产生科研产品或精神产品，等等。

群内个体元的人性互补决定群的整体性格和文化特征。从事农业生产的民族因族内成员人性及人格互补形成农耕文化，从事牧业生产的民族形成游牧文化，图腾崇拜民族形成宗教文化，马背民族形成尚武文化。阿拉伯社会产生伊斯兰文化，古印度社会产生佛教文化，中国社会产生道教文化就是例证。国民性格决定民族性格，国民追求决定民族品格。如德国人严肃，思维缜密，生活中讲规矩，富于创造性，凝聚力强；中国人儒雅、聪明、宽厚、勤劳、朴实；日本人严谨、合群，自尊心、群体意识、危机感强。各个国家、各个民族都有不同的国民性格或民族性格。不同的民族性格是不同民族内部人性和人格互补的结果。

人都生活在若干个群里。在自己生活的群之外，还存在他人赖以生存发展的其他的群。人不仅与自己生活的群发生联系，而且或多或少要与其他的群发生联系，只是紧密程度不同而已。如不同国度的公民相互到对方国家访问，不同国家相互派遣使者到其他国家从事商业、科研、外事等活动。此外，也有不同群体的公民到另一群体工作学习或者婚嫁至另一群体，最后融入另一群体成为另一群体成员的情形。随着现代交通、通信的发展，人与群的联系越来越紧密，人与另外的群的联系也将越来越频繁。

群的发展或衰退会反作用于个人，可以使个人得到实惠，也可以使个人受到伤害。当个人与群体目标一致时，群体的发展将导致个人的发展，群体衰落会导致个人衰落；当个人与群体的目标不一致时，群体的发展会导致个人离目标越来越远，不仅不能发展，而且会受到伤害。只有当群体衰落时，这部分人可能得到发展机会。

第二节　规则与善恶

一、规则

人都生活在一定的群里。处在群里的个人都有追求自身利益的欲望。欲望的本质是自私，这便是最基本的人性。欲望促使人为满足自己的需要，不断向外界包括自然界、社会和他人索取质能以使自身不断走向有序。他人也有欲望，同样自私，满足欲望的办法也是对外索取。每个人都为了满足自己的欲望不断向外界索取，人与人因对外索取必然产生矛盾。这就是世界上之所以存在竞争、斗争、冲突乃至战争的根本原因。冲突和战争会造成破坏。破坏的结果有可能使一部分人的欲望得到最大满足，而使另一部分人遭受最大的损失。实践使人们不断认识到，如果每个人都放纵自己的欲望、追求个人利益最大化，必然伤及他人的利益，引起社会混乱。如果社会混乱无序，大多数人的利益都无法得到保障，个人不仅不能实现利益最大化，而且可能连一些基本的权益都会失去。为了避免冲突造成大的破坏，照顾各方利益，满足大多数人的追求、同时又不使单个人的欲望过分膨胀，人们便在争斗过程中相互妥协，达成一些契约，并将契约固定下来，制定出各种规则。这些规则逐渐成为规范个人行为的准则，演化为现代社会的法律、法规、纪律、公约等。除刚性的规则外，思想、道德、文化、艺术、宗教等，以潜移默化的方式对人的行为进行教化，实际是对人的行为方式的"软约束"。

法规制度的订立，是以人性自私为前提条件的。它之所以对人进行"硬约束"，潜台词就是认为人本能地为自己着想，不进行"硬约束"，就会无节制地去实现自己的利益，以致影响或者侵害他人的利益，造成社会的不和谐。故而要通过法规制度告诉人们，什么不能做，做了会面临什么样的惩罚。

思想、道德、文化、艺术、宗教，对人进行"软约束"，告诉人们应当怎么做和不应当怎么做。儒家提出仁义礼智信，为人的处事行为建立了一套准则。佛教提出"四谛"，即苦谛（生苦、老苦、病苦、死苦、怨憎会苦、爱离别苦、求不得苦、五盛荫苦）、集谛（贪、瞋、痴乃万恶之源）、灭谛（灭除贪爱欲望）、道谛（达到灭除痛苦、进入涅槃境界的方法和途径），要求人们通过修行抑制欲望，摆脱苦恼，与他人和睦相处。道教、伊斯兰教、基督教都提出了类似的理论和方法，其目的都是劝善，让人们正确对待欲望和利益，处理好与他人的关系，从而保持群内秩序的稳定。各民族的神话传说、美德典范、寓言故事等，基本上都教导人们克服自私行为，树立利他利群思想，为保证群的健康发展服务。

契约、规则、道德教化都要求群内人等遵照执行或对人们起到潜移默化的作用。反过来，个体只有认真遵循做人的制度规范，汲取其中的思想营养，才能在保证他人利益的同时，实现个人利益的相对最大化。

当然，现实生活中，并非所有的规矩和思想都能协调人们的利益诉求，有的规矩和思想甚至会激化人与人之间的利害冲突。这种规矩和思想或者是少数人为多数人制定的，或者是个人强加给多数人的脱离实际的甚至反动的，它们维护了一部分人的利益而没有维护甚至冲击了另一部分人的利益。在这种情况下，社会矛盾便会尖锐化，有的甚至发展为旷日持久的战争，直到产生为大部分人所能接受的新的规则或制度。

在现代社会，订立法规制度，必须由专门的立法部门经过一定的立法程序做出，这样才有法律效力；形成一定的社会道德规范，也必须由大多数人经过一定的时间相约成俗。但在现实生活中，有的人习惯以自己的主观意志为依据给别人立规矩，处理相互关系时往往以自己立的规矩规范别人的言行，而这种规矩是自己主观意志的产物，并没有得到别人或大众的认可。所以用这些规则要求别人，往往别人并不服气，自己也因别人不服气而心生怨恨，认为别人"不听话""不懂事""没教养"。典型的如：家长经常对孩子说："你笨得和鹿一样！才考了这么多分。你看人家张三李四家的孩子！"孩子听到这样的话的第一反应是给自己找理由和借口反驳家长。久而久之，自家的孩子最不喜欢听的话就是"邻家的孩子"，从而产生对立情绪，甚至引发悲剧。这里的核心问题是家长给孩子制定了"邻家的孩子"这一标准和规矩，并按照这个标准要求自己的孩子，使"邻家的孩子"成为自家孩子潜意识中的"敌人"而不是楷模。再如找对象预先设定如年龄、身高、长相、胖瘦、体重、肤色、性格、口才、修养、学历、收入、父母情况、家住城市还是乡村、彩礼、有房有车、国内国外等标准。于是按照这个标准去找对象，发现"踏破铁鞋无觅处"，而自己的年龄越来越大，也找不到对象。父母看着孩子年龄越来越大急得再立规矩："明年过年一定领一个回来，否则就不要回家！"从而使得催婚成为一个社会问题。还有的如与人相处，总认为他应该这样做、那样做，而不应该那样做、这样做。这是引起同事间相互关系紧张的主要原因。更常见的是夫妻相处，男的总认为女人应当伺候男人，自古如此；而女人认为时代变了，男女双方都在挣钱养家，凭什么一定要女人伺候男人，而不能男人伺候女人。在这里，夫妻双方互相为对方订立了规矩，都希望对方遵守，所以，家庭矛盾无法解决。给社会立规矩，是立法部门的职责，或者是千百年来相约成俗的道德规范。在时代变化的情况下，这些规则有的需要改进，那也是立法部门和意识形态管理部门的根据大多数人的意志办的事情。

二、善恶

通常情况下，规则是人为了满足自身的欲望而照顾群体的共同利益，进而最大限度地照顾个人利益订立的契约。规则一旦确立，便要求人们遵守。遵守规则谓之善，违反规则谓之恶；符合规则谓之善，不符合规则谓之恶。善恶以人的自私本能为基础，以是否符合规则为判断标准。

规则有普适的规则，有非普适的规则，并且大部分规则都是非普适的。一部分人制定的规则协调了这部分人的利益关系，为这部分人自身的利益服务，对于另一部分人不一定适合，甚至可能有悖于另一部分人的利益。在这种情况下，遵守规则，对于规则的制定者显然是善，但对于规则的非制定者或者反对规则的人则可能为恶。遵守规则往往受到规则制定者的承认和褒扬，违反规则便要受到惩罚。对于规则制定者而言，褒扬和惩罚都是善，而对于规则的非制定者或者反对者就可能是恶。

对于一事物是善的行为，对另一事物可能就是恶。保护朋友，往往可能就是打击朋友的敌人。对敌人仁义，就是对人民残忍。这个原理不仅是人类社会的真理，对整个自然界都适用。比如动物不断满足自己的欲望向外界索取质能，这种索取对动物是好事，是善，但对环境或其他动物则可能意味着破坏，就是坏事，就是恶。与此同时，这种索取对另外一些植物或动物可能有帮助，因而也是做了好事，也是善。如啄木鸟吃虫子，对虫子是一种破坏，对树木是一种保护，对人类是一种帮助。

世界上没有绝对的善，也没有绝对的恶。善恶其实是随着人的认识发展和价值评判标准的变化而不断修正的，没有绝对的、先验的标准。也就是说，善恶判断本质上是一种价值判断，是一个动态的指标。善之为善仅仅在于是否符合人们制定的道德、法律、纪律、规范等规则。符合的即为善，不符合的即为恶。而且，不同的人群有不同的标准，不同的时代有不同的标准。人群不同，时代在变，所以善恶的认定也在变。

善恶因不同的价值评判标准显示不同的判断结果。对于大多数人而言，通过维护大多数人的利益实现个人利益最大化是公认的标准。在人类长期社会实践中形成的被大多数人公认的规则面前，善恶评判其实是明确的。如爱心、诚实、谦逊、容忍、自由、平等、公正、信用、真、美、雅等，被人认为是善；而虚伪、贪婪、狡诈、蛮横、凶残、恃强凌弱、信用缺失等，则被人判定为恶。至于那种为了个人利益的最大化而强行制定的强权标准，则是人间最大的恶行，为社会所不容，随着人类进步、社会发展，终久要被唾弃。

善恶的产生除守规则与违反规则判断外，还有两种判断途径。

一是内省产生善，即人对自己的自私思想、行为进行内心反思自省、换位思考产生善。人在处理具体问题的过程中，经常将心比心，进行换位思考。这种思考在每个人的内心深处不知不觉地进行，任何人都有进行换位思考的本能，人和人的区别仅仅在于换位思考进行的程度不同。当人因为自私触及甚至损害他人的利益时，并非完全心安理得。许多情况下，人会反省，会良心发现，会思考如果他人是自己或者自己处在他人的位置上将会如何。反省的结果，往往使人感觉那样的事情倘若发生在自己身上，将是不幸、可怕甚至是残忍的、无法忍受的。恻隐之心、同情之心，帮助、尊重、保护他人等善的想法和举动，往往就是人在心灵深处对自己的自私和由此产生的恶进行换位思考的结果。所以善之为善是因为想到自己的缘故，善之为善是因为自私的缘故。同情别人，其实是同情自己；最伤心的哭，其实是哭自己的伤心。哭别人其实是哭自己。

二是人的精神需求产生善。善以利他为基本特征。利他者人恒利之，敬人者人恒敬之。他人的尊敬和爱戴体现了自我在群体中的地位，营造出对自我友好的氛围，使自我在群体中受到重视、享受一定的愉悦，满足了自我精神方面的需求，所以，对自我产生很大的吸引力。在这种吸引力作用下，自我便自觉地、主动地做好事，行善举，帮助他人。社会舆论反映大多数人的要求。而大多数人的利益往往使舆论对做好事、行善举、帮助他人给予肯定，同时对只考虑自己而侵害别人给予否定，从而营造出惩恶扬善的氛围，反过来激发人们做好事、行善举、帮助他人，同时避免做坏事，损人利己。

善恶以人的本能为存在基础，人的自私本能是善恶的本源。恶行源于自私，善行亦源于自私。世界上的一切恶行都是追求自身利益而漠视、侵犯他人利益造成的；世界上的一切善行都是自私的衍生物。信教者的善行是在精神需求引导下产生的。许多教徒都相信，生前行善，死后会升入天堂；生前作恶，死后会被打入十八层地狱，永世不能转世。教徒的希望在身后、在天堂，为了自己身后的利益，一切善行都成了积累功德的作业。由此可见，善的产生尽管渠道不同，但根源只有一个，那就是自私，就是为我。道德和所有的规则都是人们为了各自利益的最大化妥协的结果；换位思考是人想象到进而潜意识里要避免坏的事情发生在自己身上而产生的；精神需要也是人自己的精神需要、荣誉需要、道德感受的需要。善归根到底源于人自己的需要，善恶是在本能的土壤里生长出的两朵并蒂花。如果没有自我的需要，没有自私，善就不会发生。没有自私，连人类本身也不可能存在。

站在善恶的角度看人性和人格，更能看出人性和人格的本质。人性互补构成了人的人格。人格反映人的内在气质和品行，体现了人的素养和追求。人格本质上是人性中以善恶为主要标志的爱心、怜悯、诚实、谦逊、羞恶、容忍、美、雅、自由、崇高和自私、虚伪、贪婪、狡诈、蛮横、凶残以及喜悦、平和、希望、责任、宁静、仁慈、宽容、友谊、同情、慷慨、信用、忠贞，生气、恐惧、悲伤、悔恨，傲慢、自怜、怨恨、自卑，撒谎、高傲、不忠等相的互补。人格的存在是唯一的。世界上有多少人，就有多少人格。不存在完全相同的人，也不存在完全相同的人格。每一个人的人格表现之所以不同，是因为人性诸元的某些元素在这个人身上多一点，在那个人身上少一点；在这个人身上以此种方式互补整合，在别的人身上以另外的方式互补整合；整合的结果在这个人身上呈显性，在另一个人身上呈隐性；某种情况下呈显性，另外的情况下呈隐性；在一个方位表象为显性，在另一个方位表象为隐性。

人性诸元互补使人的人格产生了各种各样的相。从一个侧面观察，人的人格可能表象为圣相，表现为善，表现出高尚、文明、慈祥等特征；从另一个侧面观察，可能是奸相、兽相或贼相，表现为恶，表现出奸诈、卑鄙、龌龊等。从一个方位观察，人为圣贤，从另一个方位观察，人为魔鬼，再从第三个方位观察，人可能是个既有优点又有缺点的普通人。一个人具有某种人格，并不等于其人性构成中不存在其他的人性的相。老实本分的人偏偏就沦为杀人犯，说明老实人的人性中也存在恶的本能，但这种本能不是他的常相，仅仅因为特殊的环境，比如尊严受到极大伤害，将其人格中存在的凶残本能激发出来，使之由隐性变成了显性，因而做出极端的事情。有的强盗、恶棍的人性中也有仁慈的善相，一定情况下，他也会良心发现，会忏悔，甚至会浪子回头。说明他的人格中也存在仁慈善良的人性，只是这种人性不是他的人格的常相，需要一定的外界条件，这种善良的人性才能被调动出来。人的人格正是种种人性互补的整体结果，一眼看不透，一语道不明，一个方位表象不全，只有通过全方位互补才能真实地反映出来。

一个人对外显现的是善相还是恶相，取决于其内在的修养和所处的环境。对于内在修养好、素质特别过硬的人，环境扬善其为善相，环境扬恶其亦为善相，所谓出淤泥而不染即是这种情况。但对于大多数人来说，环境对其善恶常相的影响是决定性的，环境扬其善则善长，环境助其恶则恶生。如孤儿，自幼无依无靠，处在有德环境之中，人性中自强不息的因素便得到充分调动并呈显相，必然在发愤努力中成长为才俊；处在无德的环境中，人性中偷窃、破坏、卑鄙等因素得到张扬呈显相，而诚实、自尊、自信等因素被掩盖起来而呈隐相，就容易变为盗贼。社会大环境更是一个染缸。在一个崇尚规则、文明程度较高的社会里，大多数人都会自觉遵守规则，不遵守规则的人被众人看不起，自己也感觉在人群中矮三分。于是，尊老爱幼、拾金不昧、助人为乐、诚信公正等便成为人们的自觉行动。相反，在一个没有规则，或者有规则但人们蔑视规则的社会里，尔虞我诈、恃强凌弱、背信弃义、贪污腐化以及为老不尊、为幼不逊、不守公德、坑蒙拐骗等恶行便会滋生。世界各国的历史反复证明，腐败的社会政治环境必然产生无以计数的腐败分子，甚至原来的"好人"也会在腐败代价极低的环境中蜕化变质。

人之初，性本私。私，既不是善，也不是恶；私，能产生善，也能产生恶。它是欲望的本源，是前进的动力，是一切善和一切恶的源头。自私是人性的本质，是人的本能层次的东西。善恶是由本能的私派生出来的，是人的社会层面的属性。善恶矛盾互补，构成了人性、构成了人格，构成了五彩缤纷的人间世界。

三、是非

社会公认的规则是大多数人为维护社会运行的正常秩序、保证大多数人的利益而达成的社会契约。这些契约包括法律、法规、公序良俗、道德规范等。

社会规则有其固有的是非标准，事物的对与错、是与非，就是由这些标准来界定的。符合规则的便是对的，谓之是，不符合规则的便是错的，谓之非。

社会规则到了具体的个人那里，往往会变成主观规则。原因是具体的个人对规则的理解和解读不尽相同，所以，具体的个人眼里的规则也就成了他理解并认可的规则。符合他理解并认可的规则的事情，他便认为是对的；不符合他理解的规则的事情，便认为是错的。具体的个人对社会事件的是非认定是据其理解并认可的社会规则判断的。

现实生活中，具体的人对事物的价值判断，不仅以他理解并认可的社会规则为判断标准，而且更多的是以自己主观认定的规则为判断标准，亦即具体的人对人对事往往根据自己的好恶制定一个标准，然后根据这个标准判断是非。符合自己标准的事情，他就予以肯定；不符合自己标准的事情，则予以否定。

人们以自己制定的标准判断事物的是与非，这是所有人都自觉不自觉遵循的规则。如果一个人看问题比较客观，他一般都会遵从社会规则，自己制定的标准也比较公正，对事物是非曲直的判断也比较接近客观实际；如果一个人看问题比较主观、脱离实际，他对社会规则的理解和认知就难以做到客观准确，自己制定的标准主观成分相对较多，对事物是非曲直的判断也就远离客观实际。

许多人陷入无尽的烦恼之中，并不是别人对不起他，也不是这个世界对不起他，而是他自己经常对他人制定一些自己主观认可但并不一定正确的行为标准。一旦他人的行动不符合自己制定的行为标准，就认为他人做得不对，从而与他人产生隔阂，同时使自己陷入无尽的烦恼之中。更有甚者，希望用自己制定的标准去改造他人，因此人为制造了更多的矛盾。朋友之间、同事之间、夫妻之间的许多隔阂都是由此引发的。"天下本无事，愚人自扰之"。这种恨铁不成钢的强制，难以达到预期的目的，不仅不能明辨是非，而且会制造更多的矛盾，使自己陷入烦恼。

第三节　势

势，原为中国道家学派的一个哲学概念。老子《道德经》云："道生之，德畜之，物形之，势成之。"这里的势，表示事物的演变趋向。

在自然界，势是物质或物体相对于其他的物质或物体的一种存在状态，势的大小便是物理学中所说的势能。势能按性质作用可分为重力势能、弹性势能、电势能和核势能，等等。

在人类社会中，每一个人每时每刻都处在一定的状态，所以，他就相对于其他人处在一定的势的位置。单个人的势，在其周围形成一定的"场"，这种场会对他人产生一定的影响。势强场便强，势弱场便弱。个人的气势、权势、威势、阵势便是各种势的具体化。由势而产生的场会对他人形成一定的影响。

在社会领域，众多的个人经常参与社会事态的演进和发展，每个参与者都能对局面的演变产生一定的影响。权贵者的影响称为权势；一个并未实际到场，但又可以在多个位点、多个方向施加影响，这种影响使人不得不有所顾忌的势便是威势；群体活动中所形成的阵势、气势、声势都是势的具体的表现形式。

由势而形成的场也会对他人和他群产生一定的影响。

个人有个人的势，群体有群体的势，家庭有家庭的势，每一个团体乃至民族、国家都有自己特定的势。

势无影无形，却无处不在；人可以感受到它，却看不见摸不着，是群所独有的无形的力量。

社会群体的势是群内诸元互补所产生的社会政治、经济、军事、文化总的状态和趋向，是群内诸元互补产生的某种力量或趋向协调一致向外界的展示，是群的一种状态、一种氛围、一种趋向，是真正左右群内诸元行动的力量。

　　群体的势不是个体的势的简单叠加，而是群体诸元势的互补的结果。如同易经八卦，每一卦皆有其固有的性质，八卦两两组合后，便互补而形成与原来各卦性质不同的卦。

　　群体不同元的场或势互补，构成群体内不同的势。这些势有强有弱，其中最强的势便是群体的群势。其他的势尽管也存在于群体之中，但不能左右群体的大趋势，因而只能对群势起到补充、消解、依赖的作用，或与之共存。当群体诸势势均力敌时，群势便是诸势相互博弈的结果或者各势在相互博弈过程中对外所显现的状态。群体的群势随着各势的此消彼长而不断变化。

　　自然界物体和物质的势是一个标量，只有大小，没有方向。而人类社会中的个人和群体的势是一个矢量，既有大小，又有方向，它往往表现为一个事物的发展趋势。趋势的强弱反映势的大小，趋势的指向，就是势和群势的方向。

　　人群的群势的具体表现形式多种多样。可以是一个群体的传统文化、风俗习惯、好恶选择、善恶标准，也可以是其政治倾向、价值取向、性格特点，等等。

　　一个民族的民族性格，就是其性格群势的具体反映，是这个国家或民族在不同的历史时期由大多数公民性格互补而表现出来的常相。如世人称俄罗斯民族为"战斗民族"，就是因为这个民族在相当长的历史时期表现出面对强敌，敢于斗争、不怕牺牲、不屈不挠的个性，这种个性的互补造就了整个民族的性格。在国家性格和民族性格的常相之下，也存在与大多数成员性格不尽相同的个例，如战斗民族也会出现贪生怕死的叛徒，但它终究不能代表群的总体的性格特点，不能对群势的方向形成决定性的影响。

　　群势一旦形成一个明显的方向，便会成为群内诸元即群内独立存在的个人生存发展的外部环境。这一外部环境反过来影响诸元的行为，塑造诸元的人格和性格。现实生活中，大多数公民的人格和性格互补形成了群的群格，构成群的性格的常相；群的群格或者群的性格常相，反过来构成群内个人性格和人格存在和发展的环境。而环境弘扬、倡导哪种人格和性格，哪种人格和性格便成为那个时代或那个社会的社会人格和社会性格，其余的人格和性格则成为隐相。

在中国，生活在20世纪五六十年代的人们，大多有着"为他"的价值取向，由此而产生的社会成员普遍存在的助人为乐、拾金不昧品德和社会大环境道不拾遗、夜不闭户的风气，构成了那个时代的社会人格和社会性格。这种社会人格和社会性格影响着那个时代的每一个人，成为个人行动的决定性因素之一。

群体的群势并不是一成不变的。由于一个特定的群在同一时间可能存在若干股力量较强的势，而群势的常相往往表现为其中最强的势的相，其余的势尽管存在，只能以隐相的方式存在。群内各势的强弱和指向此消彼长、不断变化。当原来相对的弱势大于强势时，群势的常相就会被其取代，新的群势便应运而生成为群的常相。如中国封建社会末期，压迫和歧视妇女之风甚嚣尘上，"三寸金莲"的畸形审美价值取向成为主流，形成社会审美群势的常相；这种群势常相影响了人们的审美观念，没有文化的妇女随波逐流，虽然极其不愿意，但迫于社会压力，将缠脚作为不自觉的行动，形成恶性循环。当妇女解放成为社会意识形态的主流时，"三寸金莲"被彻底抛弃，符合大多数人审美理念的价值取向强势回归，成为社会审美观念的主流和常相，压迫妇女的社会陋习才被人们抛弃。

随着现代交通和通信手段的发展，群内某一个很小的扰动都有可能在短时间形成新的群势或改变原来群势的大小和方向。尤其网络时代，一个事件、一条信息很快会扩散开来，人们会在瞬间对事件形成某种统一或大体一致的看法，从而迅速形成某种舆论热点或思潮趋势，进而形成一种新的群势或者改变原来群势的走向。新的群势来得迅猛，走得也快速，它会很快被新的扰动造成的新的热点、新的群势所取代。当然，这些迅速发生又迅速消失的群势对于大群而言，一般情况下仅仅是一种扰动，不一定会左右大群群势的大小和方向，但在特殊情况下，或许就是改变大群群势大小和方向的诱因。

个人是群体的一分子。一般人的势和场都是顺着群势或被群势所裹挟的，正所谓"好风凭借力，送我上青云"；特殊个体的势和场往往与群势的方向不尽一致。当这种势或场足够强大时，其他的个体有可能受其影响汇入其势或场之中，形成群内的新的势场，有的最终取代原来的群势成为新的群势。这种特殊的个体便是群内的领袖。当然，大多数的特殊个体逆势而动、逆潮流而行，都会在与群势的博弈中碰得头破血流，或者逐渐为群势所同化。

群势的改变是群内各种势力激烈博弈的结果。势在，各种有形无形的利益都在；势去，一切也就烟消云散。对于个体而言，"势败休云贵，家亡莫论亲"。

群中领袖逆袭而成为群势的主导者，必然要运用谋势、蓄势、运势、顺势、借势、乘势、造势等方法巩固其主导地位，争取实现目标。所谓谋势，就是预先规划个体场势强化的战略和路径；蓄势是韬光养晦集聚势场强大的力量；运势是运用各种方式巩固自己的势场包括将与自身势场相近的势场纳入自己的势场范围以强化自身势场，等待爆发的机会；顺势是顺应群势发展自己的场势；借势是借助群势的力量为我所用；乘势是借用群势的力量迅速崛起；造势是主动发展强势、营造有利于势场强大的氛围。伟大人物可以改变历史进程，他并不是一味地逆势而为，而是因势利导、综合运用谋势、蓄势、运势、顺势、借势、乘势、造势等手段，将弱势变为强势、将个体的势场变为群体的势场。懂得谋势、蓄势、运势、顺势、借势、乘势、造势的领袖人物，能够成就伟大的事业。

第四节　群与社会

社会由人群互补构成。人类社会存在各式各样的群，如国家、民族、人种、宗教、血缘、地域、阶级、政党、团体、职业、单位、组织，等等。群与群之间存在千丝万缕的联系，每一种联系都是一种互补，互补构成了社会。

一、群与群的互补

群由不同的人组成。其中每一个人都是一个独立的耗散结构。由人所组成的群尽管有各种各样的结构，但归根到底也属于耗散结构，故而具有耗散结构的性质和功能。和所有的耗散结构一样，群都是非自足的，为了自身不断走向有序，必须从外界获取质能。这个外界既可能是大自然，也可能是其他的群。即使自身质能存量比较丰富的群也不能例外。当发现环境或其他群存在能使自身走向有序的优质质能时，他会以适当的方法与其进行质能交换。群的一切行为都是围绕着使自身不断走向有序而与外界进行质能交换这一核心进行的。质能就是利益，群的一切行为都是为了利益，获取利益的行为无处不在。

为了利益，一个群会与其他的群形成竞争关系、协作关系、共处关系，这些关系都是互补关系。

群与群互补主要是物质互补，包括物资贸易、人员交流、资源共享、通婚、移民等。此外，群与群还存在精神互补，包括政治交流、科技文化交流、思想碰撞、价值观影响等。大多数情况下，群与群的物质互补和精神互补是同时进行的。如战争就是群与群物质、精神交流的综合。战争中，群与群之间物质和精神的互补都达到了一个极端的水平。

群与群的互补，根据群之间联系的紧密程度、质能交换的频繁程度，可分为紧密型互补、松散型互补等。根据互补的结果，可分为增强互补、衰减互补、零和互补、非零和互补、双赢互补、和谐互补等。由于松散型互补对群与群之间的关系影响较小，故这里主要讨论相互联系比较紧密的群与群之间的互补关系。

增强互补，即通过互补对一方产生增强的效果。衰减互补，即通过互补对一方产生衰减的效果。通过互补，一方增强、另一方衰减，并且增强值等于衰减值的互补叫作零和互补；增强值不等于衰减值的互补叫非零和互补。通过互补，双方都有增强的互补叫双赢互补；双方增加值基本相当的互补叫和谐互补。

增强互补、衰减互补、零和互补、非零和互补都有一个共同特点，就是互补双方的具体目的一样，手段相似。如为了争夺某一块土地而发生的战争。在这里，双方的目的都是为了夺取这块土地的控制权；争夺的手段都是兵戎相见、运用枪炮兵器以及战争谋略。争斗的结果，或者一方夺取了土地，实现了增强互补，一方失去土地，形成衰减互补，夺取的土地等于失去的土地，形成零和互补；或者两败俱伤，造成同时衰减；或者一方占有优势、一方处于劣势，形成非零和互补。总之，都是为了消灭或削弱对手，或者通过战争直接从对手处获取质能。古代游牧民族通过发动战争抢人抢东西，使自己在生存竞争中处于有利位置就属于此类互补。

群与群之间的和谐互补是与上述互补完全不同的互补。和谐互补发生的充要条件是，一方的目的是另一方的手段，双方的目的和手段零和互补。如甲国农产品过剩并需要资金，乙国有农产品需求且资金富余，双方公平交易，甲国将一定的农产品卖给乙国，从乙国获得自己需要的资金；乙国付出资金买回所需的农产品。甲国的目的——资金，正好是乙国买回农产品的手段；乙国的目的——农产品，正好是甲国获得资金的手段。资金和农产品通过等价交换零和互补，最终，甲国卖出农产品获得需要的资金，乙国通过资金得到需要的农产品，等价交换，和谐互补，各得其所，两全其美。企业之间正常的贸易往来就属于和谐互补。

双赢互补与和谐互补有共同的发生条件，也具有共同的互补结果。所不同的是，和谐互补是理想化的双赢互补，而双赢互补是现实状态的和谐互补，在结果的完美度上达不到和谐互补的程度。如上述甲乙双方的农产品交易，因为农产品紧俏，乙方付了比通常情况下更多的资金获得通常情况下可以获得的农产品；或者因为农产品滞销，甲方付出了比通常情况下更多的农产品获得通常情况下应该得到的资金。在这个过程中，甲乙双方尽管有吃亏有占便宜，但总体上通过交易，双方分别获得了自己需要的资金和农产品，满足了各自的需要，总体上实现了双赢。这种情况是现实社会的常态。

增强互补、双赢互补、和谐互补都能使参与互补的群得到所需要的质能，从而使互补各群不断走向有序；而衰减互补、零和互补与非零和互补的衰减群，因为在质能交换中处于不利位置而无法得到他们赖以发展的质能，故而所在群必然走向无序。

群与群之间的互补，不仅存在于物质与物质、精神与精神的互补领域，而且存在于物质与精神的交叉互补领域。如看电影，就是观众群体与演职人员群体的物质精神交叉互补过程。观众群体通过买电影票看电影得到精神满足，演职人员群体通过提供精神文化作品得到现金补偿。再比如甲群给乙群以物质支援，乙群获得了物质形态的质能，甲群获得了精神、威望、尊重等无形资产，甚至对乙群的控制权等长远的好处，未来甲群可能因此获得精神或物质方面的回报。

群与群之间精神与物质的交叉互补往往会引发群精神及个体精神的变化，也可使群的物质形态发生变化进而使群产生新的功能。如科学、哲学、文学、音乐、美术、电影、电视剧的交流会引导个体思想与群体意识形态变化，从而使群精神昂扬或者萎靡；也可使群的精神转化为物质促进群的发展或蜕化。这是群与群物质与精神互补的必然产物。

精神物质类的群互补同样遵循上述和谐互补与非和谐互补的规律。

群与群之间的和谐互补和双赢互补是群双方的主动行为，增强互补一般是增强一方的主动行为，而衰减互补多半是衰减一方的被动行为。群与群之间的自然互补无所谓主动、被动，互补的发生完全是自然发生的，如一国处于另一国的河流上游，河水从上游国家流向下游国家。由于上下游江河分属于上下游人群，河水从上游流向下游，质能便从上游人群交换到下游人群。当上游或下游修建水利设施后，河水便成为可控质能，群与群之间的河水分配便成为上下游人群之间质能交换的主动或被动行为。当然，西伯利亚的冷空气流向南方、海洋的暖流及冷流的规律性及非规律性流动、飓风的灾难性掠过，等等，是人类无法控制的，是人群与大自然的被动的质能交换，不在人群与人群的互补研究之列。

　　群与群并不都是平行的，有些群之间存在层次关系。如有的大群处于小群上级的位置，对小群有指导甚至管辖的权利和义务。有的小群属于大群的子群，如子公司和母公司，国家和他所管辖的省市等。在这里，母群除对子群有管理和指导的权利义务、子群接受母群的领导和管理外，母群和子群之间也存在互补关系。如省市向国家上缴税收，国家向欠发达地区实施财政转移支付；母公司向子公司投资，子公司向母公司回报等。此外，母群除肩负领导、管理子群的义务外，还要协调母群与子群以及子群与子群之间的关系，直接或间接地干预他们之间的互补，充当子群之间互补关系的协调者。

　　随着群与群互补的推进，有的群在走向有序过程中，规模可能不断扩大，成为更大的群；有的也可能分裂为若干个小群；有的可能成为另外群的一部分；若干个群也可能组合为一个大群，等等。变化永无止境，群的互补、兼并、分裂、解体、重组永无止境。而在这个过程中，群并不是越大越好，而是内部结构越有序越好。

　　母群的自组织能力越强，对子群的吸引力和子群相互之间的吸引力越强。内部凝聚力强的群在与其他群互补过程中，往往处于优势地位，容易实现增强互补；反之，便处于劣势地位，容易实现衰减互补。

　　群与群的互补，据参与群的多少，可分为二群互补、三群互补和多群互补。

　　二群互补，即两个群互补互斥、发生质能交换的互补。质能从一个群流向另一个群，两个群之间相互施加影响。上述群与群之间的增强互补、衰减互补、零和互补、非零和互补、双赢互补、和谐互补等，都属于二群互补。二群互补是群与群互补的理想状态。

　　在二群互补的情况下，两个群的关系可以是协作、互助的，也可以是对立、互斥的，还可以是平行交错的。协作、互助的两个群叫协作群、互助群。对立、互斥的两个群叫对立群、互斥群。平行交错的群可称为平行群。

　　通常情况下，协作群和互助群的互补，一方以自身的需要为动力，与另一方进行质能交换，产生增强互补、非零和互补、双赢互补、和谐互补等效果。当然，互补过程中，也有互斥的现象发生，只不过不占主流。

对立群和互斥群的互补以互斥为基本特征，互补双方一方以另一方为对手，相互交流的目的就是要削弱对方、打败对方、吃掉对方、消灭对方；交流的手段是攻击和伤害，尽可能破坏对方的质能吸纳渠道，侵蚀对方已有的质能和精神，使对方不断走向无序。敌国之间的战争、敌对集团之间的斗争都是如此。对立群和互斥群的互补结果是，或者一方吃掉另一方，或者一方占便宜另一方吃亏，实现零和互补；也可能两败俱伤，实现双输互补；也可能一方占便宜一方吃亏，但两者绝对值不相等，非零和互补。对立群和互斥群在个别时候、个别情况下，也可能进行有利于对方走向有序的质能交换，只是这种互补在整个互补过程中不占主流罢了。

平行群互补的手段既有交流，又有竞争。由于群与群相互间联系不很紧密，交流和竞争的强度弱于协作群、互补群和对立互斥群，互补对群双方走向有序或无序的影响也相对较小。

三群互补，即三个群之间进行质能交换的互补。质能的流向从一个群到另外两个群，或者三个群互相交流；互补互斥发生在三个关系群之间；对一个群互补互斥的影响来自另外两个群而不是一个群。由于三群构成三角关系，而三角形具有稳定性，所以部分三群互补互斥相互协同相互制约构成稳定互补关系。如三国鼎立、三权分立等。

多群互补，即三个以上的群之间进行质能交换的互补。质能的流向从一个群到若干群，或者若干群相互交流；互补互斥发生在三个以上关联群之间；对一个群互补互斥的影响来自参与互补的所有群而不是一个群或两个群。正像宇宙中的无数天体，相互之间都有万有引力相互作用，处于互补互斥的单个群会受到所有群的影响，只不过有些群对某一群的影响大一些、有些影响小一些。

由于互补互斥的群比较多，种族、宗教、文化、经济、群体意识形态等相近的群容易走得近一些，在一定情况下容易结成利益共同体，进而在多群互补互斥中统一行动，最终形成一个大群。多群中这种大群一旦形成，最终也可能使多群互补演化为三群互补或者二群互补。人类历史上的多国结盟，第一次世界大战中的协约国和同盟国，第二次世界大战中的轴心国、同盟国以及冷战时期的华沙条约组织和北大西洋公约组织都是典型的例证。正所谓天下大势合久必分、分久必合。

多群互补形成三群互补或二群互补后，互补互斥的作用在诸群之间不断发生，诸群在这个过程中，或者得到增强不断走向有序，或者受到削弱走向无序甚至消亡。共同的敌人消灭以后，得到增强走向有序的群在达到极盛的顶点之后会分化成若干小群，互补互斥的作用又发生在小群之间，新的互补互斥循环随即开始。

人类社会阶级、政党、集团、国家是由单个人组成的，单个人的一切特性都反映在由个人组成的阶级、政党、集团、国家身上。个人是群体的基础，群体是个人的缩影。每个阶级、政党、集团、国家都在为本阶级、本民族、本政党、本集团的利益而奋斗。奋斗过程中，不可避免要和其他的阶级、政党、国家、集团发生互补互斥联系，或得到增强走向有序，或受到削弱走向无序，或者在一个时期里保持现状；各利益集团之间通过互补互斥不断组合或者分化。由此演绎出波澜壮阔的人间活剧。

二、群与环境

由人所组成的群生活在一定的环境之中。环境是群存在的基础，是群生存的依托，是群与外界进行质能交换的对象和媒介。

群所处的环境包括内部环境和外部环境。内部环境是群自身所拥有的，外部环境是群与群共有或外群所有或自然所有的。

群的内部环境首先是自然环境，即群所处的地理位置、海拔、经纬度、面积、山川、河流、光照、气候、植被、矿产、物产，等等。它关系到群的生存、发展、安全、生活舒适度、吸收质能的难易程度、群幸福指数，总之，是群走向有序或无序的基本条件。

群首先从内部环境和自然环境获取质能。如一个国家的居民首先从自己所拥有的土地上获得粮食，从自己的自然资源中获得矿物质、石油、煤炭等，从自己的山林获取木材、山货，在自己所处的环境中获得雨露阳光、空气和水。当自己的内部环境质能不足以维持自身生存，或者内部质能充足而群有进一步向外发展的冲动时，群就要以各种方式向外部环境索取质能。

群的外部环境质能的归属有些是明确的，有些则不明确。往往会有两个群或多个群都对同一外部环境质能提出归属主张，于是引发群与群之间的争端。解决这些争端，一般用协商的办法。当协商不成时，就会引发冲突，极端情况下会引发战争。可见，争夺赖以生存并使自身不断走向有序的质能，是人类战争发生的主要原因。

群从环境获取质能，有的是有序获取，有的是无序索取。有序获取的标志是使环境的熵量不断减少、组织化程度提高，环境系统不断走向有序。无序索取就是使环境的熵量不断增加、组织化程度衰减、环境系统不断走向无序。在环境的承受能力之内的保护性资源开发利用、使资源在开发利用过程中不断再生的质能获取，都属于有序获取。不顾环境的承载能力，对矿产资源的破坏性开采，对土地、水源、空气资源的污染性利用，使环境走向不可逆的破坏性的索取都是无序索取。从环境中获取质能，是群生存发展并不断走向有序的主要手段，不向环境索取质能的群是不存在的。而有序索取是立足环境恢复和再生，为人群提供源源不断的质能供应，实现群与环境的和谐互补，这是人类生存和发展并不断走向有序的正确方向。只知索取、不计后果地获取质能，不仅毁坏自然资源，而且透支子孙后代赖以生存的环境，是群走向无序的主要原因。一部人类发展史，其实就是对质能的有序获取和无序索取的博弈史。

群的内外环境不仅包括自然环境，还包括人文环境。人文环境即群内外政治、经济、历史、文化等多方面的现实状态。群不能从内外人文环境中直接获取质能，但却能获取信息。群与人文环境的信息交流能决定群从自然环境中获取质能的能力和水平。人文环境友好，则群从中获取质能的能力强大、路径顺畅、消耗较少，获取质能的效率较高，为自身走向有序创造有利条件。人文环境恶劣，群获取质能消耗巨大、路途坎坷、困难重重，最终不能或很少能获取有效质能，群将因此不断走向无序，最终熵达到极大，走向灭亡。

三、群间规则

每一个群都是非自足的，都需要和环境及其他的群不断进行质能交换，才能使自己不断走向有序。在与其他群进行质能交换的过程中，每一个群都希望自己获得尽可能大的利益，并不会更多地考虑他群的利益。所以互补的过程必然充满矛盾和竞争。无序的竞争无法达成自己的目标，有时甚至距离目标越来越远。在这种情况下，诸群都需要与他群相互协调，制定互补规则，使互补过程按照规则有序进行。国际条约、商业合同、集团之间的协议、有关法律法规等，都属于群间规则。虽然群间规则无法满足每一个群利益最大化的要求，但却能相对公平合理地关照各群的利益，比完全无序互补对每一个群都有利。

互补规则的制定围绕诸群各自的利益实现进行。在各方地位平等的情况下，规则一般是平等谈判、相互妥协、兼顾各方利益的结果，相对比较公平。如果各方地位不同，规则一般会向强势一方倾斜，而伤害弱势各方的利益。如战争中的胜利方，都会以强力强迫失败方签订不平等条约，规则是胜利者强加给失败者的，无公平可言。国际关系中由强国主导的规则，也是最大限度考虑强国的利益，对弱国或后参与国不是很公平。

独立的人和独立的群都有追求自身利益最大化的欲望，但社会是由众多的人和众多的群组成的，每一个人、每一个群在追求个体利益最大化的过程中，都会遇到其他人和其他群的竞争和排斥，这就使得每一个人、每一个群都无法实现个体利益的最大化。于是，追求公平便成为每一个人和每一个群的共同主张和最大公约数。也正因为如此，由人和人群所组成的人类社会总是沿着制定公平规则的路径不断发展。

按照相对公平的规则进行质能交换，互补各方容易得到自己所需要的质能，并因此不断走向有序。如双赢互补、和谐互补。按照非平等规则进行的质能交换，一方可能取得增强互补的效果，其他方可能得到增强互补，也可能得到衰减互补的结果。零和互补、双输互补都属于此类。

按照非平等规则进行的互补，必然受到利益受害方的反对，引起抗争和反弹。这种抗争和反弹到了一定的程度，会撕毁各方原先制定的规则，打破互补各方原先的平衡状态，促成新一轮规则的制定。最后达成新的规则。新规则可能是各方都能接受的相对公平的规则，也可能对某一方不是很公平，由此埋下了下一次规则制定的伏笔。

现实生活中，谈判和战争都是群与群之间制定规则的手段，条约、协议、法律、法规是最终的结果。

社会规则是各社会主体为了各自利益最大化而协调达成的社会契约，是群与群之间质能交换的数量、质量、原则、方法等的集合。群与群互补获取质能并使自身不断走向有序，才是制定规则的最终目的。

符合人类自然本能的社会规则接近于真理，能够长久存在并发挥作用。因为人的自然本能是人的构造产生的基本功能，是人体诸元互补的结果，与人共存亡。所以，建立在此基础上的规则就具有长久甚至永恒的品质；违反基本的人性制定的规则不能长久。

四、正义与邪恶

什么是正义？符合规则即正义，违反规则即邪恶。这里的规则，必须是依照人类的自然天性、符合一定的社会共识和公序良俗，并在平等公正条件下制定的规则。符合一部分人根据自己的利益制定的规则，在这部分人看来也是正义，在其他人看来未必是正义。

依照人类的自然天性、符合一定的社会共识和公序良俗、并在平等公正条件下制定的规则，是大多数人制定或大多数人委托其代表制定的，因而具有长久的生命力。

人类的自然天性是与生俱来的，是人作为一个耗散结构的本能。任何为人和人群制定的规则只能建立在人的自然天性基础之上而不能违背它。规则对个体自然天性的适当抑制是对群体规则的维护，最终会使群内诸元自然天性的发挥得到可能的最大空间。

社会共识和公序良俗是大多数人价值追求的集中体现。社会在平等公正条件下以其为依据制定的规则，是人和人群的行为准则。执行和维护这些规则，就是维护大多数人和群体的共同利益，因而是正义的行为，被人群所尊重、赞扬和铭记；不执行甚至破坏这些规则，就是损毁人群及大多数人的利益，为人群所不齿。强迫邪恶者执行规则是正义的行为。

人类的自然天性具有长久的稳定性，但社会共识包括道德共识和法律规范，因社会及时代不同而不同，平等、公正也会因时空的变化而具有不同的内容。所以不同时空制定的规则也会不同，有的甚至大相径庭。

由规则及执行规则所定义的正义与非正义是给定时空的产物，离开特定时空，正义与非正义就要重新定义。

放眼人类社会发展的历史长河，正义与非正义具有相对的意义。世界上没有绝对的正义，也没有绝对的非正义。即使由大多数人制定的规则，也是一定的时间、一定空间的真理，在另外的时空维度，就不一定是真理了。因而在特定的时空维度做符合这一时空维度规则的事情就是正义，而在另外的时空维度做符合前述时空维度的事情，不仅不是正义，而有可能是邪恶的。

正义是相对的，是一种主观的价值判断，这并不是说世界上无正义可言。人类一些具有普遍必然性的规则、普适性的道德法则具有一定的稳定性，执行这些规则便成为"永恒的"正义。

争取正义、追求公平公正合理、反对邪恶，是人类永恒的使命、永恒的课题。只要人类存在，这一课题便永远存在。人和人群的不懈奋斗，总能在一定的时空维度实现正义，抑制邪恶，从而使人群的公正秩序得以维护、生活质量得以提高，人群总体从中受益。但人类的认识不能穷尽真理，人和人群对规则和正义的把握也只能不断完成、接近理想，而不可能完全达到理想的状态。这也是人类不断追求和奋斗的重要原因。

第五节　天下大势

势即趋势，由群体内部的行为一致性构成。多个群体的行为一致性，构成多个群体所组成的大群的势。如果大群是一个国家，则此势为国家发展的大势；如果大群是整个世界，则此势即为世界大势。

大势，即大群总体发展的大趋势，是大群各种势里面主流的势，是标志大群在某一个时期发展的主要趋势。

大势浩浩荡荡，具有巨大的惯性力量，摧枯拉朽，不可阻挡，顺之者昌，逆之者亡。

大群的势，是由群与群互补交流博弈形成的。每个群都有自己的利益，诸群的利益并不一致。各群在实现自己利益的过程中，首先使自身形成向某个方向发展的趋势，他群也会形成向另外方向发展的趋势。诸群在这个过程中不可避免地发生利益融合或冲突。各群都坚持自己的发展方向并裹挟周围的群向这个方向发展，融合、离散、增强、削弱、妥协、消灭便在诸群博弈中不断发生，博弈的结果形成了多群行为的新方向，形成了大群的阶段性的势。

"天下大势，分久必合，合久必分。"说的是国家的统一与分裂的政治大势。事实上，与政治大势相并列的天下大势还有很多类型，如经济发展大势、文化发展大势、宗教发展大势、科技发展大势、体育发展大势以及思潮大势、观念大势、风俗大势、习惯大势等。每一种大势内部，都有其存在发展的自然逻辑。群内各种力量互补融合，相互影响，构成了实际意义上的天下大势，决定了天下大势的演变方向。

天下大势是由各分类大势互补融合、互相影响决定的，各类大势是由与其相关的群的博弈决定的，群的大势是由群内各成员的作为以及环境影响决定的，群内成员的作为是由群内个人的思想行为决定的，而个人的思想行为是由其本能人性及环境影响决定的。由此可见，天下大势归根到底受到人性本能和环境因素的影响。

世界政治大势发展的基本动因是人的欲望。人的自私本能要求群的社会组织及群的发展必须方便个体欲望的满足，有时仅仅是群内高层欲望的满足。而哪种群组织便于达成这个目标，人及人群便致力于建立这种组织。在某个历史阶段，群的统一便于达成这个目标，人及人群便为统一而奋斗；在另外的历史阶段，群的分裂便于个体或部分人欲望的实现，这部分人便致力于群的分裂。群的分裂满足了部分人的欲望，可能给另外的人或更大的人群欲望的满足带来障碍甚至损伤，这部分人便会致力于群的统一，统一便成为潮流。随着时间的推移，当统一妨碍了部分人或大部分人欲望的实现时，分裂进程随之开始。这就是天下大势分久必合合久必分的内在动因。

天下大势是大同，人间正道是互补。

由于人的自私本能，由于欲望的绝对存在，由人所构成的人群及人群所创造的一切必然朝着人类欲望所指引的方向发展，未来的天下大势也将由人类欲望所左右。欲望最基本的诉求是从外界获取质能使自身不断走向有序，个体的期盼将进一步与群体的期盼相一致，个人利益最大化将进一步与群体利益最大化相一致，私权力将越来越与公权力相一致，人类知识、文化、文明程度差别将越来越小，信息不对称、力量不对称现象将越来越少，自由、民主、平等越来越成为现实。

自私是人的本能，人作为一个耗散结构，从外界吸取质能是其本能。这就决定了人为了自己的利益往往损人利己。被损害的人本能地要维护自身的利益。此时他认为，为了自身利益侵犯别人的利益不公平，因而要同侵犯行为作斗争。公平正义的概念由此产生并发扬光大。所有的人都有这样的需求，因而所有人都有从维护自身利益出发的公平正义诉求。从而使公平正义脱离了狭隘的个人公平正义的窠臼，上升到为大众需要并认可的公平正义的高度，人类由此形成了公平正义的群体要求，公平正义成为群体的最大公约数，一系列的社会契约因此产生。个人的行为因社会契约的约束变得理性而节制，社会形成自动修复机制。人类社会在这种欲望的膨胀与契约的抑制的循环中不断走向有序，走向整体的公平正义。

自私是人类个体的本能，但人类在可以预见的将来会在因自私而引起的无数破坏与修复的循环中走向有序。这里的根本原因是，人、人群、人类社会以及其赖以生存的地球都是耗散结构，这些耗散结构每时每刻都在吸收着来自太阳的质能，因而会不断走向有序。无论人、人群、人类社会经历怎样的曲折，只要太阳照耀大地，这个过程的方向就不会改变。

然而，人类最终的命运是悲惨的。人类和人类社会赖以生存和发展的太阳不会永远挂在天上为人类送来源源不断的能量。当太阳内部因核聚变向太空不断辐射物质和能量、太阳的质量因此不断减小时，其对物质束缚的引力就会变小；当太阳的引力不足以束缚太阳内部的大量物质时，这些物质就要进一步向宇宙空间喷发，从而使太阳体积增大而变为红巨星；红巨星在核聚变和引力的双重作用下会塌缩成地球一样大小的黑暗星体，最终变为黑洞。在这个演化过程中，地球或许在太阳变为红巨星的时代就被其融化，人类在这个时代也就灰飞烟灭了。总之，当太阳不能为地球和人类提供走向有序所必需的质能时，人、人群和人类社会将走向无序和没落，此后将进入漫长的黑暗时代，最后消亡。人类消亡之后，地球或者在红巨星时代被太阳融化，或者继续存在相当长的时期，距离太阳越来越近，最终落在太阳上，与太阳融为一体。物质、生命完成了一个运行周期，而新的运行周期也由此开启。①

---

① 恩格斯在《自然辩证法》一书中说："一切产生出来的东西，都注定要灭亡……那时有机生命的最后痕迹也将渐渐地消失，而地球，一个像月球一样死寂的冰冷球体，将在深深的黑暗里沿着越来越狭小的轨道，围绕着同样死寂的太阳旋转，最后就落在太阳上面。"

第九章

思维与创造

世界的有序性与互补性不仅存在于物质运动领域，而且存在于人的精神活动领域。思维与创造便是世界的有序性与互补性在这一领域的具体表象。

第一节　思维

一、思维的定义

思维是人的大脑对外界信息进行接收、辨识、分析，将其与存储信息进行比较、互补整合、加工处理，将结果予以存贮的过程。通俗而言，思维是大脑对信息进行接受、处理和贮存的过程。

大脑是一个具有信息感知、辨别、加工、互补整合、存贮处理功能的神奇平台。大脑通过眼耳鼻舌身感知外界的图像、声音、气味、味道以及温度、湿度、润度、软硬度、光滑度等信息，以其强大的信息处理能力对这些信息和原有信息进行分析比较、互补整合、加工处理，最后得出某种结论，完成一个思维过程。

完成一个思维过程需要若干步骤。

第一，人通过眼耳鼻舌身感知的外界信息进入大脑，由大脑对其进行辨识，将新信息与原有信息进行比较并得出结论。原有信息贮存充分、接收新信息能力比较强，大脑的辨识度、认知度就比较高；原有信息贮存有限或其他原因导致无法对新信息进行辨识比较时，大脑的辨识度就比较低。聪明人、愚笨人，经验丰富者和经验不足者的区别也在于此。原有信息贮存量较低或者其他原因导致无法对新信息进行比较时，可以借助学习吸收，提高原有信息贮存量。刻苦学习可以弥补原先无法对新信息进行辨识的不足。

第二，大脑要对新的信息进行分析、归类，根据新信息所反映的事物的属性、构成、表象等将其由整体分解为有共同特点的各个组成部分或把已经互补整合的信息的个别性、个别方面分解出来，研究这个原初的东西是怎么互补整合的，由哪些独立的信息组成，相互之间存在怎样的联系，等等，找出某种规律，为下一步继续整合处理做好准备。大脑的分析、归纳能力强，则人聪明睿智，否则，就相对比较愚笨。

第三，在分析的基础上，大脑要对经过分析的新信息和原有信息以及信息组合进行互补整合，得出结论。互补整合的过程可以是一个线性的叠加过程，也可以是一个非线性的结构过程，或者是一个逻辑的推理过程，又或者是一个功能的放大过程……。互补整合的信息或信息组合将以整合后的新面貌出现，呈现一种新的结论、新的创意、新的方法或新的蓝图。

第四，在前述三个步骤的基础上，大脑要对新接受的信息以及辨识、分析、互补整合的过程、得出的结论等进行存贮记忆，使之成为后一个思维过程的"原有信息"。

可见，完整的思维过程要经历四重互补：大脑与客观事物的互补（感知客观事物，接收外界信息），大脑与被感知的客观事物的互补（对接受信息进行分析归纳），大脑将被感知的客观事物信息与存在于大脑中的客观事物信息对比分析、互补整合，大脑以一定的程序和标准对感知到的客观事物信息进行判断、度量取舍并得出结论。最后，将结论贮存在大脑里。

上述四个步骤或四重互补和一个贮存程序体现了思维的完整过程，但并非四个步骤或四重互补全部完成才算思维，而是过程的每一个步骤、每一个步骤的每一个环节都是思维。思维实际上是大脑对信息的接受、处理和贮存每一个片段或几个片段或完整信息的一个过程。

信息与信息必须通过大脑平台才能实现互补，离开大脑平台，信息与信息便毫不相干，也无所谓互补；信息首先是人脑感知的，离开大脑平台，压根儿就不存在信息。客观世界的万事万物本来是一种存在，但离开人的大脑的感知它也仅仅是一个存在，而对于不同的人而言，这个存在到底存在不存在，怎样存在，是不确定的。

思维的正常进行，离不开两个条件。第一，生命支持系统与外界不断进行质能交换使大脑保持正常运行功能或不断走向有序。第二，大脑系统对贮存信息能够进行加工整理或从外界获得信息并对新信息进行加工整理。

信息在人脑平台上的运行具有可逆性，正所谓反过来倒过去地思考、比较、分析、综合。在这个反复进行的过程中，每一个步骤、每一个环节都可能出现信息碰撞、互补而形成新的信息或新的思想成果。这也就是反复思考得出结论或者碰撞出新的思想火花的微观机理。

人的大脑也是一个耗散结构，与世界上所有的耗散结构一样，通过与外界不断进行质能交换使自身走向有序，亦即使大脑本身的机能不断完善，思考问题、处理信息的能力不断得到增强。与其他耗散结构不同的是，人的大脑在与外界不断进行质能交换的同时，还在与外界不断进行着信息交换。大脑与外界所进行的信息交换，不仅是大脑思维的基本要素，而且是大脑自身进一步走向有序、功能得到增强的必要条件。脑越用越灵的微观机理和根本原因就在这里。不断与外界进行信息交换并对信息进行有效互补整合，可以使大脑在有效锻炼中积累更多的智慧和灵感，进而促进大脑功能的增强，使其不断走向有序；而不断走向有序的大脑反过来更能有效地与外界进行质能交换和信息交换，生产出更多更有价值的精神产品。

二、思维的类型

思维的类型多种多样。

按照大脑获得信息、存贮信息和加工整理信息的方式和特点可分为形象思维、觉象思维、抽象思维和混成思维。

形象思维，就是大脑获得的信息或存贮、加工的信息是以具体图像的特征表象的。换句话说，就是大脑对以具体图像表征的信息进行获取、存贮及加工处理的过程。形象思维本质上是大脑对图像信息的主观反映，或者图像信息与大脑的互补或由大脑再现、加工。如眼睛看到的五彩缤纷的世界图像信息进入人的大脑，大脑对这些信息进行互补处理，得出相应的结论并将处理过程及结论存贮在大脑里。

觉象思维，是大脑获得的信息或存贮、加工的信息是以味觉、触觉、嗅觉等器官感知的味道、温度、适度、柔软度、光滑度、软硬度、气味等具体特征表象的，大脑对这些信息进行加工处理、存贮的过程。如大脑将人通过鼻子闻到的物质的气味或通过触觉感觉到的物体的温度、光滑度等信息进行分析处理并得出结论的过程。

抽象思维，是大脑首先对获得的信息或存贮的信息进行理性归类并将其抽象为概念，然后再对这些概念信息进行进一步的逻辑推理加工并将其存贮起来的过程。如哲学家首先对感知的信息进行概念化的抽象，再通过这些概念推导出结论。

混成思维，是大脑对各种渠道获得的信息或贮存的信息以及初加工的信息、抽象的信息的混合体进行互补整合和加工处理得出结论的过程。如人通过眼耳鼻舌身对客观事物进行全方位地感知，并对信息进行加工处理，将这些信息与大脑贮存的信息、初加工和再加工的信息、抽象的信息进行互补整合，认识客观世界的规律，得出进一步发展的结论的过程。

形象思维、觉象思维、抽象思维和混成思维都是人类思维的常态。人类正是在这样的以大脑为平台的信息互补整合中不断认识世界、发明创造、走向未来的。

按照大脑对信息的处理方式，思维可分为感知思维、分析思维和整合思维。所谓感知思维，就是大脑仅仅感知客观外界的信息而不对其进行互补整合加工。人认识事物的第一步即感知思维。分析思维，是大脑对感知的信息或贮存的信息进行分析处理，将其按一定规矩归类为有共同特点的组成部分或把已经互补整合的信息的特殊性、特殊方面分解出来。整合思维，是大脑对经过分析的信息或信息组合进行互补整合、综合处理，得出判断的结论或规律性的东西。感知思维、分析思维、整合思维在实际思维过程中，并不一定独立存在，多数情况下，三种思维互补交叉进行，共同为人认识事物、寻找规律、创造新的思维成果服务。

按照信息输入大脑或作用于大脑的方式及大脑的反映方式思维又可分为常规思维、扰动思维和顿悟思维。常规思维，是指大脑在一定的时间段感知某种类型的信息，这种信息或大脑贮存信息在下一个时间段被常规分析、互补整合或逻辑处理，随后得出某种结论。扰动思维，是指大脑在一定的时间段感知某种类型的信息，在下一个时间段感知与前述信息没有逻辑联系的信息，各种信息或大脑贮存信息在同一个时间段无规律地被感知、分析、互补整合或非逻辑处理，随后得出意料之外的某种结论。人突然想起某件事情并对其进行分析判断、突发事件突然被人感知并引发思考、突发奇想等都属于扰动思维。扰动思维没有规律可循，是大脑输入信息或内存信息的无规律扰动互补，就像平静的湖面上突然被扔入一块石头激起涟漪一样，而石头的来源是随机的、没有规律的。顿悟思维，是指各种信息在大脑里反复整合互补，突然产生全新的互补结果，而新的信息互补整合结果是大脑长久寻求和期盼没有得到的，简而言之，是信息以大脑为平台互补碰撞出思想火花的过程。如人长久思考某件事情，百思而不得其解，有一天突然悟到某种答案或者长久探索某类现象，突然得到突破的灵感。

所有的思维其实都是信息在大脑里的互补与整合。不同的思维类型之间的区别，只是信息输入大脑的方式和在大脑平台上的互补整合方式不同而已。

三、思维方式

思维方式是人们在长期的生产和生活实践中形成的认识问题和思考问题的角度、程序、方式和方法。

　　每一个具有正常思维能力的人都有自己独特的思维方式。独立的个人的思维方式与个人的先天禀赋、遗传因素、生活环境、习惯爱好、所受教育、性格修养、成长经历、文化氛围甚至身体情况、饮食起居都有关系。个体思维方式一旦成形，便具有了相对的稳定性，不会轻易发生根本性的改变，正所谓"江山易改，秉性难移"。与个体思维方式相联系的个人的性格、人格、习惯和考虑问题、处理问题的方式方法不会随着时间的推移和空间的变化轻易改变。反过来，个体思维方式会影响个人对人对事、对世界的看法，影响个人世界观、价值观的形成，影响人的习惯爱好、秉性修养，决定个人的成长发展、事业成败，决定个人的命运。

　　每个人都生活在人群当中。人群是具有一定共性的人以现实或虚拟的方式聚集在一起而形成的群体。人群的共性多种多样，其中的成员或者具有大致相同的生活地域、历史传承、自然环境、文化氛围、生活习惯，或者具有相同或相似的思想体系、价值观念、语言文字、宗教信仰，等等。具有某种共性的人各自思维方式尽管有所不同，但总体而言，一般都具有某种广义上大致相同或相似的思维方式，这些思维方式的互补便形成了群体思维方式。

　　比如东方思维方式，其中最具代表性的中国人的思维方式，强调直觉，包括总体把握、辩证思维，强调和谐、中庸等要素。或者说，总体把握、辩证思维、和谐、中庸等直觉要素，构成了中国人思维方式的基本特点。

　　直觉，就是直观感觉。考察和认识事物不经过繁琐的逻辑推理过程，由大脑将五官在短时间内接受的所有外部信息与大脑原先贮存信息互补整合直接得出结论。直觉是瞬时或短时间得到的认识，是同时整合所有能够得到的信息获得的结论。直觉不通过逻辑思维，不进行具体的分析判断，注重第一感觉，直接获得对事物的整体认识和整体看法。中医的脏腑理论和经络学说，就是强调人体的整体观，把人体看作一个小宇宙，从人体各部分的相互联系以及人与自然、人与环境、人与人等各个方面的互补整合考察人的健康状况；诊断时，综合问闻望切的全部情况，比照自己的经验得出结论。

　　辩证，就是认为事物是由矛盾的两个方面组成的；两个方面相互对立，同时又相互联系、相互依存，处在不断的运动变化之中；两个方面在变化中可以相互转化。具体思考过程中，抓住事物相互矛盾的两个方面，考察其对立、统一、联系、运动、变化、转化的全过程，互补整合矛盾的各个方面及其运动转化的各种情况得出结论。中国古代的老子哲学以及中医理论等都包含大量的辩证思维观点。"有无相生，难易相成，长短相形，高下相倾，声音相和，前后相随。""祸兮，福之所倚。""福兮，祸之所伏。""曲则全，枉则直。""物壮则老。"等都是这种思维方式的具体体现。中医诊病，分析人体的寒与热、脉象的急与缓、舌苔的厚与薄、疼痛的虚与实以及这些因素之间的相互变化，得出诊断结果，然后辨证施治，甚至头疼治脚，脚疼治头，最终达到治病救人的目的。

中庸，就是思考问题不偏不倚，不走极端，致中和，行中道，讲和谐。中庸既是思考问题的方式方法，又是思考问题的标准，亦即思考到"中庸"的程度就算达到目的。中庸在实践中被儒家运用于社会道德领域，要求人们做人做事中正平和、因时制宜、因物制宜、因事制宜、因地制宜，慎独自修、至诚尽性。

西方思维方式强调理性，就是在全面了解事物并在对事物形成概念的基础上，通过判断、分析、推理、计算、比较、归纳、综合等方法对事物进行思考，并得出结论。理性以人们对事物的现有认识为基础，互补加入新的认知，通过逻辑推导得出结论。所以，理性思维建立在证据与逻辑的基础之上。

理性的出发点是人对事物的原有认知和新的认知。两种认识以概念的形式存于大脑之中；大脑按照一定的标准将这些概念分解为较简单的组成部分，找出这些部分的本质属性和相互之间的区别与联系；按照事物发展的内在规律，对事物各个方面的本质属性和相互之间的区别与联系进行推理演算，获得对事物各个方面的进一步的认知，得出其未来的发展方向与发展趋势；再对这些成果进行相互比较；将这些成果综合归纳、互补整合，得出新的结论。

中国人通过直觉思维建立了中华传统文明的庞大体系；西方人通过理性

思维建立起西方科学和哲学的庞大体系。两种思维方式以不同的路径构建起不同的文明体系大厦。

地理因素的影响使中国的农耕文明出现比较早，人们为了生存很快以部落为单位形成了准国家形态的部落联合体。此后，部落联合体内部最聪明的人包括其首领和"知识分子"就以他们的智慧担负起了维护和发展联盟的重任，使联盟更加稳固。形成正式的国家形态以后，这样的使命和任务更加神圣，由此出现了与之相适应的哲学体系和伦理体系。统治者为了维护其统治万世一袭而广纳人才，从推出贤人治理的"禅让"制度到后来的科举制度，打开了社会"唯贤是举"以及草根阶层上升的通道。适应统治需要"贤人"的知识结构和科举的考核内容都围绕着与统治有关的经典，如"四书五经"等。在这种人才选举制度的引导下，中国最聪明的人都去研究统治人的学问并进而做官了，鲜有人去关心大自然的来龙去脉；即使有几个人去研究、取得了《周髀算经》《九章算数》等成果，也因为得不到统治者和社会应有的认同与支持，无法形成气候，或者发展到一定的阶段就自生自灭了。由统治者倡导、由中国人中最聪明的知识分子去研究的哲学、伦理以及文学、法律等学问，研究的都是人和统治人有关系的理论和办法，而研究人、把握人最准确、最有效的思维方式是直觉思维、宏观把握、整体把握，所以，围绕宏观把握、整体把握出现了一系列理论和实践。也就是说，直觉思维的思维方式将中华文明引向了如今的体系，远离了以理性思维为基本特征的科学研究。这也部分解释了现代科技没在中国诞生的原因。

西方因地理位置和复杂的人文因素产生了最早的古希腊文明、古希伯来文明和古罗马文明。对西方文明影响最大的基督教建立在三大文明的基础之上。无论是古希腊神话故事还是基督教教义，都是讲故事的。这些故事涉及人类的来源、宇宙的起源，太阳、地球、月亮之间的关系等自然现象。在人类认知水平比较低的情况下，神话故事和宗教故事很容易让人相信。随着人类认知水平的不断提高，越来越多的人开始怀疑这些故事的真实性了，于是就追根问底，通过分析和实验、理论推导求得结论，最后发现不是神话或教义上说的那么回事，理性思维由此得到张扬。中世纪教会权力很大，绝对不允许对宗教教义产生怀疑，所以对探索者实行无情镇压，很多人被处以极刑，如布鲁诺勇敢捍卫哥白尼"日心说"，宣扬天体运行不是教会说的那样，被教会烧死。这反而激发了更多的人以理性思维的方式方法探求真相的愿望和激情，从而促进了科学的探索与发展。与此同时，教会统治时代太黑暗，民众受不了，就奋起反抗。而反抗既有直接的对抗行为，也有推翻教会理论的探索和研究，理性思维方式和西方现代科技正是在这种禁止与突破中萌生并得到发展的。

中华文明和西方文明都源自人对自然和社会的考察研究，但因为考察的角度、切入点不同，形成了最早的思维方式的差异；又因为思维方式的差异，使相同的考察起点得出了不同的考察结论。

中国人通过考察四季变化、白昼变化得出变化是永恒的、变化双方或各方可以相互转化的结论，形成了朴素辩证法。进一步考察，发现在季节交替的变化中，冬天太冷不好，夏天太热也不好，春天不冷不热才是人类追求的理想状态；推物及人，得出结论，人不能太弱，太弱容易被伤害，死得快；也不能太强，太强容易树敌，死得也快。只有不强不弱比较好，能笑到最后。这些对自然考察的结论及其启示帮助中国人产生了中庸、和谐的思想理论和思维方式。

西方人考察四季变化、白昼变化也得出变化是永恒的、变化双方或各方可以相互转化的结论，形成辩证法；西方人同时对这些变化进行量化分析，得出可以用数学公式表达的变化规律，形成科学，进而成为动摇宗教教义基础的武器。西方人在观察中也发现季节的交替变化，以理性思维的方式追根问底，发现变化的原因是地球和太阳的相对运动，进而对这种运动进行量化分析并将分析结果用数学公式表达出来形成天文学。这些都说明，两种思维方式即使从同一个起点出发也会走向不同的方向。

中国人和西方人不同的思维方式之所以导致不同的结果，是因为即使思维的起点差不多，对事物考察的中途也会分道扬镳。如古代中国人和西方人对自然和社会的研究都是从日月星辰、四时变化开始的，起点可谓差不多，但西方形成了基督教等宗教理论和规矩，中国也形成了道教或其他自然崇拜或祖先崇拜的宗教。因为思维方式和思维目的不同，西方从宗教神学土壤里生长出哲学和科学，中国从哲学的土壤里生长出道教，接着道教向政治靠拢，将原来的研究导向长生不老和神仙世界方向，而皇帝是长生不老理论和实践最大的支持者和消费者，这就使得道教理论研究向服务于统治的方向延伸，而此时的非理性思维方式又把这种研究神秘化，最后变为炼丹一类的伪科学。

历史上，中国民间的科学研究从未间断，有些和西方科学研究的起点也大致相同，有的甚至还要早一些，但因为研究者的思维方式过于宏观粗放，研究目的是为当官治天下服务的，所以科学在萌芽状态就自生自灭了。有的自然科学的研究取得了很大的成绩，但半道上总要向"修身齐家治国平天下"的方向转向，最终都不会发展成为现代科学。如中国古代的四大发明，堪称中国人对世界科学技术的伟大贡献。但这些发明一经问世，就和政治或迷信发生了联系。指南针被用于看风水；造纸术被用于刻印与政治文化有关的书籍；火药被用来做成炮仗驱鬼辟邪或者营造过年过节的氛围；印刷术被用来传承中国传统文化经典。每一项科学发明都向政治转向，最终不可能在科学的道路上一直走下去。

人类智力水平的进化速度大体是相当的。凭中国人的聪明才智和创造能力原本完全可以创造出现代科学技术的一切成果，因为历史发展中的一个个涨落，中国人与西方人具有了不同的思维方式并最终走上了不同的文明路径。东西方文明在涨落分歧之后经过几千年的发展，成就了不同的文明。中国不能产生现代物理、化学、生物学，却可以产生易经、中医、武术、书法、国画和阴阳八卦；西方不能产生东方文明成果，却可以产生现代自然科学。

直觉思维与理性思维是人类思维的两种基本方式。数千年的历史发展，使中国人形成了以直觉思维为主的思维方式，西方人形成了以理性思维为主的思维方式。在中国人和西方人的具体思维过程中，直觉思维中包含了理性的成分，理性思维中也包含直觉的成分。如中国古人以直觉的方式提出了阴阳五行理论，但阴阳和五行的具体运行却充满了逻辑推理。爱因斯坦的狭义相对论，是理性思维的结晶，充满了理性的计算和推导，如洛伦茨变换等，但光速不变的核心原理却是爱因斯坦通过直觉思维提出来的。西方微积分无限逼近的方法，实质就是互补整合的方法，里面也有东方思维方式的整体把握、辩证思维的因素；东方思维方式里，也有逻辑推理、分析综合的因素，区别在于以哪种方法为主或以哪种方法为基础。

　　直觉思维和理性思维都具有伟大的历史和现实建树。它们分别促成了不同文明体系的构建，分别在某些领域显示出无与伦比的优越性，但在另一些领域又会显示出明显的缺陷与不足。如理性思维方式在科学体系的形成和发展中居功至伟，但在考察更为复杂的系统方面却显得力不从心。理性思维方式认识一个复杂的体系，总是先对系统进行分析，即将系统分解为一些更容易认识的子系统，然后运用逻辑推理的方法对这些子系统进行综合并得出结论。现实生活中，面对一个复杂的系统，除非将影响体系形成和发展的所有因素都找出来并列入运算过程，否则得出的结论就不可能是准确的。西方科学家为了解决这种局限性缺陷，经常运用极限和微积分的方法，首先对事物进行理想化分析，找出其中的规律，如牛顿运动定律，就是在理想状态下物体运动的规律；然后通过极限和微积分的方法将理想状态下得出的无数差别不大的结论整合积分使其无限逼近现实，最终得出接近客观真实的结论。对于自然领域的物质运动，运用这种办法显然是正确的并且取得了巨大的成功。但对于复杂系统，比如人这个系统，理性思维方式就暴露出了无法克服的缺陷，得出的结论往往与实际情况大相径庭。因为人是世界上最复杂的系统，不可能将人的各个方面分解成无限的变量，也不可能列出分析人的本质的正确的方程式，从而不可能将有限的变量代进方程式计算出人的本质特征。倒是中国传统的直觉思维方式在把握这类复杂体系时更加有效而可靠。经验丰富的政治家通过有限的变量，凭借自己的政治经验和政治智慧，一眼就能直觉分辨出国家栋梁与奸佞小人。伯乐相马、萧何识韩信、汉武帝重用霍去病，等等，都是直觉识人的成功范例。相反，根据某些选人用人的机械条款，通过复杂的量化分析，鲜有选拔出真正人才的。当然，理性思维可以建立经验性的数字模型导入相关变量得出近似现实的结果，直觉思维也可以通过经验模型导入相关变量计算出相应的结果，然后把这个结果与长期经验所得答案对比，得出相应的结论，易经卜筮就运用了这种方法。这些方法都有一定的存在价值，都有明显的优点和缺陷。直觉思维难免有偏差，理性分析也会得出荒谬的结论，两者的互补整合则可能取长补短，相得益彰。

四、思维与辅助思维

思维是人的大脑对信息进行接受、贮存和加工处理的过程。辅助思维是帮助人的大脑对信息进行接受、贮存和加工处理的手段和工具。

如果说汽车、火车、自行车以及飞机、宇宙飞船是人的行动能力的延伸，劳动工具、机械装备等是制作能力的延伸，那么，帮助人脑对信息进行接受、贮存和加工处理的辅助手段和工具就是人的思维能力的延伸。

人类一直在研究各种方法、创造各种工具增强眼耳鼻舌身等感觉器官的感知功能，延伸其感知范围，从而对未知领域的感知越来越深入、越广泛，对客观事物的感知越来越准确，运用和改造自然为人类服务的能力越来越强。

语言能力的萌生和发展，是人类文明发展的伟大里程碑。有了语言，人的大脑对事物信息的贮存和加工处理发生了质的飞跃，人和人之间的信息交流变得更加有效。语言产生以后，人类的思维多是以语言为媒介进行的。所以，语言也是大脑思维的延伸。

文字是语言的书面表达形式，为信息的贮存开拓了广阔的空间。人类文明的许多成果通过文字得以保存和传承。从甲骨文到篆书，从竹简到纸质书籍再到电子书籍，文字对文化信息的贮存和传续起到了其他媒介无法替代的作用。后代人通过文字，继承了前代人的思维成果，极大地拓展了大脑的思维空间。

算盘、计算尺的发明，承担了人脑思维的许多逻辑功能，使计算变得简捷，提高了运算速度。电脑的发明，不仅极大地开拓了人脑辅助系统的贮存空间，而且开拓了人脑的逻辑思维空间；不仅把人从繁重的脑力计算中解放出来，而且极大地延伸了人类逻辑思维和形象思维的空间，使整个人类的信息贮存、检索、交流、运用融为一体，甚至使人类的物质生产和日常生活也融为一体，实现了信息在人脑之外的互补整合。

思维是大脑对信息的互补整合，其基础和基本要素是记忆中存贮的信息。存贮信息量越大、记忆越牢固，思维的原材料越丰富，思维效果越好，判断的准确性越高。相反，大脑信息贮存不足，或者记忆模糊，需要大脑做出判断时，由于互补整合的信息不完整，或者贮存信息不准确，就会导致判断发生偏差甚至错误。所以，记忆力强的人，在逻辑思维能力相当的情况下，比记忆力弱的人思维能力强、智商高、判断准确。当人类有了电脑这一辅助思维工具后，某些需要记忆的信息就可以交给电脑来贮存，某些逻辑过程也可以交给电脑来完成，这对提高思维的有效性、判断的准确性是非常有益的。随着人工智能的发展，人类开发出的许多机器人产品，不仅能够辅助人类思维，而且在某些领域能够独立工作，其效率、准确性、反应速度等甚至超过了人类。如人工智能围棋程序"阿尔法围棋"，在2016年3月9日至15日与韩国围棋九段棋手李世石、中国围棋九段棋手柯洁的两场比赛中，分别以四比一和三比零取得了胜利就是例证。

当然，电脑作为思维的辅助手段，可以贮存海量的信息，可以实施某些逻辑运算，具有人脑无可比拟的记忆优势，反应快、准确度高，能够避免人脑的许多误差，但电脑并不能完全代替人脑思维。人脑可以产生思想、感情、智慧等形而上的东西，同时可以进行直觉思维，可以赋予人以个性化的性格、人格等，电脑则做不到。电脑按照人事先设定的程序运行，程序里有的东西会不折不扣地完成，没有的不会自觉产生。离开人脑设计的程序，电脑只不过是一堆没有相互联系的零配件，更谈不上感情、性格等高级功能。在广泛联系、情感变化、非线性思维等方面，电脑永远不能与人脑相媲美。

技术的发展，使人的感官延伸到史无前例的宏观与微观领域，极大地拓展了人的思维空间。随着人类向未知领域的不断进发，随着人类思维辅助手段的延伸和广泛运用，人类知识的总量在不断增加，人类对未知的认识、对自然的把握和开发运用水平不断提高。在这个过程中，人类在某些原先比较强势的领域的能力也会减弱，甚至思维能力也会弱化。因为许多事情不用经过以往的思维过程就能得出结论，大脑的锻炼机会减少了，思维的能力也就退化了。比如，当学生将四则运算用计算机完成时，心算的能力就减弱了；当自动驾驶成为民众出行的普遍选择时，手动驾驶技术就退化了。因为技术介入思维，人类得到了许多，同时也失去了许多。当后人发现这些辅助手段得不偿失的时候，或许可能回过头来再寻找丢失的记忆。

技术带来的便捷的信息获取方式丰富了信息的来源，增加了思维过程可以借重的信息的含量，增加了信息通过大脑互补整合的机会，促进了思维的发展进化；同时，这种信息获取方式和与此相应的浅层思维和娱乐方式，弱化了人们独立思考的能力，极大地占用了人们独立思考的时间，消减了人们独立思考的机会，使人类思维能力在某些方面进了一大步，而在另外一些方面则明显退化。如有些非常珍贵的非物质文化遗产的失传，通过静静地思考才能获得的某些技术发明和理论创造的丢失就是这方面的例证。

在历史长河中，人类创造了无数的思维辅助手段，但并非所有的思维辅助手段都能正确地延伸人的思维，使人得出正确的结论。如中国的易经八卦辅助决策，西方的星相学预测，都是一种辅助思维手段，但其得出的结论不一定准确。至于封建迷信的辅助思维手段及其各种应用手段，由于其中掺杂了过多神秘、虚妄甚至荒诞而脱离客观实际的东西，其结论自然是荒诞不经的，与客观实际相去甚远。

第二节　意识

一、意识及其分类

意识是人脑对输入信息和存贮信息以及信息的互补整合的觉察，是思维的一种形态，是"我"与"我"感知到的那一个"我"的互补。广义而言，意识是人的思想和价值观的综合。

意识分为显意识和潜意识。

显意识是大脑对各种信息包括存贮信息和新接受信息进行互补整合结果的察觉。显意识处在思维的表层，如一个人睡觉醒来，发现"我"刚才睡着了，"我"和"我"的发现互补构成显意识。再如，某人在战场上被炸弹的气浪掀翻昏迷过去，醒来后，掐掐自己的胳膊，发现"我"还活着，这个发现的察觉是显意识。还比如，某人回忆当年发生的一件事情，对自己回忆的察觉也是显意识。

潜意识是大脑对贮存信息进行互补整合并将结果沉淀下来的思维活动。潜意识处在思维的深处，通过显意识显现出来，是决定和支配显意识的意识。如果把意识看作一座冰山，显意识就是冰山露出水面的部分，而潜意识即为冰山水下的部分。显意识以潜意识为基础，潜意识支撑着显意识乃至整个意识。潜意识可以转化为显意识，显意识也可以转化为潜意识。

潜意识是大脑中沉淀下来的思维碎片，是人对事物的根深蒂固的印象和看法，是人的最真实的思想，没有伪装。潜意识不仅沉淀着人的原初的记忆、感情、本能和思想，而且沉淀着祖先遗传给后代的功能信息。祖先遗传下来的功能信息通过基因留给下一代，成为下一代与生俱来的本能。当外界扰动信息作用于这种本能时，便可立即激活本能并将本能转化为功能。如新生婴儿的身体里就沉淀着祖先遗传下来的吸奶、哭泣等本能信息，当用乳头或手指触碰新生儿的口唇时，新生儿便会出现口唇及舌的吸吮蠕动。乳头或手指对新生儿口唇的碰触就是外界给他的一个扰动信息，这个信息会立即激活新生儿遗传自祖先的吮吸蠕动本能，使得他一出生就具备了寻乳、吸乳、吞乳的功能。

遗传类潜意识的激发，要靠外界的信息扰动。外界信息与大脑贮存信息发生互补整合，才能激发本能的活性，进而将其功能调动起来。这个过程相当于一张新磁卡必须激活才能使用，又相当于植物种子需要水分、温度等外界信息激发才能发芽。

婴儿生下来就会吃奶，这是一种本能。与所有具有质能交换功能的耗散结构体系一样，祖先遗传给婴儿的耗散结构具有自发地吮吸母乳以从外界获取质能使自己走向有序的本能。吃奶就是婴儿这一耗散结构自发地从外界吸收质能以使自身走向有序的天然本领。婴儿刚出生时已经有了思维，但吃奶动作不是思维的结果，而是本能的表现。随着婴儿慢慢长大，本能逐渐让位于思维对肌体的指挥，意识变为显性，而本能和潜意识沉淀下来，但仍然对显意识发挥着主导作用。

人的性欲、食欲等也是本能，是祖先遗传下来的。这些本能经外界信息扰动刺激，会变为性功能、食功能等能力。

基因遗传的是本能，经后天信息扰动激发，转化为功能，这种功能是潜意识的基础，对人的行为起着决定性的作用。祖先遗传下来的本能被外界扰动信息激发唤醒后转化而成的功能，也形成人的天分。如有的人很容易就能掌握几门外语，有的下很大工夫也入不了外语的门；有人看一遍别人的画作或者听一遍歌曲就知道怎么画、怎么唱，有的人科班出身学习很久也掌握不了绘画和音乐的基本要领，这些都是天分不同所致，都是由基因沉淀所形成的人的潜意识决定的。

潜意识主要由三类信息通过大脑平台互补整合而成。第一，祖先遗传的本能经后天信息扰动激发的功能信息；第二，人在幼年时包括娘胎里接受并沉淀于心灵最深处的信息；第三，人生中某个阶段强刺激沉淀于心灵深处的信息。此三类信息的互补整合，构成人的潜意识的基础。

潜意识具有相对的稳定性，不会随着人的年龄的增长或所处环境的变化发生根本性的变化。这种相对的稳定性是由潜意识自身的内在构成决定的。首先，祖先遗传的本能信息是人类千百万年进化的结果，而人的生命相对于人类生存繁衍的历史是短暂的一瞬，短暂的一瞬可能略微改变祖先的遗传基因，绝对不可能使其发生颠覆性的变化。其次，人在幼年时包括娘胎里接受并沉淀于心灵最深处的信息已经与人的大脑紧密结合，成为大脑贮存的原初信息，深深地刻印在脑海深处，不可能随着时间的推移遗忘或消失。第三，人生中某个阶段受到的外界强刺激，在人的脑海中打下深深的烙印，并最终进入记忆的深处，而且会被人时常重复记忆，因而这种刺激也会沉淀于心灵最深处被大脑永久保存。

正因为构成潜意识基础的三类信息都是稳定的，所以，潜意识本身是稳定的。日常生活中看到的人的性格、处事为人的方式方法、世界观、价值观等都是由潜意识决定的，因而也具有相对的稳定性，不会轻易改变。说一个人定型了，其实是因为他的潜意识以及由潜意识决定的价值观和思维方式不可能轻易改变。

人的一生中，意识支配着行动，但对行动起决定支配作用的是潜意识。所谓自小看大，三岁看老，就是说他的行为是由很小的时候沉淀在心灵最深处的潜意识决定的。后来的行动，如果没有大的刺激信息沉淀为潜意识，则仍然受小时候形成的潜意识的支配。如果他的人生受到了强烈的信息刺激，这种刺激变成了他的潜意识，那么，他后来的行为便受到改变了的潜意识的支配。如人生中经历过死里逃生，便会经常将这种经历变为噩梦；人生中经历过突如其来的打击，为人处事的行为方式可能发生他人难以理解的突变，等等。

潜意识也是可以培养的。早期的胎教和智力、情商开发对儿童潜意识的形成具有巨大的作用。胎教和幼儿智力、情商开发，既是向其输入扰动信息，激发其原初的某种本能，使其转变为能力，同时也是在一张白纸上书写文字图画，这种文字图画会永久保存下来，相当于向新电脑输入系统信息、安装应用软件。胎儿大脑在母体内已经在接受信息，并且有了加工信息的初步能力。早期的信息输入，会有效沉淀于大脑深处，成为潜意识的一部分，因而对人的成长发育、性格形成、行为方式和兴趣爱好的影响具有无可估量的作用。幼儿时期的信息输入和胎教一样，也会沉淀于心灵的深处，成为人的潜意识。如小时候背诵的诗文、学会的技艺不容易忘记，而且越老记忆越清晰。给胎儿听音乐，外在的信息灌输沉淀在潜意识里，会开发胎儿的音乐天分，使其长大可能成为音乐爱好者。男（女）人对某一类女（男）人感兴趣，很大程度上也是由小时接受过某种男（女）人的美好信息，这种信息在记忆深处沉淀下来形成潜意识促成的。如小时候看电影，电影明星会深深影响人的审美情趣使人产生明星崇拜；社会舆论褒扬某种男人或女人优秀，都可能在人的思想深处打下深深的烙印，这种烙印沉淀为潜意识，以后就会自觉不自觉地喜欢这种类型的女人或男人。强刺激信息输入也是潜意识培养的一种途径。部队的强制性军事训练可以培养军人素质，运动员的强制性训练可以塑造优秀的运动品格，人生的突发变故可以改变人的性格，高强度的背诵记忆可以提高人的文化素养，等等，都是潜意识培养的例证。

本能是原装信息，知识是输入信息。把某种输入信息变成一种能力，是信息输入激发或调动了本能进而产生功能。如同将程序输入硬件，便产生了某种功能一样。

潜意识功能特别强大，人的性欲、食欲等本能，爱憎等情感，世界观价值观等观念形态，以及天分、创造性等能力，为人处事的方式方法，等等，都是由潜意识决定的。人的一生中，开发和利用的潜意识功能很少。正像一部高端手机，老太太只会用来打电话，其余90%的功能都没有被有效使用。

潜意识永远处于觉醒和半觉醒状态，不会休眠。潜意识休眠了，生命也就结束了。但显意识会休眠。当人处在睡眠状态时，也就是显意识的休眠状态。显意识的觉醒必须以足够多的脑细胞处于活跃状态为保证。否则，脑细胞处于休眠状态，显意识也就不会被"我"所察觉。

处在睡眠状态的人经常会进入梦境。此时，大部分脑细胞处在休眠状态，显意识休眠，潜意识觉醒。维持潜意识活动的脑细胞对大脑存贮信息进行互补整合，演绎出一些非现实的情节。大脑对这些情节的判断也是由支持潜意识的少数活动着的脑细胞完成的。这些脑细胞只能做出与活动脑细胞比例相适应的判断。这个比例一般在百分之几，判断的正确率也相应只有百分之几，判断得出结论与现实的差距及活动脑细胞占比情况相一致。

当大量脑细胞休眠时，意识是虚幻的，判断与现实情况并不吻合。梦境越惊险刺激，参与活动的大脑细胞活动越剧烈。反之，梦境越平淡，或者没有做梦，参与活动的脑细胞活动越平缓。梦境中频繁参与活动的脑细胞记录的信息是沉淀于人脑中很深的信息，是左右潜意识的信息，有的是祖先基因遗传的信息，是更加本能的信息。

潜意识可以转化为显意识，显意识也可以转化为潜意识。如性本能是一种潜意识，当它受到异性刺激后，被激活的性本能可以转化为对异性的追求行为，而对异性的追求意识就是一种显意识。不认可某种观念是一种潜意识，当遇到这种观念挑衅而潜意识又觉得可以对抗时，原来的潜意识便可能转化为对抗的显意识指挥行动予以对抗；而当潜意识认为付诸对抗行动得不偿失时，会将对抗意识压在心底，在表面上做出容忍的姿态，支配容忍姿态的假意识就是显意识。同样，显意识也可以转化为潜意识。如前述的信息强刺激、婴幼儿的胎教和早期教育等，都是首先在人的大脑中形成显意识，然后显意识不断重复慢慢沉淀于思想深处变为潜意识。

二、个体意识与群体意识

个体意识是独立的个人对输入自己大脑的信息和原存贮在大脑的信息以及信息的互补整合的觉察，是个体思维的一种形态，是独立的个人作为"我"与"我"所感知到的那一个"我"的互补。广义而言，个体意识是独立的个人的思想、思维方式和价值观的综合，是个人在实践中形成的对客观世界和自身的看法和认识。

个体意识包括个体显意识和个体潜意识。

个体显意识是个人对外表现出来的意识和观念，如个人对人对事的看法和认识，个人表现出来的思考问题和处理问题的方式方法，个人的好恶、兴趣，等等。

个体潜意识是埋藏在个人心底的观念、思维方式和对事物的看法和认识，是个人与生俱来的本能、秉性和外界刺激留在心灵深处的印记的互补。

个体潜意识尽管埋藏在个人的心灵深处，但时常被自己下意识地觉察。如人的性本能贮藏在人的潜意识当中，人在性成熟之后，经常能够觉察到性本能的存在。正是这种存在，演绎出人类生存繁衍和人世间爱情生活的一系列活剧，同时演绎出各种性犯罪的闹剧。

个体潜意识尽管藏得很深，还是会经常被他人觉察到。他人会通过对一个人的行为的观察，分析或直觉到导致这些行为发生的内在原因，从而发现形成某人行为方式的背后的动因——即其潜意识或其潜意识的一部分。

群体意识是群体成员共同具有的思想和价值观的综合，是处在一个群体的众多个体意识的互补整合，是群体共同性和个体特殊性的互补统一。群体意识包括群体兴趣、群体追求、群体需求、群体规范、群体价值观、群体舆论、群体目标指向，等等。

群的形成，源于形成群的个体的某种共同性，如具有大致相同的生活地域、历史传承、自然环境、生活习惯，或者具有相同或相似的思想体系、价值观念、语言文字、宗教信仰、研究范畴等等。共性的特征使得不同的个体以某种方式形成一定的人群，也构成了这种人群的群体意识的基础。当这种共性的东西成为一种思想趋势时，群体意识便萌生了。此后，或者因为群内智者的理论糅合，或者因为群内领袖的顺势倡导，更多的因为群内各成员对群内领袖或头面人物的偶像崇拜，最终逐渐形成倾向于群内领袖或头面人物想法的相对统一的意识。正如放在一起的摆钟刚开始时各自自由摆动，过一段时间，发生同频共振同步摆动，最终形成步调一致的摆动一样，群内个体也会因为上述因素形成思想共振，原先只表现出一种趋势的意识，随着时间的推移会逐渐成为人群的一种群体意识。

群体意识也分为群体显意识和群体潜意识。那些在群体行为中表现出来的群体意识都属于群体显意识，如某个地域人群的风俗习惯、国民对国家的认可与热爱的行动、企业职工维护企业利益的行为，等等。沉淀于群体文化基因的群体意识，属于群体潜意识，如一个民族深入血脉骨髓的文化传承、民族性格等。群体潜意识决定群体的文化和传统。因此，不是歌德创造了浮士德，而是浮士德造就了歌德。不是鲁迅创造了阿Q，而是中国人的群体潜意识创造了阿Q，并通过鲁迅的笔表现出来。阿Q真实地表现了当时的中国人骨子里的深层潜意识，是对潜藏于这个民族灵魂深处的某些心理的高度概括。同样，美国人的群体潜意识造就了海明威的《老人与海》，《老人与海》触碰到美国人群体潜意识的最深处。

群体意识属于思想观念范畴，而群体意志是人群通过群体意识确定目标，并以目标为牵引调节支配行动去实现目的的群体心理倾向，介于思想与实践的中间范畴。当群体意识基本统一，并且群体有了某种行动的冲动时，群体意识就转化为群体意志。现实生活中，群体意志有一个形成的过程，先出现某种个体意识，个体意识为大多数人所认同逐渐形成群体意识，群体意识再发展为群体意志，而后在群体意志的支配下形成某种群体行动，对群体和个体以及其他群体的发展带来一定的影响。

在群体意志发展为群体行动过程中，群内只有少数个体具有独立意识并采取独立行动，大多数个体会顺应群体意志，并认同群体意志为自己的意志，进而跟随群体意志支配的群体行为而行动，为群体行动推波助澜。这就是人类社会生活中司空见惯的群体无意识现象。

群体无意识现象的产生，有四个条件：一是群体中存在一定数量的成员共同拥有的倾向性意识；二是存在具有一定影响力的人物作为中流砥柱；三是存在为数众多的具有相应群体潜意识的成员；四是众多的成员认可群体领袖并愿意跟随其行动。满足这四个条件，群体无意识便会发生。在群体无意识发挥作用的时空，群体既可能因为众多成员的步调一致形成一股巨大的力量，给群体创造大的利益，也可能因此而给群体和其他群体带来大的损害。

其中的决定性因素在于群体领袖引领的方向和实践作为。

群体思维方式是群体意识形成的重要因素。构成群体的个人，尽管思维方式千差万别，但共性的东西占有很大的比重。正是这些大致相同或相似的思维方式，对形成群体意识起了基础性的作用。如中国人的普遍的直觉思维方式，便是形成中国人群体意识的一个重要因素；西方人普遍的理性思维方式，也是形成西方人群体意识的重要原因。

群体意识是在个体意识的基础上形成的，同时对个体意识产生重要的影响。这种影响表现为群体意识对个体意识的发展和定型起着重要的熏陶引导作用；个体意识基本形成之后，仍然受到群体意识的引导和支配，抑制和禁锢。个体意识要得到进一步的发展，必须在汲取群体意识营养的基础上独立思考，突破原有的群体意识藩篱，创造新的意识成果。这既是新的个体意识形成的开始，又标志着新的群体意识的萌生。如封建社会仁人志士反抗封建礼教和封建意识形态的斗争，开始只是个人的思想和观念与封建意识形态不一致，随着时间的推移，先进的个体思想和观念就转化为一种群体意识和群体意志，成为推翻封建统治的思想基础。

第三节　创造

创造是大脑对信息进行互补整合产生新的信息的过程。创造的结果，是生产或制造出原来没有的新的思维产品，即思想、观念、程序、方法等无形的东西，或者思维产品的物化形态，即将思维产品转化为实物形态的实物产品。

创造，首先以大脑为平台。其次，大脑对若干要素信息进行互补整合产生新的信息。这些要素信息，有的是大脑原来贮存的，有的是新近感知的。互补整合的过程，就是大脑对要素信息进行分析、整理、推导、综合的过程或进行直觉把握的过程。分析、整理、推导、综合、直觉把握，有时会落入俗套，不产生新的信息；有时会产生新的感悟，生产出新的思维产品。创造属于大脑获得新的感悟或新的思维产品的过程。

创造的具体路径多种多样。有的在原有信息互补的思维路径上向前走一步，对原有的思维路径加以延伸，完善原有的思想、观念、程序、方法。如新的天体的发现就是运用已知的天文学方法计算得出并应用观察手段发现的。有的另辟蹊径，提出全新的理念、创意、程序、方法，开辟一片全新的思想空间。如喷气式飞机在动力学原理上另辟蹊径，而不是原有的螺旋桨飞机动力原理的改进。有的直觉提出一个假设，运用理性方法或信息整合的方法，对假设进行求证，得出新的结论。爱因斯坦狭义相对论的提出遵循了这一创造思维路径。有的在实践中发现一个现象，大脑对这种现象形成感知信息，再调动大脑原有贮存信息与新感知信息互补整合，寻根问底。牛顿万有引力定律的发现遵循了这一创造思维路径。有的创造思维的过程是上述几种路径的有机组合，如理性发现一个问题，颠覆原有的理论，直觉猜想原因，再通过实验验证、理论推导等得出新的结论。还有的实践提出一种需求，运用新方法加以解决；瞄准一个目标，设计多种达成目标的途径；预见事物发展的趋势，提前布局，采取对策，等等，都是常见的创造思维路径。

创造思维的路径不可穷尽，但其结果都是在已经掌握信息的基础上生产出原来不曾有过的新信息或者把原来认为不可能的事情变成可能。

世界上所有的创造都是大脑对信息进行互补整合的结果。大脑将信息互补整合，产生新的信息，或替换原有的信息，或在原有基础上增加或减少信息，哪怕增加或减少事物构成的一个元素，都会产生新的事物，都是一种创造。

每一种类型的思维方式都可以实现创造。形象思维、觉象思维、抽象思维、混成思维、感知思维、分析思维、整合思维、扰动思维、顿悟思维等都能实现创造，各种思维方式的互补整合更能实现创造。创造既是大脑对信息互补整合的结果，也是各种思维方式互补整合的结果。

每个人都有一定的创造能力。但因为天分不同、所处环境不同、知识积累不同、思维方式不同、发现问题解决问题的能力不同，其创造能力差异很大。

创造能力强弱首先取决于人的天分，处于人类智力水平顶端的少数天才具有十分强大的创造能力，人类文明的绝大部分成果都是天才们创造的。科学、哲学、艺术、技术领域的划时代建树，都打上了天才的创造烙印。他们具有深邃的目光、敏锐的发现问题的洞察能力、经常迸发的灵感、灵感生发的高频率以及捕获灵感的能力；能在自己思想所及的范围内，发现世界万事万物的本质与联系并解决联系的一系列问题得出创造性的结论。他们用智慧点亮了人类文明的灯塔，照亮了人类前行的路径。人类正是沿着天才们开辟的道路从昨天走到了今天，还将走向明天，走向未来。

创造能力强弱还取决于人的知识的积累，知识积累越多，大脑中信息的贮存量越大，大脑对信息进行互补整合过程中的选择余地就越大，获得创造性成果的概率就越大。"勤能补拙是良训，一份辛劳一份甜""长期积累，偶然得之"，都说明积累对于创造的重要性。

创造能力强弱取决于人的思维方式。直觉思维、理性思维都能得到创造性成果。思维对信息把握越准确，创造的成果越丰硕。理性思维方式有利于科学发明和发现，直观思维有利于创造性地发现和提出各种各样的问题，相对准确地把握只有模糊数学才能解决的问题。两种思维方式在实现新的创造上各有千秋，不能机械地评价其孰优孰劣。随着人类物质和信息交流的增多，东方人已经学会了理性思维，西方人也学会了直观思维。在解决人类面临的共同挑战面前，多种思维方式的互补整合，正是推进人类新的发明和新的创造的希望所在。

创造能力强弱取决于人所掌握的工具。人类文明发展到今天，许多创造性进步必须借助于仪器和实验手段，没有这些仪器和实验手段，人类甚至连客观世界相对真实的面貌都弄不清楚，就更谈不上创造了。许多伟大的发现也正是在实验过程中得到的，有的甚至是因为偶然的失误被发现的。从这个意义上讲，仪器和实验手段是文明进步的阶梯。

　　此外，创造所需要的软环境也很重要。自由的学术环境、激发灵感的思想碰撞、一定的物质保障、追求创新的氛围，都是创造必不可少的。当然，纯粹的思想成果的创造也许并不需要多么高大上的硬条件和软环境，但思想家必须站在巨人的肩膀上才能产生新的创造性成果，而"站在巨人的肩膀上"本身就是要求很高的条件。

　　创造能力强弱取决于人的性格和习惯。创造能力强的人不迷信、不循规蹈矩，思想天马行空，纵横驰骋，能在有关无关的事物中间建立联系；具备坚忍不拔、持之以恒、孜孜以求、锲而不舍的精神；同时又能抓住转瞬即逝的灵感火花，集中精力，攻坚克难。凡事盲从，随波逐流，不会或者不愿意作逆向思维、发散思维，对现状作否定思考，或者浮光掠影、浅尝辄止、敷衍应付、被动完成任务的性格、心态和习惯，都与创造无缘。

　　创造往往表现为突破不可能。常规里不可能的东西，在创造者那里其实都是可能的。不可能往往是被常规蒙住双眼得出的结论，而常规是突破最大的屏障，是创造最大的敌人。突破常规认为的不可能，必须对一切事物的存在方式和发展路径持怀疑和批判的态度，对输入大脑的信息和原贮存信息经常逐一检测，绝不能想当然放过；怀疑一切、一切皆有可能，是创造所必需的心态和创造者必备的素质。创造正是从怀疑中开始、从批判中突破、在信息互补整合中完成的。

　　现实世界有无数的不可能，而思维不受限制。热力学第二定律指出了现实世界物质运动绝对不可逆的发展方向，而思维可以反过来倒过去地实现信息互补整合。这就是大脑最伟大的功能，无数的发明、发现、创造，就是在思维的可逆性中完成的。

　　创造是一代又一代人的接力工程。前代人为后代人的创造打下了基础，后代人在前人知识和经验的基础上进一步创造，人类在这种世代传承的创造中不断探索和认识未知，从创造中得到自由。然而，后人对前人创造的知识和经验并非生而知之，而是通过后天的学习得到的。后代人出生时脑子里面并没有刻上前代人的知识烙印，所以没有框框。一张白纸，正好从头开始，完全抛开原有的路径，提出新的思路，开辟新的天地。通过学习，后人部分继承前人的知识遗产，正好为后人突破前人提供了可能。如果后人完全接受了前人的知识和经验，就只可能在前人的基础上延伸，不可能有突破性、颠覆性的创造。自古英雄出少年，就是因为少年没有框框，他们会怀疑一切，包括前人甚至权威们下了定论的东西。他们会以前人想象不到的角度和出发点思考问题，会对公理提出质疑。每当这种时候，一般人会觉得他们很幼稚、很可笑，其实这正是创造性突破的开始。当然，后人不能完全继承前人的创造，人类历史上许多有价值的知识和经验也就不可能完全传承下去，有的在历史上昙花一现，这也是历史的一个遗憾，同时也是历史的必然。

　　人类的创造无处不在，但创造的价值有所不同。衡量创造价值的大小没有绝对的标准，只有相对的标准，亦即相对于某种需求而言的创造价值的大小。按照相对标准，价值相对较大的创造，必须符合某种需求的方向，否则，南辕北辙，谈不上创造价值大小。其次，价值相对较大的创造，其表述方式应该符合简单性原则。因为真理自身具有简单性的特点，真理的表述方式也要与简单性原则相一致。非常复杂的表述，一定是表述者对表述的创造内涵与机理并没有完全弄清楚，或者其中包含不少缺陷，价值相对小得多。正像很复杂的经验公式，离真理的距离很远一样，很复杂的创造表述，离真理也很遥远。真理本身还具有和谐性的特点，创造的表达方式也要符合这一特点。许多数学家会因为一个科学问题的数学表达而激动不已，正是因为这种表达将真理的和谐之美展现了出来。

后 记

━━━━ ❧ ━━━━

　　《互补论》是我二十多岁开始撰写的一本书，没想到六十多岁才全部完成。它凝聚着我近40年的心血，也承载着我40年的思考。

　　书名在40年前已经确定，其中的主要内容也在那时有了雏形。往后的岁月里，我的主要精力自然是做好本职工作，那是应尽的社会义务，也是谋生的基本手段，更是补充完善《互补论》内容的实践平台。我的其余时间基本都在围绕《互补论》读书、思考、写作，每有所得，立即停下手中正在进行的工作，将稍纵即逝的思想火花放进随身携带的笔记本或者手机备忘录，如此数十年，从未间断。这些思想火花如今已成为《互补论》的主要内容。

　　在这里，我首先要感谢我的父亲，是他培养了我捕捉思想火花并将其记录下来的习惯。初中一年级的暑假，我在父亲的书箱发现了一个笔记本，扉页上写着"朝夕拾零"四个大字，里面记录着父亲的读书心得和读报剪贴。我当时爱不释手，征得父亲同意，将"朝夕拾零"带在身边，时时诵读，后来自己也做了个"朝夕拾零"笔记本，记录所思所得。正是父亲的言传身教，促使我将这些思想火花收集起来。我还要感谢自幼形成的思考习惯。这种对任何事情都要追根问底的习惯，是思想火花得以产生的重要因素。此外，恒心和毅力也必不可少。其中的酸甜苦辣只有自己知道。

　　几十年前的书稿已经发黄，但当时写作的情形依然历历在目，恍如昨日。记忆之所以如此清晰，大概因为思维一直没有离开这个题目。这或许也是书中"主观时间"存在的一个证据。

《互补论》即将付梓。感谢四川人民出版社社长黄立新先生的大力支持！感谢何朝霞编辑、孙茜编辑、张科美术编辑为本书付出的辛勤劳动！

南远景

二〇二二年十一月十一日